Alexander Raschkowitsch

# Elektronische Bauelemente der Nachrichtentechnik

Mit 132 Bildern und 5 Tabellen

Friedr. Vieweg + Sohn · Braunschweig

Verlagsredaktion: Alfred Schubert, Burkhard Anger

1970



Satz: Friedr. Vieweg + Sohn
ISBN 978-3-322-99015-0 ISBN 978-3-322-99014-3 (eBook)
DOI 10.1007/978-3-322-99014-3

Best.-Nr. 4051

Alexander Raschkowitsch

# Elektronische Bauelemente der Nachrichtentechnik

Viewegs
Fachbücher
der
Technik

# Vorwort

Elektronische Bauelemente sind im Prinzip veränderliche Widerstände mit nichtlinearem Strom-Spannungsverhalten. Ihre Wirkungsweise beruht auf verschiedenen physikalischen Eigenschaften der Elektrizitätsleitung in festen Körpern, Gasen und im Vakuum. Sie rufen in Stromkreisen Steuerungen hervor, die mit dem Schaltvorgang eines mechanischen Schalters oder eines elektromagnetischen Relais vergleichbar sind. Das Durchschalten wird von den sehr kleinen Ladungsträgern (Elektronen oder Ionen) selbst bewirkt. Es erfolgt daher im Vergleich zu mechanischen Relais praktisch trägheitslos und damit außerordentlich schnell. Neben den beiden mehr oder weniger ausgeprägten Endstellungen „Ein" bzw. „Aus" besitzen die meisten elektronischen Bauelemente stetige Übergänge von dem einen in den anderen Endzustand, die in der Regel elektrisch, magnetisch, thermisch oder optisch gesteuert werden können. Man verwendet diese Eigenschaft der elektronischen Bauelemente zur Steuerung (Verstärkung) oder Umformung einer vorhandenen elektrischen Energieart (z. B. Gleichstrom) in eine andere elektrische Energieart (z. B. Wechselstrom) oder aber auch zur unmittelbaren Umwandlung der thermischen und quantenmechanischen Vorgänge in elektromagnetische Energie und umgekehrt. Alle diese Effekte werden zur Erzeugung, Verarbeitung, Übertragung und Wiedergabe von Nachrichten verschiedenster Art benötigt und bilden die Grundlage der elektrischen Nachrichtentechnik.

In diesem Buche ist die Wirkungsweise und Anwendung der praktisch wichtigsten Halbleiter- und Hochvakuumbauelemente (Kristalldioden, Halbleiterwiderstände, Transistoren und Elektronenröhren) zusammengefaßt.

Die meisten elektronischen Bauelemente können anhand von Strom-Spannungskennlinien anschaulich beschrieben werden. Der Auswertung von Kennlinien ist daher ein breiter Raum gewidmet, da die grafische Behandlung es ermöglicht, das Verhalten nichtlinearer Bauelemente im Stromkreis auf einfache Weise zu untersuchen und zweckmäßige Ersatzschaltungen anzugeben.

Das Verhalten bei höheren Frequenzen ist vor allem durch die Elektrodenkapazitäten und Zuleitungsinduktivitäten bestimmt und es kann mittels geeignet definierter Vierpolparameter erfaßt werden.

Anhand vieler Beispiele sind auch die Anwendungen elektronischer Bauelemente in Gleichrichter-, Verstärker- und Oszillatorschaltungen dargestellt, so daß das Buch auch eine Einführung in die Schaltungstechnik mit nichtlinearen Elementen enthält.

München, im Herbst 1969

*A. Raschkowitsch*

# Inhaltsverzeichnis

# 1. Halbleiterbauelemente

## 1.1. pn-Übergänge in Kristallen

### 1.1.1. Entstehung der Sperrschicht und Gleichrichterwirkung

Werden positiv und negativ dotierte Halbleitermaterialien (kristalline Stoffe) durch Legierung oder Diffundierung in engen Kontakt miteinander gebracht, so entstehen in einer solchen Verbindung Raumladungswirkungen, die zur Bildung einer sehr dünnen Sperrschicht führen. Die Strömungsvorgänge im Innern sind zwar recht kompliziert, können aber für das Verhalten des pn-Überganges nach außen etwa wie folgt gedeutet werden (Bild 1.1):

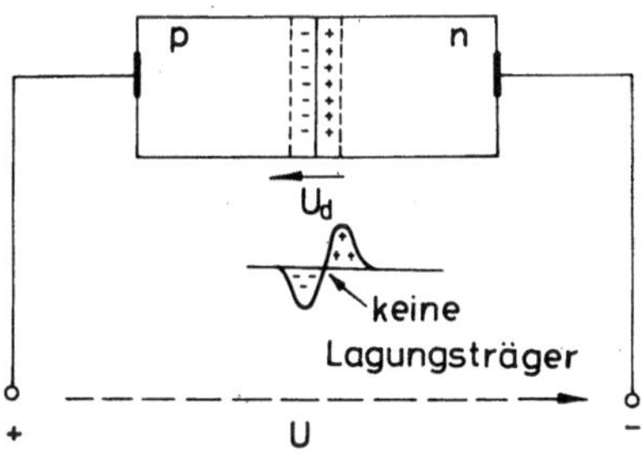


Bild 1.1
Schematische Darstellung eines pn-Überganges

Die p- und n-Gebiete sind als ganzes gesehen elektrisch neutral. Im Innern sind bei n freie Elektronen und feste positive Ionen vorhanden. Umgekehrt stehen bei p freie Löcher (Defektelektronen) und feste Elektronen zur Verfügung. Stoßen die beiden Gebiete zusammen, so wandern wegen der *Wärmebewegung* freie Elektronen und Löcher von einem Gebiet in das andere (Diffusion). Dadurch entsteht im n-Gebiet positive und im p-Gebiet negative Raumladung. Die Feldstärke dieser Raumladung (Diffusionsspannung) wirkt der Wärmebewegung entgegen, so daß bei konstanter Außentemperatur ein Gleichgewichtszustand entsteht. Die *Trägerarmut* in der Grenzschicht hat einen hohen spezifischen Widerstand zur Folge (Sperrschicht).

Ist die p-Seite durch eine außen angelegte Spannung positiv gegenüber der n-Seite vorgespannt, so kann das von der Sperrschicht gebildete Potential leicht überwunden werden, da nach p positive und nach n negative Ladungen von außen zugeführt werden und die äußere Spannung der inneren Diffusionsspannung entgegenwirkt. Es fließt ein starker Diffusionsstrom von p nach n (Durchlaßbereich). Umgekehrt wird jedoch beim Anlegen einer negativen Spannung zwischen der p- und n-Seite das Potential der Doppelschicht vergrößert. Jetzt können weder Elektronen noch Löcher die Schicht passieren, und es fließt nur ein sehr kleiner temperaturabhängiger Rest- oder Sperrstrom (Sperrbereich). Er steigt je Grad Temperaturerhöhung um etwa 5 . . . 10 %.

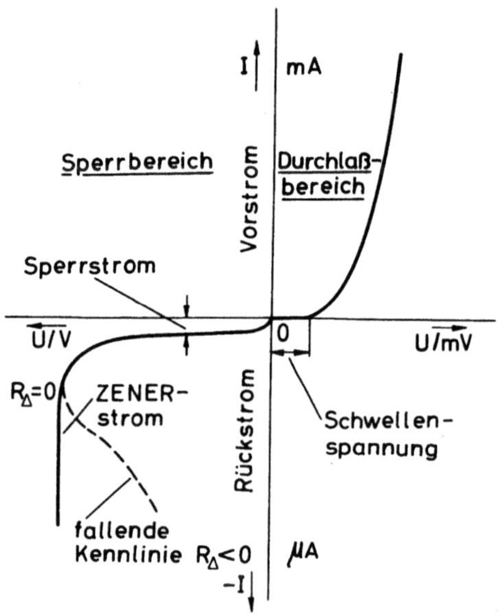


Bild 1.2
Kennlinie eines pn-Überganges (Kristalldiode)

Den Zusammenhang von Strom- und Spannung am pn-Übergang zeigt die im Bild 1.2 dargestellte Kennlinie. Sowohl im Sperr- als auch im Durchlaßbereich steigt der Strom beim Überschreiten eines bestimmten Wertes lawinenartig an (Zener-Effekt). Die Ursache des Zener-Effektes im Sperrbereich sind die durch hohe Feldstärken herausgerissenen Ladungsträger (Feldemission), während im Durchlaßbereich die Ladungsträger so stark beschleunigt werden, daß sie andere Stoffteile ionisieren (Stoßionisation).

Der Zener-Effekt kann so ausgeprägt sein, daß sich zum Teil fallende Kennliniengebiete ergeben, die einen negativen differentiellen Widerstand $dU/dI$ liefern (vgl. Bild 1.2). Zu hohe Ströme können den pn-Übergang zerstören, so daß die zulässigen Höchstwerte des Durchlaßstromes und der Sperrspannung nicht überschritten werden dürfen.

In der Durchlaßrichtung besitzt der pn-Übergang eine mehr oder weniger ausgeprägte *Schwellen-* oder *Schleusenspannung* (0,5 . . . 0,8 V), die zur Überwindung der inneren Bahnwiderstände der pn-Materialien aufgewendet werden muß, ohne daß ein nennenswerter Durchlaßstrom fließen kann (vgl. Bild 1.2).

Die Ausdehnung des pn-Überganges kann die Form eines Punkt- oder eines Flächenkontaktes haben.

Der *Punktkontakt* bildet sich in der Umgebung einer aufsitzenden Metallspitze aus, bedingt relativ hohe Durchlaßwiderstände und geringere Strombelastung. Er hat jedoch eine kleine Sperrschichtkapazität. Der *Flächenkontakt* besitzt zwar geringere Durchlaßwiderstände und höhere zulässige Ströme, hat aber einen höheren Sperrstrom und eine höhere Kapazität zur Folge.

### 1.1.2. Stromfluß durch eine pn-Verbindung

Der Strom durch einen pn-Übergang setzt sich aus dem auf der thermischen Trägerpaarbildung beruhenden, auch in der Sperrichtung fließenden *Sperrstrom* $I_S$ und einem gegen die Diffusionsspannung fließenden *Durchlaßstrom* $I_D$ zusammen.

Für den Durchlaßstrom gilt das experimentell gut bestätigte Exponentialgesetz:

$$I_D = I_{D0}\, e^{U/U_T} \tag{1.1}$$

Darin bedeuten: $U$ die angelegte Außenspannung und $U_T = kT/e$ die Temperaturspannung.

Mit $k = 1{,}38 \ 10^{-23}$ Ws/°K (Boltzmannsche Konstante), $e = 1{,}60 \ 10^{-19}$ As (Elementarladung) und $T \approx 300$ °K (Zimmertemperatur) ist $U_T \approx 25$ mV.

Für $U = 0$ ist der Gesamtstrom gleich Null und damit $I_{D0} + I_S = 0$ oder $I_{D0} = -I_S$. Der *Gesamtstrom* ist also, wenn der Durchlaßstrom positiv gezählt wird (Wagnersche Gleichung):

$$I = I_S\, (e^{U/U_T} - 1) \tag{1.2}$$

Für hohe negative Werte von $U$ (Sperrspannung) wird $I \approx -I_S$ (Sperrstrom). Für $U = 0$ ist auch $I = 0$ und bei $U > 0$ erhält man die annähernd exponentiell ansteigende Durchlaßkennlinie $I \approx I_S\, e^{U/U_T}$. Der Durchlaßstrom ist um so größer, je größer das Verhältnis $U/U_T$ ist.

### 1.1.3. Durchlaßwiderstand

Der Strom-Spannungszusammenhang eines pn-Überganges ist nichtlinear. Für das Arbeiten mit nichtlinearen Widerständen sind die differentiellen oder dynamischen Kennwerte (Wechselstromkennwerte) von besonderer Bedeutung, weil sie das Verhalten der Schaltelemente in Stromkreisen mit Gleich- und Wechselkomponenten bestimmen.

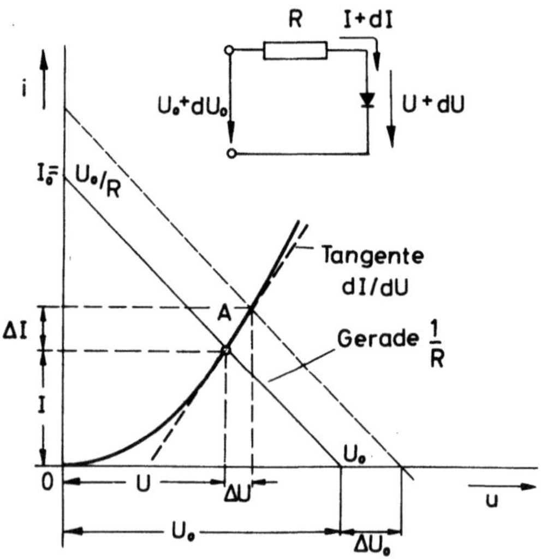


Bild 1.3
Gleichstrom- und Wechselstromverhalten des pn-Überganges

Nach Bild 1.3 kann für das Gleichstrom- bzw. Wechselstromverhalten des pn-Überganges geschrieben werden:

$$U_0 = U + RI \text{ bzw. } dU_0 = dU + R\,dI$$

oder

$$\frac{U_0}{I} = \frac{U}{I} + R \text{ bzw. } \frac{dU_0}{dI} = \frac{dU}{dI} + R$$

d. h. bei kleinen Spannungsänderungen $dU_0$ verhält sich der pn-Übergang wie ein Widerstand $dU/dI$, der als Tangente an die Kennlinie im Arbeitspunkt $A$ bestimmt werden kann (vgl. Bild 1.3).

Berücksichtigen wir, daß nach Gleichung (1.2) $dI/dU = I/U_T$ ist, so kann für den differentiellen *Durchlaßwiderstand* $R_\Delta$ geschrieben werden:

$$R_\Delta = \frac{dU}{dI} = \frac{U_T}{I} \tag{1.3}$$

Mit $U_T \approx 25$ mV bei Zimmertemperatur gilt für den vom Strom $I$ im Arbeitspunkt abhängigen Widerstandswert:

$$R_\Delta = \frac{25 \text{ mV}}{I} \tag{1.3 a}$$

Der differentielle Durchlaßwiderstand kann auch grafisch als das Verhältnis kleiner Strom- und Spannungsänderungen $\Delta U / \Delta I$ im Arbeitspunkt ermittelt werden.

Der dynamische Widerstandswert $\mathrm{d}U/\mathrm{d}I$ ist vom statischen $U/I$-Verhältnis (Gleichstromwiderstand) verschieden (Bild 1.4).

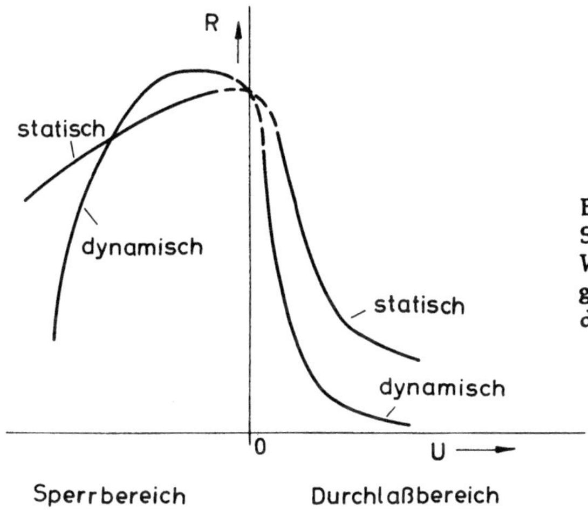


**Bild 1.4**
**Statischer und dynamischer Widerstand eines pn-Überganges in Abhängigkeit von der anliegenden Spannung**

### 1.1.4. Rauschen des pn-Überganges

Die dünne Doppelschicht des pn-Übergangs verursacht im wesentlichen ein Schrotrauschen mit dem effektiven Rauschstrom:

$$I_r^2 = 2\,e\,I\,\Delta f \tag{1.4}$$

wobei $e = 1{,}6 \cdot 10^{-19}$ As die Elementarladung und $\Delta f$ den untersuchten Frequenzbereich bedeuten.

Für die Rauschspannung kann mit dem differentiellen Widerstand $R_\Delta$ geschrieben werden:

$$U_r^2 = I_r^2\,R_\Delta^2 = 2\,e\,I\,\Delta f\,R_\Delta^2 \tag{1.4 a}$$

Da der differentielle Widerstand in der Durchlaßrichtung $R_\Delta = \frac{U_T}{I} = \frac{k\,T}{e\,I}$ ist, gilt weiter:

$$U_r^2 = 2\,e\,I\,\Delta f\,\frac{k\,T}{e\,I}\,R_\Delta \equiv 4\,k\,T\,\Delta f\,\frac{R_\Delta}{2} \qquad (1.5)$$

so daß für den äquivalenten thermischen Rauschwiderstand $r_ä$ nach der obigen Gleichung geschrieben werden kann

$$r_ä = \frac{R_\Delta}{2} \qquad (1.6)$$

Der pn-Übergang rauscht also im Durchlaßbereich mit dem halben differentiellen Widerstand im Arbeitspunkt.

Im Sperrbereich ist das Schrotrauschen durch den Sperrstrom (Reststrom) bedingt und verursacht wegen des hohen Sperrwiderstandes eine wesentlich höhere Rauschleistung als in Durchlaßrichtung.

### 1.1.5. Nichtlinearität des pn-Überganges

Die nichtlineare Kennlinie eines pn-Überganges kann analytisch durch eine Parabel n-ten Grades dargestellt werden:

$$i = a_1\,u + a_2\,u^2 + a_3\,u^3 + a_4\,u^4 + \ldots + a_n\,u^n \qquad (1.7)$$

wobei $a_1$, $a_2$, $a_3$ usw. konstante Koeffiziente mit entsprechenden Dimensionen bedeuten.

Ist die angelegte Spannung $u$ eine Wechselspannung von der Form $u = \hat{u}\cos\omega t$ und berücksichtigen wir die ersten vier Glieder der obigen Reihe, so gilt für den Strom durch den pn-Übergang:

$$i = a_1\,\hat{u}\cos\omega t + a_2\,\hat{u}^2\cos^2\omega t + a_3\,\hat{u}^3\cos^3\omega t + a_4\,\hat{u}^4\cos^4\omega t + \ldots$$

Schreiben wir für die Potenzen der Kosinusfunktionen

$$\cos^2\omega t = \frac{1 + \cos 2\,\omega t}{2}$$

$$\cos^3\omega t = \frac{3\cos\omega t + \cos 3\,\omega t}{4}$$

und

$$\cos^4\omega t = \frac{3 + 4\cos 2\,\omega t + \cos 4\,\omega t}{8}$$

so gilt weiter

$$i = \left(\frac{a_2\,\hat{u}^2}{2} + \frac{3\,a_4\,\hat{u}^4}{8} + \ldots\right) + \left(a_1\,\hat{u} + \frac{3}{4}\,a_3\,\hat{u}^3 + \ldots\right)\cos\omega t +$$
$$+ \left(\frac{a_2\,\hat{u}^2}{2} + \frac{a_4\,\hat{u}^4}{2} + \ldots\right)\cos 2\,\omega t +$$
$$+ \left(\frac{a_3\,\hat{u}^3}{4} + \ldots\right)\cos 3\,\omega t + \qquad (1.8)$$
$$+ \left(\frac{a_4\,\hat{u}^4}{8} + \ldots\right)\cos 4\,\omega t$$

Der Strom enthält also nicht nur die aufgedrückte Frequenz $\omega$ (Grundschwingung, 1. Harmonische), sondern auch deren ganze Vielfache $n\omega$ (Oberschwingungen, höhere Harmonische) und einen Gleichstromanteil ($\omega = 0$).

Diese Eigenschaft der Nichtlinearität im Stromkreis kann zur *Frequenzvervielfachung* eines gegebenen Signals genutzt werden. Andererseits kann die Nichtlinearität unerwünschte *Verzerrungen* verursachen, wenn es darauf ankommt eine bestimmte Signalfrequenz zu verarbeiten. Die Verzerrungen können am entstandenen Gleichstromanteil, der durch die Amplituden der geraden Harmonischen bestimmt wird, abgeschätzt werden.

Von besonderer praktischer Bedeutung sind *quadratische Kennlinien*. Der gelieferte *Gleichstromanteil* $a_2\,\hat{u}^2/2$ ist proportional dem Quadrat der aufgedrückten Spannungsamplitude (quadratische Gleichrichtung), so daß derartige pn-Übergänge zur Messung von Effektivwerten (quadratischer Mittelwert) mit Drehspulmeßwerken verwendet werden können. Überlagert man hochfrequente ($\omega_h$) und niederfrequente ($\omega_n$) Spannungen, so liefert die quadratische Kennlinie eine weitgehend verzerrungsfreie *Frequenzumsetzung* (Modulation, Mischung).

Mit $u = \hat{u}_h \cos\omega_h t + \hat{u}_n \cos\omega_n t$ erhalten wir für den Strom:

$$i = a_1\,(\hat{u}_h \cos\omega_h t + \hat{u}_n \cos\omega_n t) + a_2\,(\hat{u}_h \cos\omega_h t + \hat{u}_n \cos\omega_n t)^2$$

oder

$$i = a_1\,(\hat{u}_h \cos\omega_h t + \hat{u}_n \cos\omega_n t) +$$
$$+ a_2\,(\hat{u}_h^2 \cos^2\omega_h t + 2\,\hat{u}_h\,\hat{u}_n \cos\omega_h t \cos\omega_n t + \hat{u}_n^2 \cos^2\omega_n t)$$

Mit

$$\cos\omega_h t \cos\omega_n t = \frac{1}{2}\cos(\omega_h + \omega_n)\,t + \frac{1}{2}\cos(\omega_h - \omega_n)\,t$$

und

$$\cos^2 \omega_h t = \frac{1 + \cos 2\,\omega_h t}{2} \quad \text{bzw.} \quad \cos^2 \omega_n t = \frac{1 + \cos 2\,\omega_n t}{2}$$

erhalten wir weiter

$$\begin{aligned} i = \frac{a_2}{2}\,(\hat{u}_h^2 + \hat{u}_n^2) + a_1\,(\hat{u}_h \cos \omega_h t + \hat{u}_n \cos \omega_n t) + \\ + \frac{a_2}{2}\,(\hat{u}_h^2 \cos 2\,\omega_h t + \hat{u}_n^2 \cos 2\,\omega_n t) + \\ + a_2\,[\hat{u}_h\,\hat{u}_n \cos (\omega_h + \omega_n)\,t + \hat{u}_h\,\hat{u}_n \cos (\omega_h - \omega_n)\,t] \end{aligned} \tag{1.9}$$

Das entstandene *Frequenzspektrum* enthält nicht nur die ursprünglichen Frequenzen $\omega_h$ und $\omega_n$ sondern auch deren Harmonische $2\,\omega_h$ und $2\,\omega_n$ sowie die zwei Hochfrequenzen $\omega_h \pm \omega_n$. Die Niederfrequenz ist also in eine Hochfrequenz umgesetzt worden.

Wie den obigen Ausführungen entnommen werden kann, spielen die Nichtlinearitäten in der elektronischen Verarbeitung von Nachrichtensignalen eine bedeutende Rolle. Auf ihren Eigenschaften beruhen praktisch alle Effekte, wie Verstärkung, Gleichrichtung, Modulation und Schwingungserzeugung.

## 1.2. Halbleiterwiderstände

### 1.2.1. Varistoren

Der Varistor (variable resistor) ist ein stromabhängiger Widerstand, dessen Widerstandswert sich wie bei Gleichrichterdioden im Durchlaßbereich ändert und unabhängig von der Stromrichtung ist (Bild 1.5). Die nullpunktsymmetrische Kennlinie der Varistoren, die auch VDR-Widerstände (Voltage Dependet Resistors) genannt werden, entspricht der Parallelschaltung entgegengesetzt gepolter Gleichrichterzellen. Sie werden aus Siliciumkarbid mit Bindemitteln in Scheibenform gesintert, wobei Kristallkontake wechselnder Polarität entstehen.

Der Strom-Spannungszusammenhang ist formal durch die *Zahlenwertgleichung*

$$U = C\,I^{\beta} \tag{1.10}$$

gegeben, wobei die Materialkonstante $\beta$ je nach Type 0,15 ... 0,35 beträgt und der Proportionalitätsfaktor $C$ (100 ... 1000) die Abmessungen berücksichtigt.

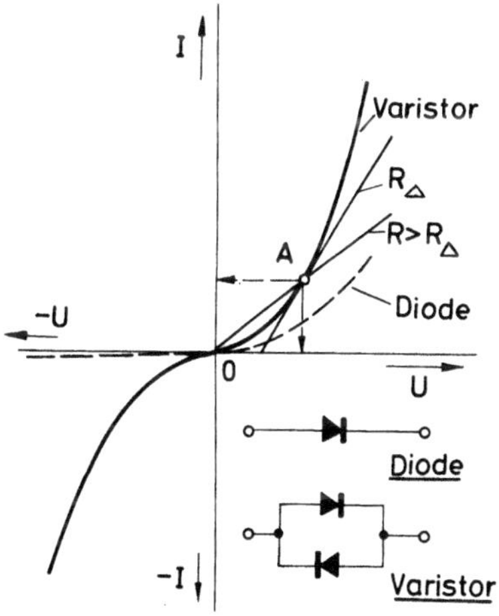


Bild 1.5
Kennlinien eines Varistors und einer Diode

Der *Widerstandswert* des Varistors $R = U/I$ ergibt sich zu:

$$R = C\,I^{\beta-1} \tag{1.11}$$

Er nimmt mit zunehmendem Strom bzw. zunehmender Spannung ab. Der differentielle Widerstandswert berechnet sich mit $\mathrm{d}U/\mathrm{d}I = \beta C\,I^{\beta-1}$ zu:

$$R_\Delta = \beta R \tag{1.11 a}$$

Der Wechselstromwiderstand ist also für einen bestimmten Arbeitspunkt kleiner als der Gleichstromwiderstand ($\beta < 1$). Die entsprechenden Widerstandsgeraden sind im Bild 1.5 eingetragen, wobei $R$ die Sekante und $R_\Delta$ die Tangente im Arbeitspunkt A darstellen.

Für den Zahlenwert der *Verlustleistung* gilt mit $P = U\,I$:

$$P = C\,I^{\beta+1} \tag{1.12}$$

Sie ist ein Maß für die Erwärmung des Varistors und darf einen bestimmten Betrag nicht überschreiten, der je nach Type 0,5 ... 3 W beträgt und einem Temperaturanstieg von 80 °C entspricht.

Varistoren haben einen negativen *Temperaturbeiwert* und zwar nimmt der C-Wert mit steigender Temperatur etwas ab, während der $\beta$-Wert praktisch temperaturunabhängig ist.

Die *Spannungs-Strom-Kennlinien* eines Varistors für relativ hohe Ströme mit dem *C*-Wert als Parameter zeigt Bild 1.6. Die Kennlinienteile in denen beträchtliche Stromänderungen nur geringe Spannungsänderungen zur Folge haben, werden zur Spannungsstabilisierung und Spannungsbegrenzung genutzt.

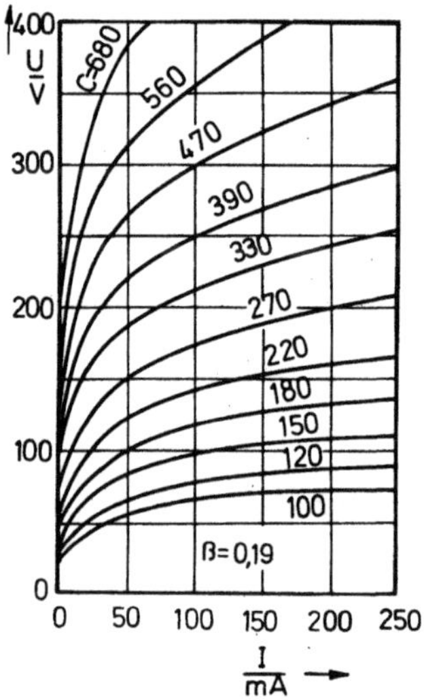


**Bild 1.6**
**Strom-Spannungskennlinien eines Varistors für $\beta = 0{,}19$ und dem *C*-Wert als Parameter (nach VALVO)**

*Beispiel:* Der im Bild 1.7 dargestellte Spannungsteiler ist zu dimensionieren und die Spannungsschwankung am Ausgang zu ermitteln, wenn eine Ausgangsspannung von 100 V gewünscht wird. Die Eingangsspannung beträgt 200 V ± 2 %.

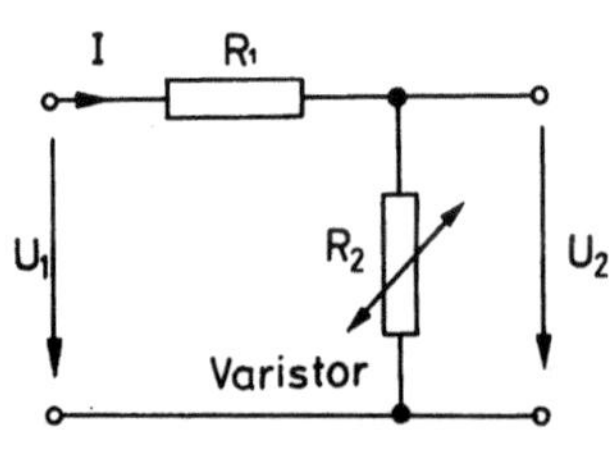


**Bild 1.7**
**Spannungsteilung mit Widerstand und Varistor**

*Lösung:* Für das Spannungsverhältnis $U_1/U_2$ kann nach Bild 1.7 geschrieben werden:

$$\frac{U_1}{U_2} = \frac{R_1}{R_2} + 1 = 2$$

Es ist also $R_1 = R_2$. Für den Strom $I$ erhalten wir mit der maximal zulässigen Verlustleistung lieferbarer Varistoren von 3 W den Wert

$$I = \frac{3\,\mathrm{W}}{100\,\mathrm{V}} = 30\,\mathrm{mA}$$

Damit ist $R_1 = 100\,\mathrm{V}/30\,\mathrm{mA} = 3{,}33\,\mathrm{k\Omega} \approx 3\,\mathrm{k\Omega}$.

Legen wir für die Berechnung einen $\beta$-Wert von 0,2 zugrunde, so gilt für die Konstante $C$ nach Gleichung (1.10):

$$C = U\,I^{-\beta} = 100\,(0{,}03)^{-0{,}2}$$

also

$$C = 100 \cdot 2{,}02 \approx 200$$

Liefert die Rechnung $\beta$- und $C$-Werte, die nicht hergestellt werden, so ist diejenige lieferbare Type zu wählen, die der Lösung am nächsten kommt.

Die Ermittlung des $C$-Wertes kann auch grafisch erfolgen, wenn das Kennlinienfeld des Varistors vorliegt (vgl. Bild 1.6). Hierzu trägt man die Widerstandsgerade $R_1$, die durch die beiden Punkte $U_2 = 200$ V für $I = 0$ und $I = 200\,\mathrm{V}/3{,}33\,\mathrm{k\Omega} = 60$ mA für $U_2 = 0$ bestimmt ist, in das Kennlinienfeld ein und findet für deren Schnittpunkt mit dem Spannungswert $U_2 = 100$ V einen $C$-Wert zwischen 180 und 220, der auf rund 200 geschätzt werden kann.

Die Spannungsänderung am Eingang $\mathrm{d}U_1$ hat eine Stromänderung $\mathrm{d}I$ und eine Spannungsänderung am Ausgang $\mathrm{d}U_2$ zur Folge, so daß für die Schaltung nach Bild 1.7 geschrieben werden kann:

$$U_1 + \mathrm{d}U_1 = R_1\,(I + \mathrm{d}I) + U_2 + \mathrm{d}U_2$$

Nun ist auch $I = U_2/R_2$ und $\mathrm{d}I = \mathrm{d}U_2/\beta R_2$ und man kann weiter schreiben:

$$U_1 + \mathrm{d}U_1 = R_1\left(\frac{U_2}{R_2} + \frac{\mathrm{d}U_2}{\beta R_2}\right) + U_2 + \mathrm{d}U_2$$

oder

$$U_1 + \mathrm{d}U_1 = U_2\left(\frac{R_1}{R_2} + 1\right) + \mathrm{d}U_2\left(\frac{R_1}{\beta R_2} + 1\right)$$

Daraus folgt

$$\mathrm{d}U_1 = \mathrm{d}U_2\left(\frac{R_1}{\beta R_2} + 1\right)$$

oder schließlich

$$\frac{dU_1}{dU_2} = \frac{R_1}{\beta R_2} + 1$$

Mit $R_1/R_2 = 1$ und $1/\beta = 5$ erhalten wir weiter: $dU_1/dU_2 = 6$. Schließlich ist mit $dU_1 = \pm 4$ V:

$$dU_2 = \frac{dU_1}{6} = \pm \frac{4\,V}{6} = \pm 0{,}66\ V$$

Die Spannungsänderung am Ausgang beträgt also nur ± 0,66 %.

Zur Erzielung einer guten Stabilisierung muß der Belastungswiderstand möglichst groß gegenüber dem Querwiderstand (Varistor) sein. In der Regel wird ein Verhältnis von 5 : 1 ausreichen. Damit kann der obige Spannungsteiler mit etwa 5 mA bzw. 20 kΩ belastet werden, ohne daß sich eine wesentliche Beeinträchtigung der Spannungsteilung und Stabilisierung ergibt.

Da die Strom-Spannungskennlinie von Varistoren nullpunktsymmetrisch ist, können sie auch in Wechselstromschaltungen eingesetzt werden. Dabei ist allerdings zu berücksichtigen, daß sich je nach Betriebsart (eingeprägter Strom oder eingeprägte Spannung) wegen des Sättigungscharakters der Kennlinie Strom- oder Spannungskurvenverzerrungen ergeben (vgl. Bild 1.8).

### 1.2.2. Thermistoren (Heißleiter)

Der Thermistor (thermally sensitive resistor) ist ein *Heißleiter* mit großem negativen Temperaturkoeffizienten (− 3 . . . − 6 % je °C). Dabei ist es gleichgültig ob die *Erwärmung* durch den Strom (stromabhängiger NTC-Widerstand) oder durch die Umgebungstemperatur (temperaturabhängiger NTC-Widerstand) erfolgt. Thermistoren werden als Plättchen oder Kügelchen aus gesinterten Metalloxyden hergestellt und der *Widerstandswert* folgt etwa der Zahlenwertgleichung:

$$R_T = A\,e^{-B/T} \qquad (1.13)$$

Die einzelnen Zahlenwerte bedeuten:

$R_T$ = Widerstand in Ω für die Temperatur $T$ in °K,
$A$ = Formkonstante in Ω,
$B$ = Regelkonstante in °K = ($t$ + 273) °C.

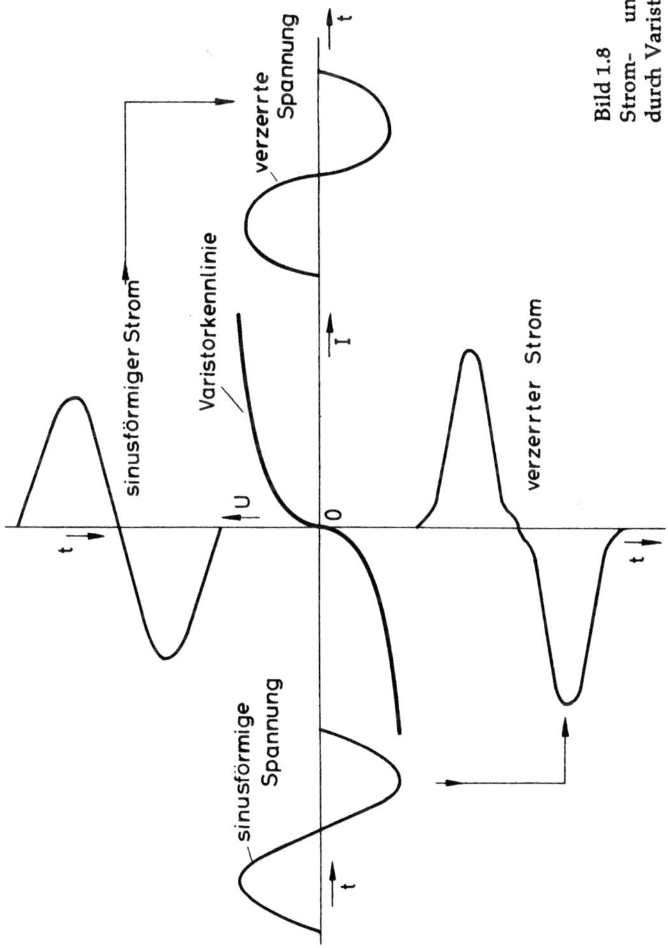


Bild 1.8
Strom- und Spannungsverzerrungen durch Varistoren

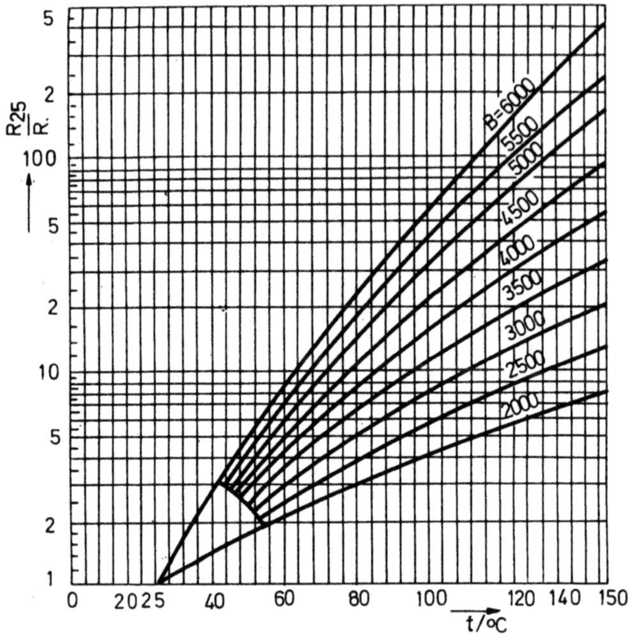


Bild 1.9 Nomogramm zur Ermittlung des Widerstandswertes von Thermistoren (nach VALVO)

Das *Nomogramm* im Bild 1.9 gestattet die Ermittlung des Widerstandswertes $R_T$, wenn der $B$-Wert gegeben und die Temperatur in °C bekannt ist. Umgekehrt kann aus zwei Widerstandswerten bei verschiedenen Temperaturen der $B$-Wert abgelesen werden.

Die *Kennlinie* eines Thermistors ist im Bild 1.10 dargestellt. Sie hat bei kleinen Strömen wegen der zunächst geringen Erwärmung einen linearen Verlauf, d. h. der Widerstand ist konstant. Mit steigendem Strom wird auch die Temperatur erhöht und der Widerstand nimmt ab, der Strom steigt schneller als die Spannung am Thermistor bis schließlich durch Erwärmung soviel Elektrizitätsträger im Halbleiter geschaffen sind, daß der Strom lawinenartig ansteigt und einen fallenden Kennlinienteil liefert. Durch Überhitzung kann der Thermistor zerstört werden, so daß man den hohen Strom begrenzen muß.

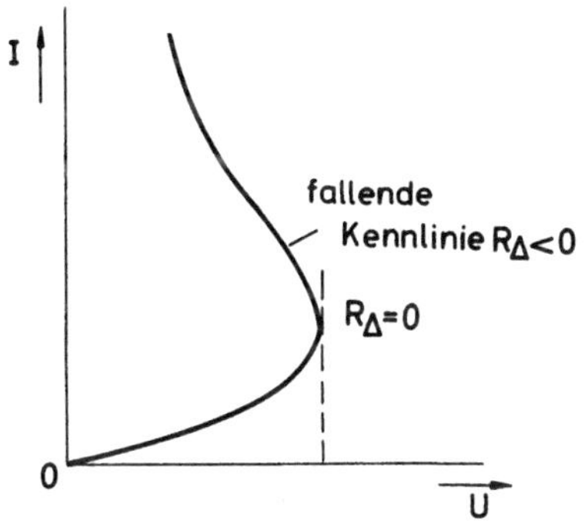


Bild 1.10
Kennlinie eines Thermistors
(NTC-Widerstand)

Der fallende Kennlinienteil kann in Verbindung mit temperaturunabhängigen Widerständen für Stabilisierungs- und Verstärkerzwecke genutzt werden (Bild 1.11). Stabile Verhältnisse ergeben sich jedoch nur dann, wenn die Widerstandskennlinien die Thermistorkennlinie in einem einzigen Punkt schneiden.

Zur *Spannungsstabilisierung* wird die Verbraucherspannung am Thermistor abgegriffen, dem zur Anhebung des fallenden Kennlinienteiles ein Widerstand geeigneter Größe vorgeschaltet ist. Schwankt nun die Eingangsspannung und damit der Eingangsstrom in großen Bereichen, so bleibt die Ausgangsspannung im Arbeitspunkt praktisch konstant (Bild 1.11 a).

Eine *Verstärkung von Spannungsschwankungen* kann erzielt werden, wenn man den Thermistor als Vorwiderstand wirken läßt und die Ausgangsspannung an einen temperaturunabhängigen Widerstand abgreift (Bild 1.11 b). Bei steigender Eingangsspannung wandert der Arbeitspunkt auf der linearisierten Thermistorkennlinie und erzeugt eine Stromänderung, die am Widerstand als Ausgangsspannungsänderung abgegriffen wird. Dabei ist bei geeigneter Bemessung die relative Ausgangsspannungsänderung größer als die entsprechende relative Eingangsspannungsänderung.

Zum *Ausgleich von Stromschwankungen* wird die fallende Kennlinie des Thermistors unmittelbar genutzt und die Ausgangsspannung an diesem abgegriffen (Bild 1.11 c). Steigt der Eingangsstrom, so wandert der Arbeitspunkt auf der Thermistorkennlinie in Bereiche kleinerer Spannung und die Ausgangsspannung wird kleiner, so daß der steigende Strom durch kleinere Spannung ausgeglichen wird.

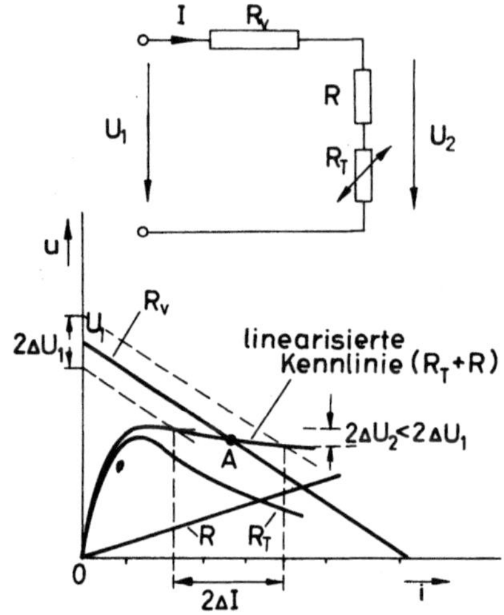


a) Spannungsstabilisierung

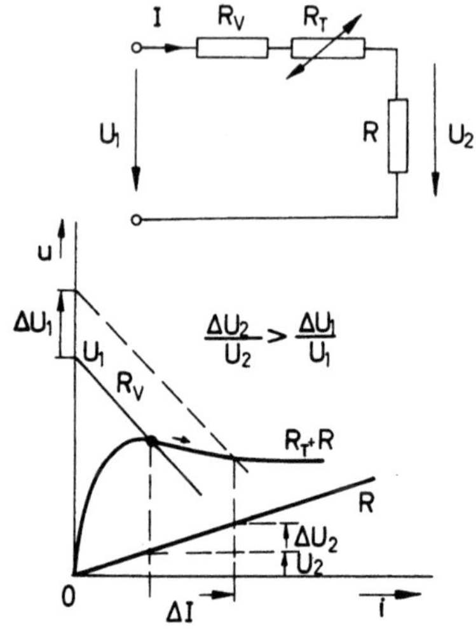


b) Verstärkung von Spannungsschwankungen

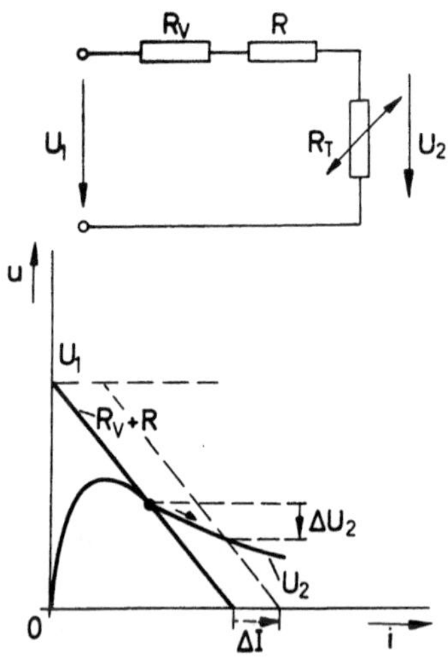


c) Ausgleich von Stromschwankungen

Bild 1.11
Anwendungsbeispiele zum Einsatz von Thermistoren

Der große Nachteil dieser Schaltungen besteht in der relativ großen Abhängigkeit von der Umgebungstemperatur, so daß umfangreiche Temperaturkompensationen notwendig sind.

Bei Erwärmung durch den fließenden Strom (Eigenerwärmung) ist eine *Parallelschaltung* von Thermistoren nicht möglich. Der Thermistor mit geringerem Widerstand oder größerem *B*-Wert wird zuerst niederohmiger und seine Erwärmung steigt rasch an. Er nimmt die gesamte Last praktisch allein auf und kann dadurch zerstört werden.

In Schaltungen mit geringer Strombelastung, wo die Widerstandsänderung durch äußere Temperatureinflüsse hervorgerufen wird (Fremderwärmung), dürfen die Thermistoren parallelgeschaltet werden.

Die Temperaturabhängigkeit von NTC-Widerständen wird zur Temperaturmessung und zur Kompensation positiver Temperaturabhängigkeit genutzt.

### 1.2.3. Kaltleiter

Der Kaltleiter besteht aus halbleitenden Verbindungen, deren elektrischer Widerstand in einem bestimmten Temperaturbereich mit steigender Erwärmung stark zunimmt. Dieser Effekt beruht auf dem Zusammenwirken von Ferroelektrizität und Halbleitung. Bei tiefen Temperaturen ist das Kaltleitermaterial ferroelektrisch und niederohmig, d. h. leitend. Mit steigender Temperatur, die durch Eigen- oder Fremderwärmung hervorgerufen werden kann, verliert sich oberhalb des Curie-Punktes die Ferroelektrizität und es bilden sich im Material viele kleine Sperrschichten aus, so daß der Widerstand um mehrere Zehnerpotenzen zunimmt.

Der steile Widerstandsanstieg kann unmittelbar für Schaltzwecke genutzt werden (vgl. Bild 1.12).

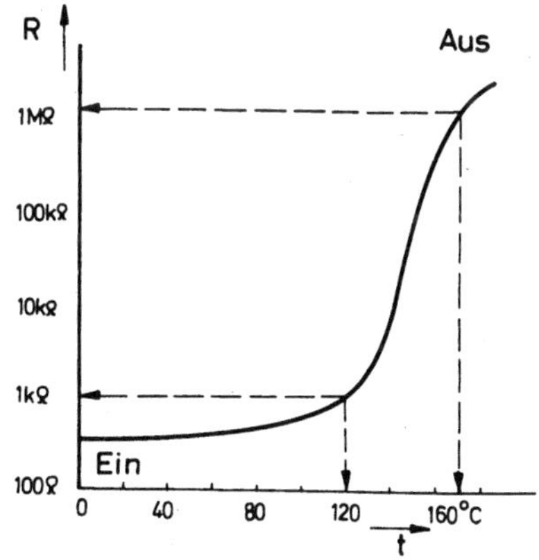


Bild 1.12
Temperaturabhängigkeit eines Kaltleiters (PTC-Widerstand)

Die Widerstände mit positivem Temperaturkoeffizienten (PTC-Widerstände) werden auch für Regel- und Kompensationszwecke verwendet. Sie sind aus gesintertem Bariumtitanat mit Zusätzen von Metalloxyden und Metallsalzen in Scheibenform (etwa 10 mm ⌀ und 5 mm Dicke) hergestellt. Die typische Temperaturabhängigkeit eines PTC-Widerstandes zeigt Bild 1.12.

## 1.3. Kristalldioden

### 1.3.1. Flächen- und Spitzendioden

Neben der Flächendiode wird wegen ihrer guten Hochfrequenzeigenschaften auch die Spitzendiode verwendet. Entsprechend der Tatsache, daß Germanium und Silicium ein etwas unterschiedliches Verhalten zeigen, hat man eine Vielzahl von Spezialdioden entwickelt, deren Eigenschaften weitgehend dem Anwendungszweck angepaßt sind.

Siliciumdioden zeichnen sich im allgemeinen durch eine relativ große Schwellenspannung und einem ausgeprägten Spannungsknick in der Sperrichtung, der sogenannten Zener-Spannung (vgl. Bild 1.13) aus. Die maximale Betriebstemperatur ist bei Silicium wesentlich höher (200 °C) als beim Germanium (75 °C). Silicium kommt zwar in der Erdrinde reichlich vor, die Herstellung von reinem Silicium ist jedoch technologisch komplizierter als die Erzeugung von reinem Germanium.

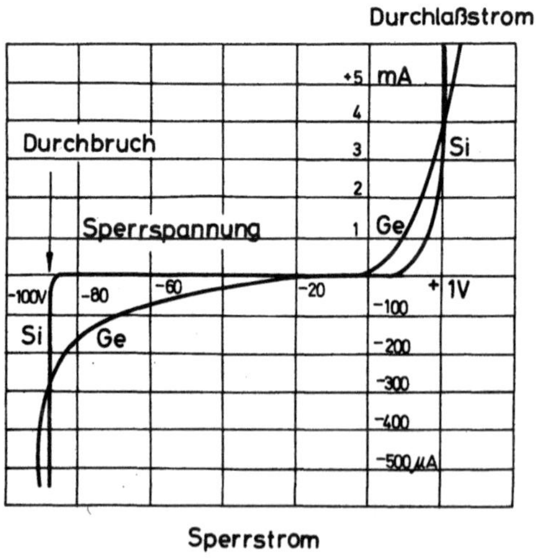


Bild 1.13
Kennlinien von Germanium- und Siliciumdioden

Dioden werden überall dort eingesetzt, wo es auf eine unsymmetrisch nichtlineare Kennlinie ankommt (Richtleiter).

Neben dem Hauptverwendungszweck als HF-Gleichrichter (Demodulator) finden sie vor allem auch als Spannungsbegrenzer Verwendung, da im Durchlaßbereich die Diodenkennlinie einen Sättigungscharakter aufweist. Die relativ geringen Abmessungen (5 mm ⌀ und 15 mm Länge) der Kristalldioden bedingen einen geringen Raumbedarf.

*HF-Germaniumdioden* dienen zur Gleichrichtung und Mischung von Wechselspannungen bis zu einigen MHz.

*HF-Siliciumdioden* eignen sich bis in das Mikrowellengebiet zur Gleichrichtung und Mischung von Spannungen und sie werden als Siliciumspitzendioden mit Kapazitäten $\leqq 1$ pF hergestellt.

*Backwarddioden* haben eine sehr steile Durchlaßkennlinie und keine Schwellenspannung, so daß auch kleinste Wechselspannungen gleichgerichtet werden können. Ihre Wirkungsweise beruht auf dem Tunneleffekt im pn-Übergang (Tunnel-Gleichrichterdioden).

*Schaltdioden* (Silicium) haben sehr kleine Kapazitäten, sehr kleine Schaltzeiten ($<20$ ns) und günstige Sperrströme (50 nA).

*Varaktordioden* sind pn-Übergänge, die im Sperrbereich eine spannungsabhängige Kapazität besitzen. Sie werden zur Frequenzvervielfachung, Schwingungserzeugung und Verstärkung im Mikrowellengebiet verwendet, da deren pn-Übergang praktisch rein kapazitiver, also reaktiver Natur ist und damit ein sehr geringes Rauschen auftritt.

*Zener-Dioden* (Silicium) eignen sich sehr gut zur Spannungsstabilisierung und zur Herstellung von Vergleichsspannungen, weil an ihnen keine höheren Spannungen als die Zener-Knickspannung auftreten können.

Das wechselstrommäßige Verhalten von Kristalldioden bei höheren Betriebsfrequenzen kann durch die im Bild 1.14 dargestellte Ersatzschaltung anschaulich beschrieben werden.

Parallel zur Sperrschicht, die hier durch das Gleichrichtersymbol angedeutet ist, liegt die Sperrschichtkapazität $C$ und der Widerstand $R_\Delta'$. Der Widerstand der Sperrschicht ist in Durchlaßrichtung sehr klein und in der Sperrrichtung sehr groß (vgl. Bild 1.14). Der Serienwiderstand $R_s$ ersetzt den ohmischen Bahnwiderstand des Kristallmaterials und die Induktivität $L$ die Zuleitungsinduktivität des Kontaktes. Die Ersatzgrößen $R_\Delta'$, $C$, $R_s$ und $L$ hängen vom Arbeitspunkt und von der Betriebsfrequenz ab.

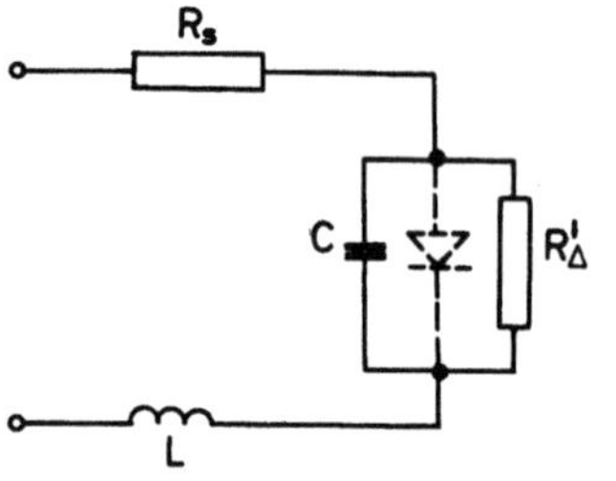


**Bild 1.14**
Hochfrequenzersatzschaltung der Kristalldioden

Für den komplexen *Diodenwiderstand* erhalten wir damit:

$$Z_\Delta = R_s + j\omega L + \frac{R_\Delta'}{1 + j\omega C R_\Delta'}$$

oder

$$Z_\Delta = R_s + \frac{R_\Delta'}{1 + (\omega C R_\Delta')^2} + j\left[\omega L - \frac{\omega C R_\Delta'^2}{1 + (\omega C R_\Delta')^2}\right] \qquad (1.14)$$

Mit steigender Frequenz wird also die Sperrschicht kapazitiv kurzgeschlossen und die Sperrwirkung geht verloren. Ein praktisches Maß hierfür ist die wie folgt definierte *Grenzfrequenz* der Sperrschicht:

$$\omega_g = \frac{1}{R_\Delta' C} \qquad (1.15)$$

Sie stellt einerseits die obere Grenzfrequenz der Diodenschaltung und andererseits gibt der Kehrwert $T_g = 2\pi/\omega_g$ die minimale Schaltzeit bei Anwendungen als elektronischer Schalter an.

Die Induktivität $L$ und Kapazität $C$ werden aus dem Frequenzverhalten der Kristalldiode bestimmt (Eigenresonanz), während der Diodenwiderstand $R_\Delta'$ aus der Kennlinie im Arbeitspunkt ermittelt werden kann. Es ist nämlich $R_\Delta' = \mathrm{d}U/\mathrm{d}I - R_s = R_\Delta - R_s \approx R_\Delta$, weil der Bahnwiderstand meist sehr klein ist. Der Bahnwiderstand $R_s$ kann schließlich durch Messung bei tiefen Frequenzen ($\omega \to 0$) und genügend hoher Vorspannung ($R_\Delta' \to 0$) gefunden werden:

$$Z_\Delta = R_s + R_\Delta' + j\omega L \approx R_s$$

weil dann die Sperrschichtkapazität durch den Diodenwiderstand praktisch kurzgeschlossen ist.

Der Bahnwiderstand $R_s$ verursacht ein Wärmerauschen, das sich zum Sperrschichtrauschen addiert. Neben diesen *Rauschquellen* tritt u. U. auch das Funkelrauschen auf, das seine Ursache im wesentlichen in einer spontanen

Gefügeveränderung des mit Fremdatomen dotierten Kristallmaterials hat. Bei sehr stark negativ vorgespannten Dioden tritt durch den Zener-Strom ein zusätzliches Rauschen auf, das wegen der hiermit verbundenen Bildung von Elektronen und Löchern (Paarbildung) durch die hohe elektrische Feldstärke im Kristall entsteht.

### 1.3.2. Tunneldioden

Bei Flächendioden mit extrem dünnem pn-Übergang (etwa $10^{-6}$ cm) können bei kleinen positiven Betriebsspannungen (p-Material positiv) die Ladungsträger den hohen Potentialunterschied der Raumladungszonen ($10^5 \ldots 10^6$ V/cm) nicht überwinden. Es besteht aber eine quantenstatistische Wahrscheinlichkeit, daß einige wenige Ladungsträger den hohen aber sehr dünnen Potentialwall schnell durchdringen oder durchtunneln (Tunneleffekt). Ist der pn-Übergang hoch dotiert ($10^{18} \ldots 10^{20}$ Fremdatome je cm³), so wird ein relativ hoher *Tunnelstrom* zustande kommen (Bild 1.15). Mit steigender Betriebsspannung durchläuft der Tunnelstrom ein Maximum (Stromhöcker) und fällt dann wieder ab, um nach einem Minimum (Stromtal) in den normalen *Diffusionsstrom* überzugehen.

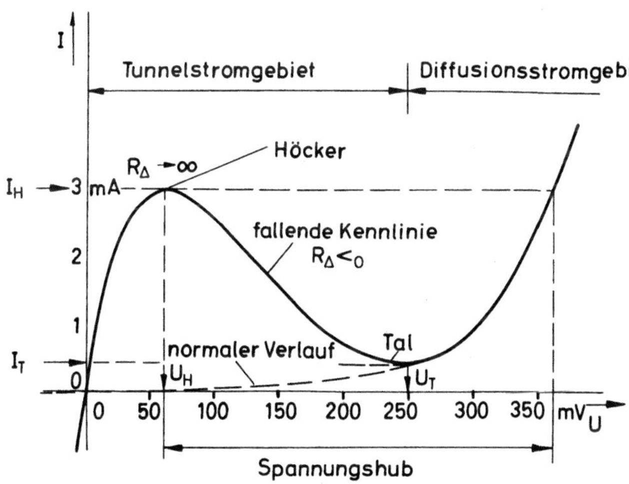


**Bild 1.15** Kennlinie einer Tunneldiode

Bei negativen Betriebsspannungen (p-Material negativ) steigt der Tunnelstrom wegen der hohen Dotierung rasch an, so daß eine Sperrwirkung nicht besteht.

Die Tunneldiode weist also keinen Sperrbereich auf, sondern in der einen Stromrichtung ein Gebiet mit fallender Strom-Spannungskennlinie (negativer differentieller Widerstand). Der fallende Kennlinienteil wird beim Tunneleffekt im Gegensatz zur fallenden Tendenz des Zenereffektes ($R_\Delta \to 0$) über den Punkt $R_\Delta \to \infty$ erreicht. Die Tunneldiode stellt also eine relativ geringe Paralleldämpfung dar, während Zenerdioden kleine Seriendämpfungen bedingen.

Mit dem negativen Widerstand einer Tunneldiode kann ein Wirkwiderstand kompensiert werden. Auf dieser Eigenschaft beruht die Wirkungsweise der Tunneldiode als Verstärker und Oszillator, weil der Verlustwiderstand eines Schwingungskreises kompensiert wird und dieser ungedämpft schwingen kann. Die außerordentlich dünne Sperrschicht der Tunneldioden bedingt ein kleines *Rauschen* und hat eine sehr kurze *Laufzeit* der Ladungsträger zur Folge, so daß sie besonders für den Betrieb mit höheren Frequenzen (über 300 MHz) geeignet sind.

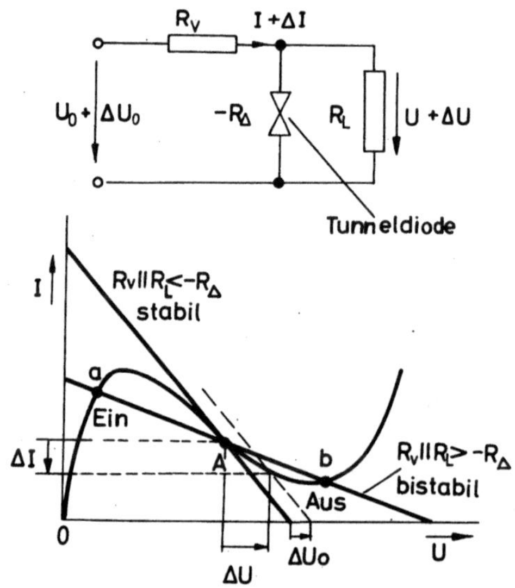


Bild 1.16
Wirkungsweise der Tunneldiode als Verstärker

Die *Verstärkerwirkung* der Tunneldiode ist im Bild 1.16 dargestellt. Ändert sich die Spannung am Eingang um $\Delta U_0$, so beträgt die Stromänderung $\Delta I$ und die Spannungsänderung am Ausgang $\Delta U$. Bezeichnen wir mit $R_v$ den

Vorwiderstand (Generatorinnenwiderstand), mit $-R_\Delta$ den negativen differentiellen Widerstand der Tunneldiode im Arbeitspunkt A und mit $R_L$ den Lastwiderstand, so gilt zunächst ohne Spannungsänderung am Eingang:

$$U_0 = I R_v + U$$

Ändert sich die Eingangsspannung um $+\Delta U_0$, so gilt für die Stromänderung im fallenden Kennlinienteil (vgl. Bild 1.16):

$$\Delta I = \Delta U \frac{R_L - R_\Delta}{-R_\Delta R_L}$$

Damit kann für die Spannungsverteilung geschrieben werden:

$$U_0 + \Delta U_0 = R_v (I + \Delta I) + U + \Delta U = U_0 + \Delta U + \Delta I R_v$$

Für die Spannungsänderung am Eingang gilt also:

$$\Delta U_0 = \Delta U \left(1 + \frac{R_L - R_\Delta}{-R_\Delta R_L} R_v\right) = \Delta U \frac{-R_\Delta R_L + R_v (R_L - R_\Delta)}{-R_\Delta R_L}$$

Für die Spannungsverstärkung $\Delta U / \Delta U_0$ erhalten wir schließlich:

$$\frac{\Delta U}{\Delta U_0} = \frac{R_\Delta R_L}{R_\Delta (R_v + R_L) - R_v R_L} \tag{1.16}$$

Zur Vermeidung von Instabilitäten, darf der Nenner nicht Null werden, d. h. als *Stabilitätsbedingung* ist zu erfüllen (Gleichstromstabilität):

$$R_\Delta (R_v + R_L) > R_v R_L \quad \text{oder} \quad R_L > R_\Delta > \frac{R_v R_L}{R_v + R_L} \tag{1.17}$$

Der gesamte Kreiswiderstand muß also stets kleiner als der Betrag des negativen differentiellen Diodenwiderstandes sein.

Das bistabile Verhalten der Tunneldiode für $R_v \| R_L > R_\Delta$ kann zum *Schaltbetrieb* ausgenutzt werden. Steigt die Spannung im Punkt a (Bild 1.16), wo hoher Strom bei kleiner Spannung fließt (Stellung: Ein), so schaltet die Diode in den Zustand b um, wo kleiner Strom bei relativ hoher Spannung fließt (Stellung: Aus) und umgekehrt, weil der Punkt A jetzt instabil ist.

*Beispiel:* Wie groß muß $R_L$ in der Verstärkerschaltung nach Bild 1.16 gewählt werden, damit die Verstärkung 50 wird und wann tritt bistabiles Verhalten ein, wenn $-R_\Delta = -40\,\Omega$ und $R_v = 60\,\Omega$ betragen?

*Lösung:* Setzen wir in die Gleichung (1.16) für $\Delta U/\Delta U_0 = 50$, so gilt weiter

$$50\,(40\,\Omega\,60\,\Omega + 40\,\Omega\,R_L - 60\,\Omega\,R_L) = 40\,\Omega\,R_L$$

oder

$$50 \cdot 2400\,\Omega = 1040\,R_L$$

und damit

$$R_L = 115\,\Omega$$

Bistabiles Verhalten tritt für $R_\Delta R_v = R_L\,(R_v - R_\Delta)$ ein und damit gilt $R_L = (2400/20)\,\Omega = 120\,\Omega$.

Bei höheren Betriebsfrequenzen (Mikrowellenbereich) gilt nach Gleichung (1.14) für den Wirk- und Blindwiderstand einer Tunneldiode im fallenden Kennlinienteil, d. h. für negatives $R_\Delta'$:

$$R = R_s - \frac{R_\Delta'}{1 + (\omega C R_\Delta')^2}$$

und (1.18)

$$X = \omega L - \frac{\omega C R_\Delta'^2}{1 + (\omega C R_\Delta')^2}$$

Die *Eigenfrequenz* der Tunneldiode erhalten wir aus $X = 0$ zu:

$$\omega_0 = \frac{1}{\sqrt{LC}} \sqrt{1 - \frac{L}{R_\Delta'^2 C}} = \frac{1}{R_\Delta' C} \sqrt{\frac{R_\Delta'^2 C}{L} - 1} \tag{1.19}$$

Unterhalb der Eigenresonanz hat die Tunneldiode kapazitiven und oberhalb der Eigenresonanz induktiven Charakter.

Die *Kurzschlußfrequenz* des Wirkanteiles erhalten wir aus $R' = 0$:

$$\omega_k = \frac{1}{R_\Delta' C} \sqrt{\frac{R_\Delta'}{R_s} - 1} \tag{1.20}$$

Bei dieser Frequenz besitzt die Diode keinen negativen Widerstand mehr und die Schwingneigung geht verloren. Die Grenzfrequenz ist schließlich durch die Gleichung (1.15) definiert.

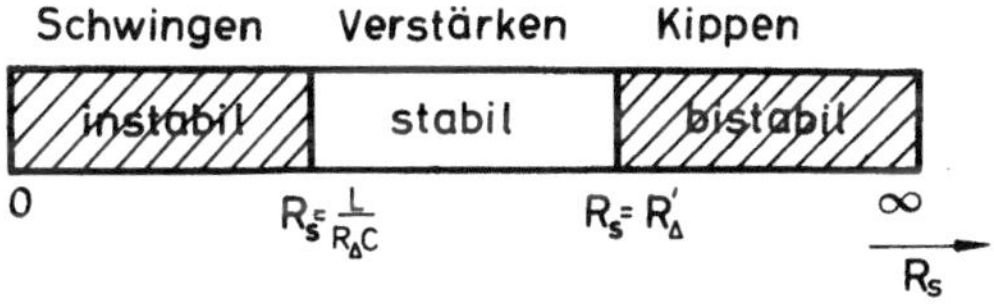


Bild 1.17 Betriebszustand einer Tunneldiode in Abhängigkeit vom gesamten Serienwiderstand

Aus den Gleichungen (1.19) und (1.20) folgen die im Bild 1.17 schematisch dargestellten dynamischen *Betriebszustände* einer Tunneldiode in Abhängigkeit vom Serienwiderstand $R_s$ (Zuleitungs- und Bahnwiderstand). Für $R_s \geqq R_\Delta'$ besteht Kippneigung (Schalterbetrieb). Stabiler Verstärkerbetrieb (keine Eigenschwingungen) liegt vor für

$$\frac{L}{R_\Delta'^2 C} \leqq 1 \text{ und } R_s \leqq R_\Delta'$$

oder

$$R_\Delta' \geqq \sqrt{\frac{L}{C}} \geqq R_s \qquad (1.21)$$

Freie Schwingungen entstehen, wenn $R_\Delta' = \sqrt{L/C} = R_s$ gemacht wird oder für

$$R_s \leqq \frac{L}{R_\Delta' C} \qquad (1.22)$$

Mit abnehmendem $R_s$ (aperiodische Dämpfung) wird die Abweichung von der Sinusform immer größer, so daß Kippschwingungen entstehen.

Zur Erzielung eines geringen Rauschens wird man den Arbeitspunkt möglichst nahe dem Stromminimum legen, wobei allerdings der lineare Aussteuerungsbereich kleiner wird.

Tunneldioden eignen sich in Verbindung mit Hohlleiterelementen als *Mikrowellenoszillatoren* und liefern UHF-Schwingungen bis zu 100 GHz. Ihre geringen Abmessungen, kleinen Betriebsspannungen sowie der relativ einfache und robuste Aufbau, stellen hierbei wesentliche Vorzüge dar.

Eine einfache Oszillatorschaltung zeigt Bild 1.18. Die Schaltung schwingt unterhalb der Eigenresonanz der Tunneldiode, so daß zur Kompensation des kapazitiven Charakters der Diode eine zusätzliche Serieninduktivität zum Lastwiderstand vorgesehen ist.

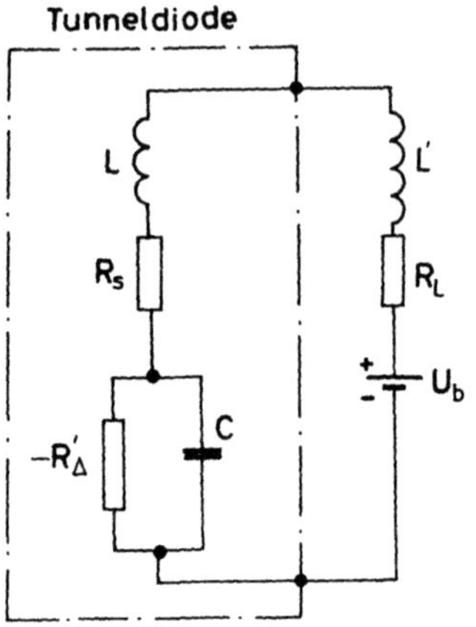


Bild 1.18
Einfache Oszillatorschaltung mit einer Tunneldiode

Der gesamte Reihenwiderstand der Schaltung beträgt:

$$Z = R_s + R_L + j\omega\,(L + L') - \frac{R_\Delta'}{1 - j\,\omega C R_\Delta'}$$

oder

$$Z = R_s + R_L - \frac{R_\Delta'}{1 + (\omega C R_\Delta')^2} + j\left[\omega\,(L + L') - \frac{\omega C R_\Delta'^2}{1 + (\omega C R_\Delta')^2}\right]$$

Nun müssen sowohl der Realteil (Entdämpfung) als auch der Imaginärteil (Kompensation) null werden und man erhält für die *Oszillatorfrequenz* die beiden Bestimmungsgleichungen:

$$\omega = \frac{1}{R_\Delta' C}\sqrt{\frac{R_\Delta'}{R_s + R_L} - 1}$$

sowie (1.23)

$$\omega = \sqrt{\frac{1}{(L + L')\,C} - \frac{1}{R_\Delta'^2 C^2}}$$

Damit erhalten wir für die Bemessung der Serieninduktivität $L'$:

$$\frac{1}{R_\Delta'^2 C^2}\left(\frac{R_\Delta'}{R_s + R_L} - 1\right) = \frac{1}{(L + L')\,C} - \frac{1}{R_\Delta'^2 C^2}$$

oder

$$(R_s + R_L)\,R_\Delta' C^2 = (L + L')\,C$$

und daraus schließlich:

$$L' = (R_s + R_L)\,R_\Delta' C - L \tag{1.24}$$

Der Betrieb oberhalb der Eigenfrequenz erfordert eine zusätzliche Parallelkapazität zur Kompensation des induktiven Diodencharakters. Da bei höheren Betriebsfrequenzen die Ausgangsleistung abnimmt, werden solche Schaltungen seltener angewendet.

Neben der Nutzung des fallenden Kennlinienteiles bei kleinen positiven Diodenspannungen, wird auch die hohe Stromdurchlässigkeit der Tunneldiode bei umgekehrter Polung für *Gleichrichterzwecke* genutzt (backward diode). Der fallende Kennlinienteil solcher Tunneldioden ist nur schwach ausgebildet, da der Höckerstrom $< 1$ mA ist. Da praktisch kein Spannungsverbrauch entsteht, sind diese Dioden besonders zur Gleichrichtung kleinster Signale geeignet (Bild 1.19).

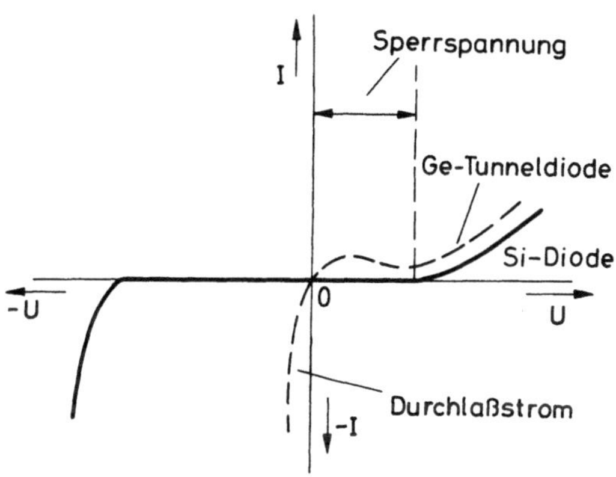


Bild 1.19
Gleichrichterkennlinien einer Tunnel- und einer Siliciumdiode

## 1.4. Transistoren

### 1.4.1. Aufbau und Wirkungsweise eines pnp-Flächentransistors

Der Transistor (transfer resistor) hat zwei pn-Übergänge, die sehr dicht benachbart und so geschaltet sind, daß die Zonenfolge p-n-p entsteht (Bild 1.20). Die mittlere Zone (Basiszone) ist so dünn (etwa 1 µm), daß Löcher aus der einen p-Zone zur anderen p-Zone hindurchdiffundieren können, wenn sie ein Dichtegefälle besitzen. Hierzu wird der eine pn-Übergang in Durchlaß- und der andere Übergang in Sperrichtung geschaltet.

Der erste Übergang schickt oder emittiert (Emitter) dann Löcher in die Basiszone und der zweite Übergang nimmt sie auf, sammelt oder kollektiert sie (Kollektor). Von außen fließt dem Kollektor negative Ladung (Elektronen) zu und neutralisiert die angesammelten positiven Löcher, so daß deren

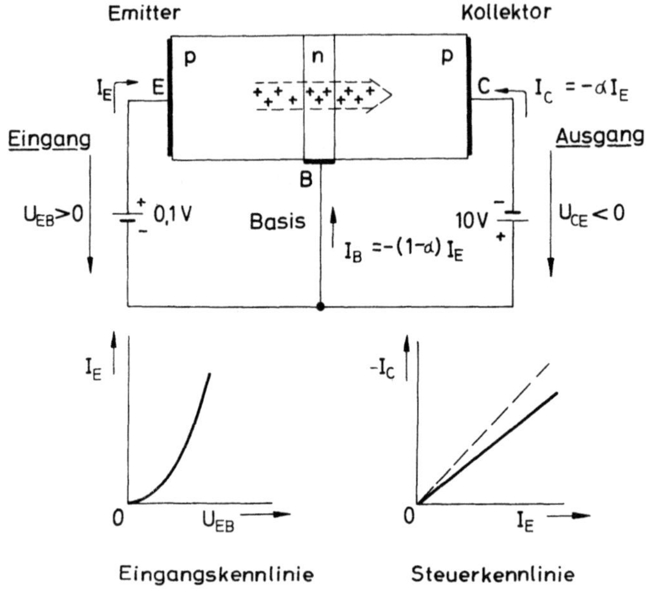


Bild 1.20 Stromdurchgang durch einen pnp-Transistor

Dichtegefälle dauernd erhalten bleibt. Gleichzeitig findet innerhalb der pn-Übergänge auch eine geringe Elektronenbewegung in entgegengesetzter Richtung als der Löcherstrom statt, da die p-Gebiete nur wenige freie Elektronen besitzen. Ein Teil des Emitterstromes wird in der Basiszone rekombiniert, so daß der Kollektorstrom stest etwas kleiner ist als der Emitterstrom.

Der *Stromdurchgang* im Transistor erfolgt also durch das Zusammenwirken äußerer Spannungsquellen, – die im inneren elektrische Felder erzeugen und die Raumladungen der pn-Übergänge beeinflussen –, und innerer Ladungsträger. Die Wirkungsweise kann durchaus als ein elektronisches Durchschalten der Emitter-Kollektorstrecke aufgefaßt werden (vgl. Bild 1.20), wobei mit relativ kleinen Spannungen (etwa 0,1 V) relativ große Spannungen (etwa 10 V) geschaltet werden (Verstärkung).

Bei steigender Emitterspannung nimmt auch der Emitterstrom zu (Durchlaßrichtung), so daß auch der Kollektorstrom (Sperrstrom) zunehmen muß, wobei die Kollektorspannung (Sperrspannung) konstant bleibt. Die Steuerwirkung des Transistors beruht also auf der Beeinflussung des Sperrstromes der Kollektordiode.

Für die äußeren Ströme und Spannungen eines Transistors gilt nach den Kirchhoffschen Sätzen entsprechend Bild 1.21:

$$I_E + I_B + I_C = 0$$

sowie (1.25)

$$U_{EB} + U_{BC} + U_{CE} = 0$$

Diese beiden Gleichungen bestimmen das schaltungsmäßige Verhalten des Transistors.

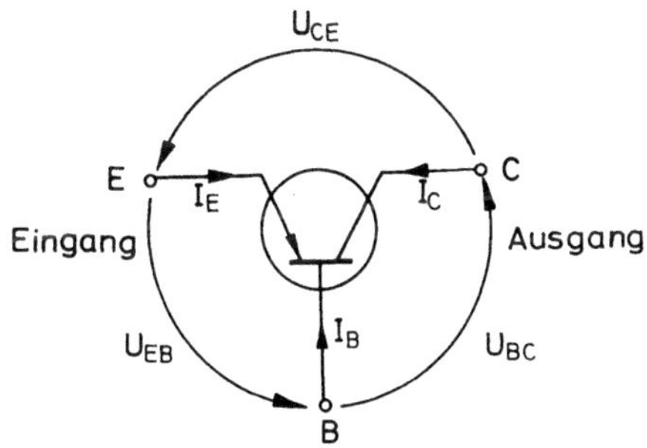


Bild 1.21
Genormtes Schaltzeichen für einen pnp-Transistor mit Zählpfeilen für Spannungen und Ströme

Die umgekehrte Zonenfolge n-p-n ist auch realisierbar. Da Halbleiterelektronen eine größere *Beweglichkeit* als positive Löcher besitzen, so haben im allgemeinen die npn-Transistoren geringere *Laufzeiten* der diffundierenden Ladungsträger (Elektronen) und damit günstigere Frequenzeigenschaften als die komplementären pnp-Strukturen mit diffundierenden Löchern.

Beim npn-Transistor sind die elektrischen Doppelschichten umgekehrt gepolt, so daß man die Polarität der äußeren Spannungen vertauschen muß, wenn man den gleichen Betriebszustand wie beim pnp-Transistor einstellen will. Die Gültigkeit der Gleichungen (1.25) bleibt auch beim npn-Transistor erhalten, weil auch hier die Emitterdiode in Durchlaß- und die Kollektordiode in Sperrichtung geschaltet ist.

### 1.4.2. Transistortypen

Die Herstellung der pn-Übergänge eines Transistors kann durch Ziehen, Legieren oder Diffundieren erfolgen. Die einzelnen Verfahren bestimmen im wesentlichen die Stärke der Basisschicht und damit die Grenzfrequenz des Transistors.

*Der gezogene Transistor* (Bild 1.22) hat Basisdicken von etwa 50 µm und Grenzfrequenzen von rund 1 MHz. Während der Germaniumeinkristall aus der Schmelze gezogen wird, setzt man zunächst fünfwertige Fremdatome (z. B. Antimon) als Donatoren zu, um einen n-leitenden Kristall zu erhalten. Dann werden für eine verhältnismäßig kurze Zeit dreiwertige Fremdatome (z. B. Gallium) in solcher Menge zugesetzt, daß nicht nur die Donatoren neutralisiert werden, sondern ein Überschuß an Akzeptoren entsteht, um p-Leitung hervorzurufen. Schließlich werden wieder Donatoren in so großer Zahl zugesetzt, daß die p-Leitung in eine n-Leitung umschlägt.

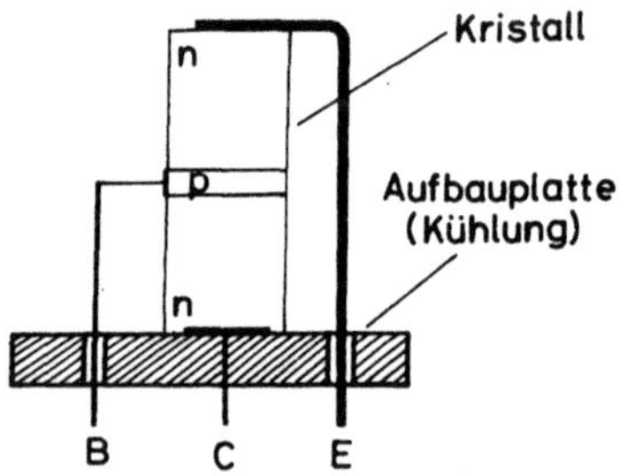


Bild 1.22
Systemaufbau eines gezogenen npn-Transistors

Da Akzeptoren und Donatoren verschieden schnell aus der Schmelze in den Kristall eindringen, kann sich andererseits durch Änderung der Ziehgeschwindigkeit bei gleichzeitiger Zugabe von Akzeptoren und Donatoren ebenfalls sowohl die eine als auch die andere Störstellenart ausbilden. Die so erhaltenen kontinuierlich aufeinanderfolgenden npn-Verbindungen werden aus dem Einkristall herausgesägt mit Anschlußdrähten versehen (kontaktiert) und in einem Metall- oder auch Glasgehäuse luftdicht abgeschlossen. Der gezogene npn-Typ ist technologisch einfacher herzustellen als der komplementäre pnp-Typ. Bei sehr dünnen Basisschichten ist die Herstellung gezogener Transistoren sehr kostspielig, so daß man zum Legierungsverfahren übergeht.

*Der legierte Transistor* wird meist als pnp-Germanium oder als npn-Siliciumtransistor gefertigt (Bild 1.23). Die Kollektorpille ist etwas größer als die Emitterpille, um mit Sicherheit alle emittierten Ladungsträger aufnehmen zu können. Die Temperatur (etwa 500 . . . 600 °C) und die Dauer des Legierungsvorganges werden so abgestimmt, daß die Basisschicht die gewünschte Dicke (50 . . . 5 µm) erhält.

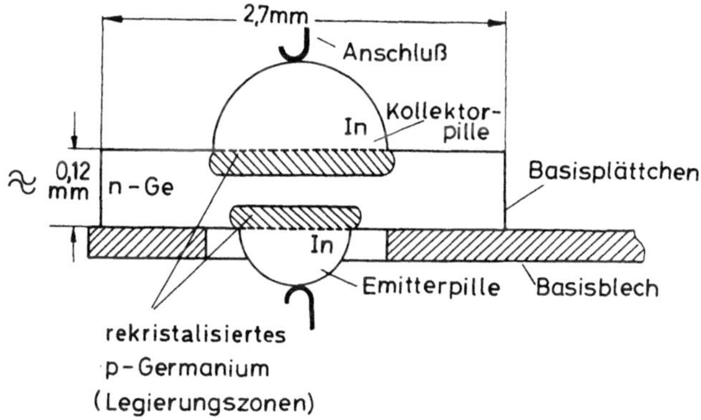


Bild 1.23 Systemaufbau eines legierten pnp-Germaniumtransistors

Die dünnere Basis ermöglicht eine kürzere Laufzeit der Ladungsträger durch die Basiszone und infolge des kleineren Abstandes auch ein stärkeres Dichtegefälle im Transistor und damit eine höhere mittlere Geschwindigkeit der Ladungsträger, so daß man Grenzfrequenzen von 10 MHz und mehr erreichen kann. Aus mechanischen Gründen muß jedoch auch der Durchmesser der Legierungszonen herabgesetzt werden, wodurch die Belastbarkeit vermindert und gleichzeitig die Kapazitäten der Sperrschichten sowie der Basisbahnwiderstand verkleinert werden. Allgemein gilt die Regel: *Das Produkt aus Belastbarkeit und Grenzfrequenz ist konstant.* Der NF-Transistor mit $f = 10$ kHz kann z. B. bis 10 W ein HF-Transistor mit $f = 10$ MHz nur noch mit 100 mW belastet werden. Das Herstellen extrem dünner Basisschichten ($<1$ µm) ist beim Legierungsverfahren sehr schwierig, weil die pn-Übergänge uneben werden. Man geht aus diesem Grunde zum Diffusionsverfahren über, welches auch in anderer Hinsicht für Höchstfrequenztransistoren (100 ... 1000 MHz) sehr geeignet ist.

*Der Diffusionstransistor* (Mesatransistor) ist im Bild 1.24 schematisch dargestellt. Das Kristallplättchen ist hier die Grundlage für den Kollektor. Auf der Oberseite des Plättchens befinden sich der Emitter aus aufgedampften Aluminium (p-Dotierung) und der Basisanschluß aus Gold-Antimon (n-Dotierung). Die Basis ist durch Diffusion aus einer Gasatmosphäre in das Kollektorplättchen hergestellt, so daß eine sehr dünne Basisschicht entsteht (1 ... 0,5 µm). Die Dotierung ist über die Basis nicht gleichmäßig verteilt,

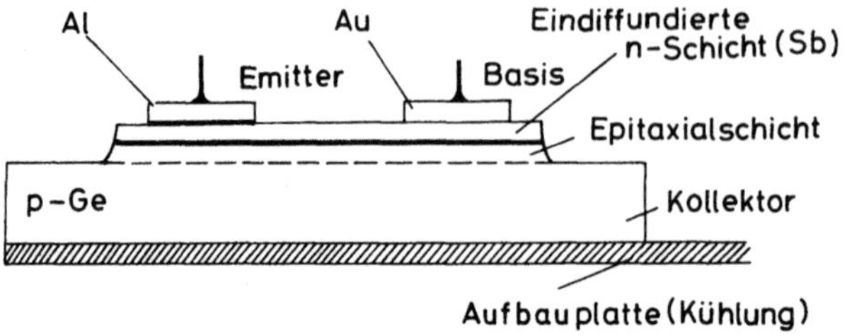


Bild 1.24 Systemaufbau eines basisdiffundierten Germanium-Mesatransistors

sondern nimmt vom Emitter zum Kollektor hin ab (Bild 1.25), wodurch ein zusätzliches Feld erzeugt wird, das die Ladungsträger beim Durchgang durch die Basiszone beschleunigt (Drifttransistor). Eine weitere Verbesserung der Hochfrequenzeigenschaften besteht darin, daß man die Kapazitäten von Emitter und Basis möglichst klein macht, indem man den Querschnitt durch Ätzen verringert. Hierdurch erhält der Transistor das Aussehen eines Tafelberges (Mesa).

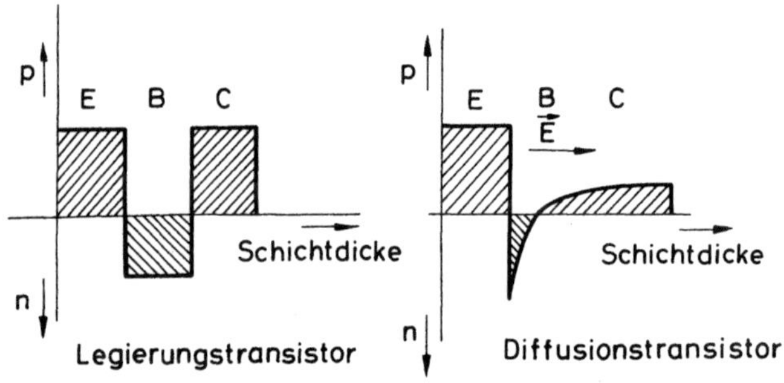


Bild 1.25 Störstellenprofile eines Legierungs- und eines Diffusionstransistors vom pnp-Typ

Mesatransistoren werden auf Germaniumeinkristallscheiben von etwa 10 mm Durchmesser mit Hilfe von Abdeckmasken bis zu einigen hundert Systemen gleichzeitig gefertigt und dann erst in Einzelsysteme zerschnitten. Die Aufdampfflecke Emitter und Basis haben eine Breite von nur 20 µm. Die Kontaktierung wird durch Thermokompression sehr dünner Golddrähte von 10 ... 15 µm Durchmesser bei einer Temperatur von 300 °C vorgenommen. Zur guten Wärmeableitung sind die einzelnen Systeme auf metallischen Grundplatten aufgebaut. Schließlich wird der Transistor in einer Schutzgasatmosphäre oder einem Fett abgeschlossen.

Zur Verringerung des Kollektorbahnwiderstandes wird man auf einem stark dotierten und damit niederohmigen Kollektorkristallplättchen, eine sehr dünne hochohmige Halbleiterschicht aufwachsen lassen, wobei die einzelnen Atome ihre ursprüngliche Kristallstruktur wieder erhalten (Epitaxie). Die Basisschicht wird dann in diese sogenannte *Epitaxialschicht* eindiffundiert, die meist so dünnn ist (einige µm), daß sie von der Kollektorraumladung voll eingenommen wird. Der verbleibende niederohmige Kollektorbahnteil ermöglicht es, den Mesatransistor mit wesentlich höheren Strömen zu betreiben. Allerdings bedingt die sehr dünne hochohmige Schicht eine geringe Spannungsfestigkeit (Sperrspannung) und eine höhere Kollektorkapazität des Epitaxialtransistors.

Siliciumtransistoren, die sich durch sehr kleine Restströme und geringe Temperaturabhängigkeit auszeichnen, sind in der Regel als sogenannte *Planartransistoren* ausgeführt. Hierbei werden sowohl die Basis als auch der Emitter in das Kollektormaterial eindiffundiert und durch eine dünne Siliciumoxydschicht geschützt (Bild 1.26). Die Herstellung der einzelnen

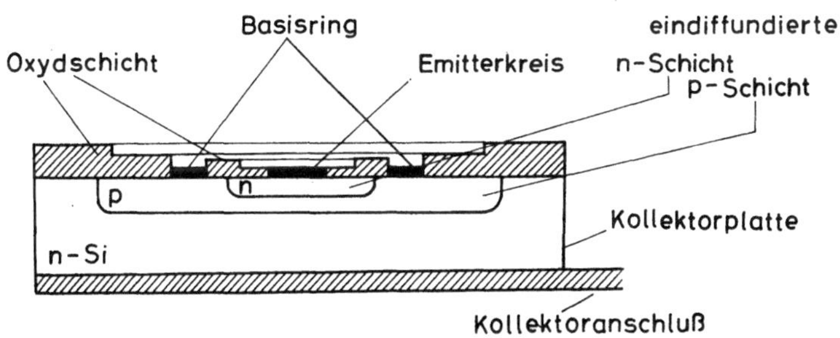


Bild 1.26 Systemaufbau eines npn-Silicium-Planartransistors

Schichten geht stufenweise vor sich. Zunächst wird aus der Oxydschicht (1 µm) auf photochemischem Wege eine kreisförmige Fläche herausgeätzt und in diese Öffnung wird dann die Basisschicht eindiffundiert. Durch Oxydation wird nun eine neue Oxydschicht über der Basiszone gebildet und eine kleinere Kreisfläche herausgeätzt durch welche die Emitterschicht eindiffundieren kann. Nun wird wieder eine Schutzschicht aufgebracht aus der schließlich eine Ringfläche und konzentrisch zu dieser eine kleine Kreisfläche herausgeätzt werden, auf denen dann die Kontaktierung der Basis und des Emitters erfolgt.

Auf einer Einkristallscheibe können einige Hundert Systeme angebracht werden, die man nach der Zerteilung in Einzelgehäuse einbaut. Die Oxydschutzschicht verleiht dem Planartransistor eine hohe elektrische Zuverlässigkeit. Das Planarverfahren kann auch auf Epitaxialschichten angewendet werden und man erhält beim Silicium-Planartransistor ähnliche Eigenschaften wie beim Germanium-Epitaxialtransistor.

Das Planarverfahren ermöglicht es, einen neuartigen Transistor herzustellen, der keinen Steuerstrom benötigt. Die Steuerung erfolgt durch ein elektrisches Feld (Spannungssteuerung), welches zwischen dem Kristall und einer dicht und isoliert angebrachten Elektrode hervorgerufen wird. Einen solchen sogenannten *Feld-Effekt-Transistor* (Fieldistor) zeigt Bild 1.27.

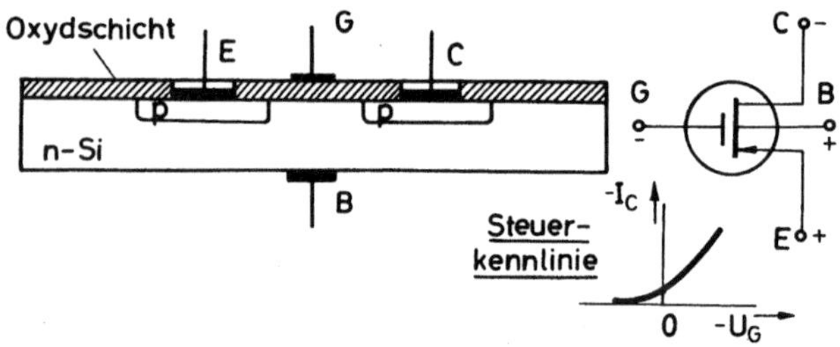


**Bild 1.27** **Systemaufbau und Schaltzeichen eines Feldeffekt-Transistors**

Zwei p-Schichten sind nahe beieinander in ein hochohmiges n-Material eindiffundiert und durch eine Oxydschicht geschützt. Der Übergang von einer p-Schicht zur anderen p-Schicht wird durch die isoliert auf der Oxydschicht angebrachte Steuerelektrode elektrostatisch beeinflußt.

Liegt zwischen der Steuerelektrode G und der Basis B eine negative Spannung, so werden die Elektronen des n-Materials von dem Feld zurückgedrängt, während die Löcher des p-Materials angezogen werden, wodurch der Kanal zwischen Emitter und Kollektor p-leitend wird, so daß der Strom von E nach C fließen kann. Die Steuerelektrode nimmt hierbei keinen Strom auf, da sie isoliert angebracht ist.

Der Eingangswiderstand ist außerordentlich hoch ($>10^{12}\,\Omega$). Die Anordnung besitzt auch sehr kleine Eingangs- und Ausgangskapazitäten, weil die stromführenden Flächen sehr klein gehalten werden können.

Ähnlich wirken auch im p-Material eingebettete n-Schichten, wobei eine positive Steuerspannung zwischen Emitter und Kollektor einen n-leitenden Kanal induziert.

Die einzelnen Elektroden des Feldeffekttransistors (FET) werden englisch auch als Source S (Quelle) statt Emitter, Drain D (Abfluß) statt Kollektor und Gate G (Tor) statt Steuerelektrode bezeichnet.

Die *Planartechnik* ermöglicht es außerdem, durch abwechselndes Oxydieren, Ätzen und Diffundieren, ganze Schaltungen auf einer einzigen Einkristallplatte herzustellen (integrierte Schaltungen, Mikrobaugruppen). In einem Silicium-Kristall mit den extrem kleinen Abmessungen von nur $6 \times 3 \times 1\,mm^3$ ist z. B. eine komplette Verstärkerschaltung mit 6 Transistoren und mehreren Widerständen und Kondensatoren eindiffundiert. Die elektrischen Zuleitungen bestehen aus sehr dünnen Golddrähten. Solche *Festkörperschaltungen* haben sich wegen ihrer hohen Lebensdauer und Betriebssicherheit in vielen elektronischen Geräten und Anlagen, wie Satelliten, Rechnern und Hörhilfen, gut bewährt.

Ihre wesentlichsten Vorteile gegenüber den bisher verwendeten Schaltungen sind: geringes Volumen und Gewicht, hohe Zuverlässigkeit, geringer Energiebedarf, praktisch keine Wartung und störungsfreies Arbeiten unter extremen Umweltbedingungen.

Das Planarverfahren ist z. Z. wirtschaftlich nur beim extrem reinen Silicium anwendbar. Germanium ist hierfür nicht geeignet, da es nur schwer oxydiert.

### 1.4.3. Kennlinien eines pnp-Transistors

Das Strom-Spannungsverhalten eines Transistors wird zweckmäßig durch Kennlinien in vier Quadranten dargestellt (Bild 1.28). Je nach gewähltem Parameter ($I_E$ oder $U_{EB}$) erhält man etwas unterschiedliche *Kennlinienscharen*. Der Transistor hat drei Anschlüsse (Klemmen, Pole), so daß man z. B. in der Grundschaltung nach Bild 1.20 einen Eingang (Emitterdiode) und einen Ausgang (Kollektordiode) unterscheidet. Betrachtet man den Einfluß einer Eingangsgröße (Strom bzw. Spannung) auf die entsprechende Ausgangsgröße, so spricht man von Strom- bzw. Spannungssteuerung oder Strom- bzw. Spannungsverstärkung, da die gesteuerten Ausgangsgrößen meist größer sind als die sie steuernden Eingangsgrößen. Die Kennlinien werden bei kurzgeschlossenem Ausgang mit kurzzeitigen Impulsen bei konstanter Umgebungstemperatur aufgenommen, um eine Eigenerwärmung des Transistors zu vermeiden.

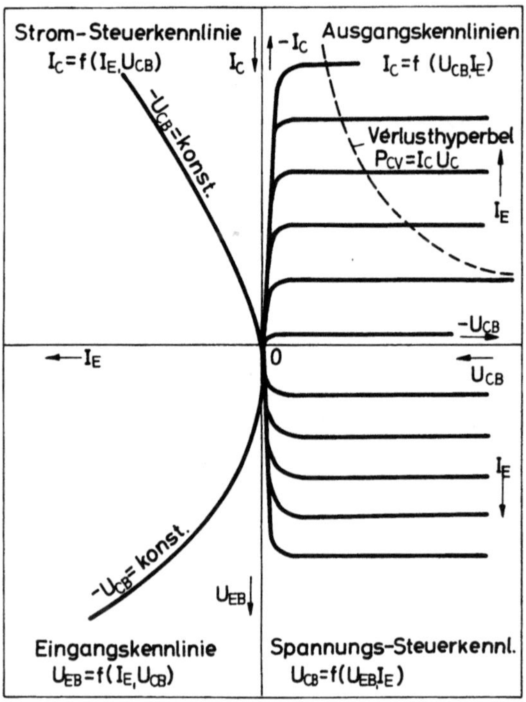


Bild 1.28
Kennlinienscharen eines pnp-Transistors mit dem Emitterstrom als Parameter

Das typische *Ausgangskennlinienfeld* eines pnp-Transistors mit dem Emitterstrom als Parameter zeigt Bild 1.29. Es handelt sich hierbei um den Sperrbereich der Kollektordiode, d. h. Strom und Spannung haben negative Zahlenwerte (vgl. auch Bild 1.2 oder Bild 1.13). Das Vorzeichen kann aber auch der Größe selbst zugeordnet und der Strom bzw. die Spannung als negative Größe aufgefaßt werden. Die Zahlenwerte sind dann positiv und man erhält so die im Bild 1.29 dargestellten Zuordnungen.

Ist der Eingangsstrom $I_E = 0$, so fließt in der Kollektordiode der kleine *Kollektorrest-* oder *Kollektornullstrom* $I_{C0}$. Er verdoppelt sich bei Germanium-Transistoren etwa alle 10 ... 15 °C Temperatursteigerung, kann

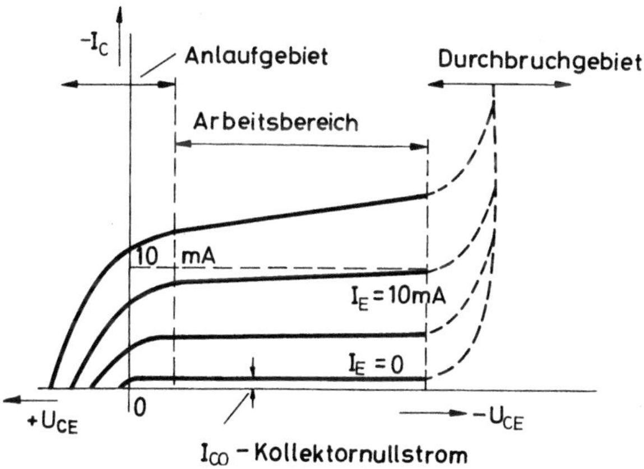


Bild 1.29 Das typische Ausgangskennlinienfeld eines pnp-Transistors mit dem Emitterstrom als Parameter

aber in den meisten Fällen vernachlässigt werden. Man muß allerdings eine *Überlastung* des Transistors vermeiden, da hierdurch der Nullstrom sehr ansteigt.

Mit steigendem Eingangsstrom nimmt der Sperrstrom der Kollektordiode etwa proportional zu. Der Emitterstrom $I_E$ ist in der Regel stets etwas größer als der Kollektorstrom $-I_C$. Es kann jedoch auch der Fall eintreten, daß $I_E < -I_C$ wird, wenn der additive Kollektornullstrom sehr groß ist.

Im Bereich sehr kleiner Kollektorspannungen ($< -0{,}5$ V) nimmt der Kollektorstrom rasch ab, da die Feldverhältnisse im Transistor nicht ausreichen den Diffusionsstrom durch die Emitter-Kollektorstrecke zu ziehen (Anlaufgebiet). Bei leerlaufendem Ausgang, d. h. für $I_C = 0$ tritt am Kollektor eine kleine positive Spannung auf, die sich einmal durch den inneren Spannungsabfall an der Emitter-Basisstrecke (Basisbahnwiderstand) erklärt und andererseits durch eine Diffundierung der Löcher zum Kollektor hin entsteht, was eine Spannung nach außen ergibt. Mit steigender Kollektorspannung $-U_{CB}$ wird der Kollektorstrom bei gleichbleibendem Emitterstrom größer, was ein Aufspreizen der Kennlinien und damit eine größere Stromverstärkung zur Folge hat. Die Ursache dieses Effektes ist die Wanderung der Kollektorgrenzschicht zum Emitter hin, wodurch die Basiszone schmaler wird und die Verluste durch Rekombination verringert werden. Die Stromsteuerung wird also von den Spannungsverhältnissen am Ausgang mit beeinflußt. Der differentielle Ausgangswiderstand des Transistors ist sehr groß (flacher Kennlinienverlauf).

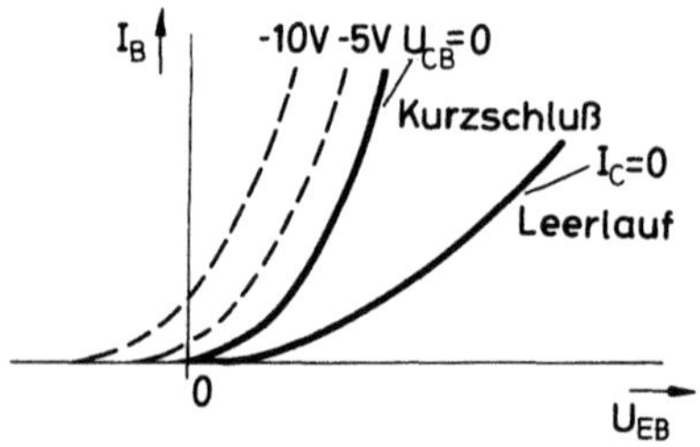


Bild 1.30
Eingangskennlinien eines pnp-Transistors bei leerlaufendem bzw. kurzgeschlossenem Ausgang

Das *Eingangskennlinienfeld* zeigt Bild 1.30. Es entspricht dem Durchlaßbereich der Emitterdiode. Die Kennlinien werden vom Ausgang beeinflußt. Bei leerlaufendem Ausgang, d. h. für $I_C = 0$ ist zur Erzielung des gleichen Emitterstromes eine höhere Spannung erforderlich als beim kurzgeschlossenen Ausgang ($U_{CB} = 0$), weil im ersteren Falle das Dichtegefälle der Löcher im Transistor, wegen der positiven Kollektoraufladung (vgl. Bild 1.29), geringer ist. Mit steigender negativer Kollektorspannung nimmt der Emitterstrom bei gleichbleibender Emitterspannung $U_{EB}$ zu, weil das Dichtegefälle durch Zuführung negativer Ladungen vergrößert wird. Der differentielle Eingangswiderstand des Transistors ist relativ gering, so daß am Eingang eine Steuerleistung verbraucht wird.

### 1.4.4. Grundschaltungen des Transistors

Je nachdem welche der drei Transistorklemmen als gemeinsamer Pol für den Ein- und Ausgang herangezogen wird, unterscheidet man die Basis-, Emitter- oder Kollektorschaltung (Bild 1.31). Die einzelnen Schaltungen weisen ein unterschiedliches Verhalten auf und sollen im folgenden etwas näher betrachtet werden.

Die *Basisschaltung* hat bei praktisch vernachlässigbarem Kollektornullstrom und linearer Steuerkennlinie den Ausgangsstrom $-I_C = \alpha I_E$ (vgl. Bild 1.20), so daß für die Stromverstärkung, die stets als Ausgangsstrom zu Eingangsstrom definiert ist, geschrieben werden kann (vgl. Bild 1.31 a):

$$-\frac{I_C}{I_E} = \alpha \leqq 1 \tag{1.26}$$

Sie ist wegen des Stromverlustes in der Basiszone immer kleiner als eins. Nun ist aber $U_{EB}$ (Durchlaßspannung) $\ll U_{CB}$ (Sperrspannung), so daß eine beträchtliche Spannungs- und damit auch Leistungsverstärkung erzielt wird. Der niederohmige Eingang und der hochohmige Ausgang der Basisschaltung bedingen eine Aufwärtstransformation des Eingangswiderstandes (Impedanzwandlung).

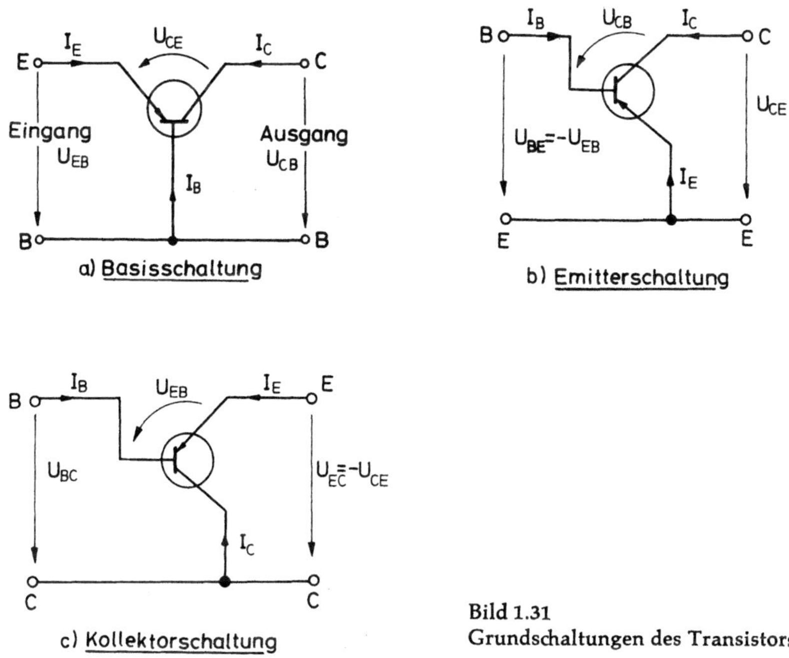


**Bild 1.31**
Grundschaltungen des Transistors

Die *Emitterschaltung* wird durch den Basisstrom $-I_B = (1-\alpha)\, I_E$ (vgl. Bild 1.20) gesteuert, so daß für die Stromverstärkung geschrieben werden kann (Bild 1.31 b):

$$\frac{I_C}{I_B} = \frac{\alpha}{1-\alpha} = \beta \gg \alpha \tag{1.27}$$

Die Stromverstärkung der Emitterschaltung ist wesentlich größer als eins. Andererseits ist auch eine beträchtliche Spannungsverstärkung vorhanden ($U_{BE} \ll U_{CE}$), so daß die Emitterschaltung in bezug auf die Leistungsverstärkung die günstigsten Eigenschaften besitzt. Durch die relativ geringen Steuerströme ($-I_B \ll -I_C$) ist auch der Eingangswiderstand wesentlich höher als bei der Basisschaltung.

Die *Kollektorschaltung* liefert den Emitterstrom $I_E$ als Ausgangsstrom, so daß mit dem Eingangsstrom $-I_B$ für die Stromverstärkung gilt (vgl. Bild 1.31 c):

$$-\frac{I_E}{I_B} = \frac{1}{1-\alpha} = \gamma \approx \beta \gg \alpha \tag{1.28}$$

Auch hier ist die Stromverstärkung viel größer als eins. Die Spannungsverstärkung ist allerdings wegen $U_{BC} \approx U_{EC}$, weil $U_{EB}$ sehr klein ist, etwa gleich eins. Die Kollektorschaltung verhält sich also reziprok zur Basisschaltung und bedingt eine Abwärtstransformation des Eingangswiderstandes.

### 1.4.5. Vierschicht-Transistor (Thyristor)

Der Vierschicht-Transistor (Bild 1.32) oder die pnpn-Schaltdiode (Kippdiode) besteht aus vier Siliciumschichten, deren Durchbruchspannungen so gewählt sind, daß sich der im Bild 1.33 dargestellte Stromverlauf ergibt. Die Kennlinie ist einer Gasentladungscharakteristik ähnlich und kommt etwa wie folgt zustande:

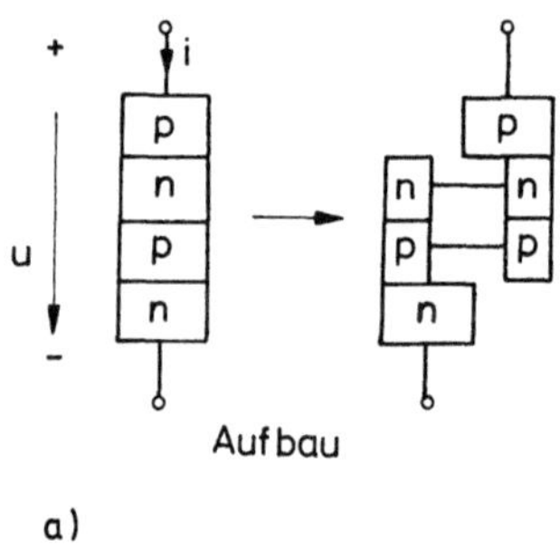


Bild 1.32
Aufbau und Schaltzeichen eines Vierschicht-Transistors

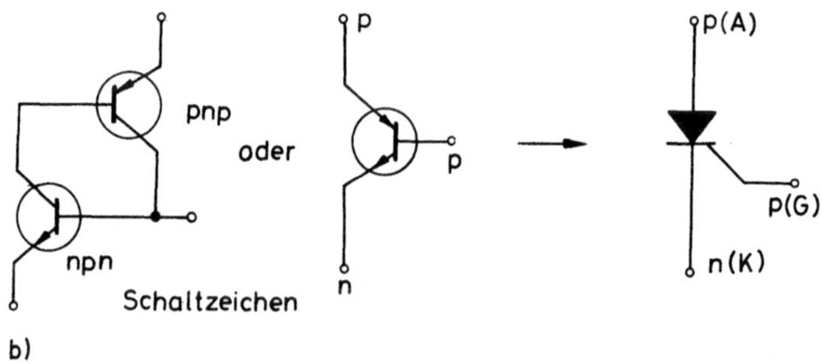

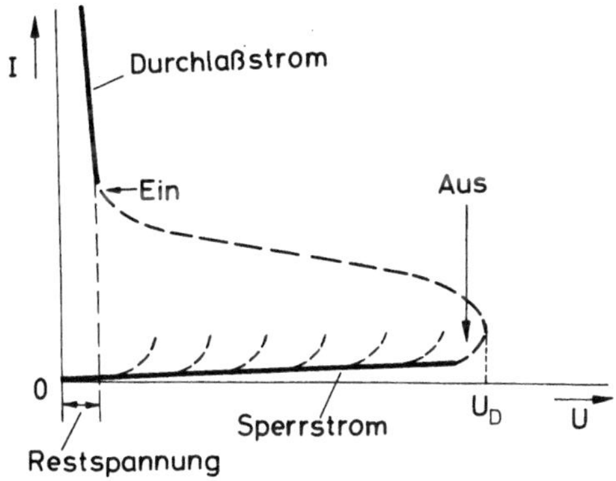


Bild 1.33
Kennlinie eines Vierschicht-Transistors (Thyristor)

Liegt am Transistor eine Spannung der im Bild 1.32 a angedeuteten Polarität, so sperrt zunächst der mittlere pn-Übergang, so daß nur ein kleiner Strom durch den Transistor fließt. Beim Erreichen der Durchbruchspannung $u_D$ sind die beiden äußeren in Durchlaßrichtung geschalteten Übergänge durchgeschaltet, wobei ein hoher Durchlaßstrom bei kleiner Restspannung fließt. Das Verhältnis der Widerstände im gesperrten und durchgeschalteten Zustand liegt bei etwa $10^8 \ldots 10^{10}$. Versieht man auch die mittleren Schichten mit Anschlüssen, so kann der Durchbruch (Zündeinsatz) in weiten Grenzen gesteuert werden und man erhält einen vielseitig verwendbaren elektronischen Schalter (steuerbare Gleichrichterzelle).

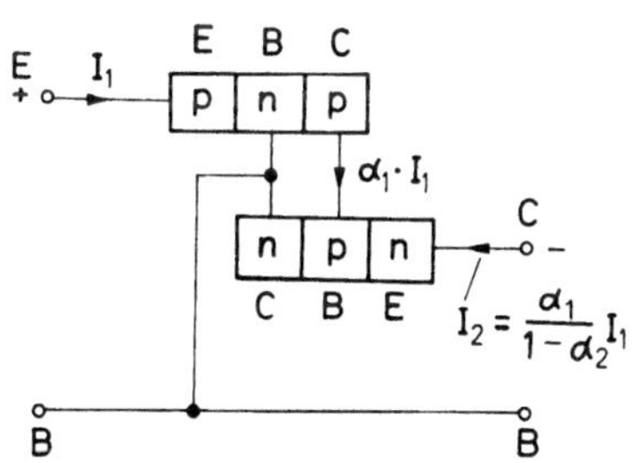


Bild 1.34
PNPN-Transistorverstärker

Verwendet man den pnpn-Transistor als Verstärker (Bild 1.34), so ergeben sich in der Basisschaltung Stromverstärkungen die wesentlich größer als eins sind. Die pnp-Struktur arbeitet in der Basisschaltung, während die npn-Struktur als Kollektorschaltung wirkt, weil die Minuspolung am n-Material (Durchlaßrichtung) der Emitterelektrode des npn-Transistors entspricht.

Mit $\alpha_1 = \alpha_2 = 0{,}975$ ist z. B. die Gesamtverstärkung der pnpn-Schaltung

$$\alpha = \frac{\alpha_1}{1 - \alpha_2} = 39$$

### 1.4.6. Erwärmung und thermische Stabilität des Transistors

Der Transistor arbeitet nur dann einwandfrei, wenn seine maximale Sperrschichttemperatur nicht überschritten wird. Sie hängt nicht nur von der im Transistor in Wärme umgesetzten elektrischen Energie (Verlustleistung), sondern auch entscheidend von der *Umgebungstemperatur* und den *Kühlbedingungen* ab.

Zwischen Wärmeströmung und elektrischer Strömung bestehen weitgehende Analogien. So ist z. B. der Wärmestrom $P$ gleich dem Quotienten aus Temperaturgefälle $\Delta T$ und Wärmeableitwiderstand $K$:

$$P = \frac{\Delta T}{K} \tag{1.29}$$

Die Temperaturdifferenz entspricht hier dem Unterschied zwischen Sperrschichttemperatur (junction temperature) $T_j$ und Umgebungstemperatur $T_u$, während der Wärmewiderstand $K$ die Kühlbedingungen berücksichtigt. Der Wärmestrom wird elektrisch erzeugt und stellt die in der Emitter- und Kollektorsperrschicht in Wärme umgesetzte elektrische Leistung (Verlustleistung) dar.

Die Verlustleistung in der Emittersperrschicht $P_{Ev} = I_E U_E$ ist meist vernachlässigbar klein, so daß nur die Kollektorverlustleistung $P_{Cv} = I_C U_C$ Berücksichtigung findet. Somit können wir für die maximal zulässige Transistorverlustleistung schreiben:

$$P_{Cv\,\max} = \frac{T_{j\,\max} - T_u}{K} \tag{1.30}$$

Die maximale Sperrschichttemperatur $T_{j\,\max}$ ist eine Materialkonstante und beträgt für Germanium etwa 75 °C und für Silicium etwa 175 °C. Der Wärmewiderstand $K$ wird für bestimmte Kühlbedingungen von den Herstellerfirmen in °C/W oder °C/mW angegeben. Als Umgebungstemperatur $T_u$ ist jeweils die in unmittelbarer Nähe des Transistors herrschende Temperatur (Gehäusetemperatur) einzusetzen, die meist 45 °C beträgt.

*Beispiel:* Laut Datenlisten hat ein Transistor bei einer Umgebungstemperatur von $T_u = 45\ ^\circ\mathrm{C}$ und der Sperrschichttemperatur $T_{j\,\mathrm{max}} = 75\ ^\circ\mathrm{C}$ eine Verlustleistung von $P_{Cv\,\mathrm{max}} = 120$ mW.

Welche maximale Verlustleistung ist zu berücksichtigen bei einer Umgebungstemperatur von 30 °C?

*Lösung:* Da die Verlustleistungen proportional dem jeweiligen Temperaturunterschied sind, gilt:

$$P_{Cv\,\mathrm{max}} = 120\,\frac{75\ ^\circ\mathrm{C} - 30\ ^\circ\mathrm{C}}{75\ ^\circ\mathrm{C} - 45\ ^\circ\mathrm{C}}\,\mathrm{mW} = 180\ \mathrm{mW}$$

Die maximal zulässige Transistorverlustleistung wird als *Verlusthyperbel* in das Ausgangskennlinienfeld eingetragen und bildet die Grenze für den dem Transistor bei einer bestimmten Kollektorspannung entnehmbaren Kollektorstrom (vgl. Bild 1.28).

Bei zunehmender Umgebungstemperatur nimmt der Halbleiterstrom zu. Damit wird auch der Kollektorstrom $I_C$ bei einer bestimmten Emitterspannung $U_{EB}$ größer (Bild 1.35). Als Maß für die hierdurch verursachte Kennlinienverschiebung deffiniert man den sogenannten *Temperaturdurchgriff* $D_T$ des Transistors:

$$D_T = \left(\frac{\Delta U_{EB}}{\Delta t}\right)_{I_C = \mathrm{konst}} \tag{1.31}$$

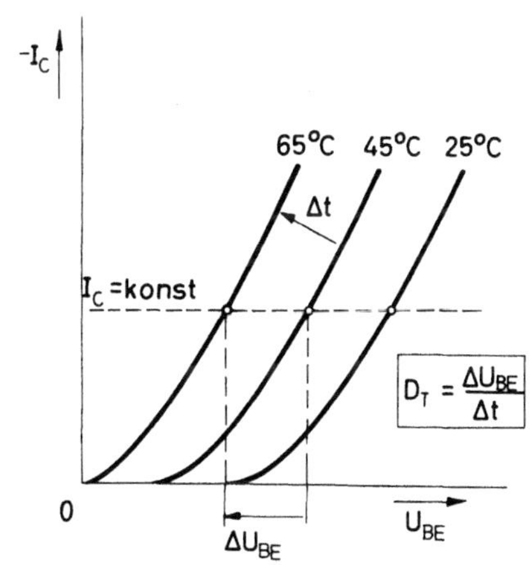


Bild 1.35
Temperatureinfluß auf den Kollektorstrom und die Definition des Temperaturdurchgriffes

Der Temperaturdurchgriff gibt also an, um wieviel die Basisspannung verkleinert werden muß, damit bei einer bestimmten Temperaturzunahme der Kollektorstrom konstant bleibt. Er ist eine Materialeigenschaft und beträgt bei Germaniumkristallen $-(2\ldots3)$mV/°C.

Die Temperaturabhängigkeit des Kollektorstromes hat eine innere *thermische Instabilität* des Transistors zur Folge. Durch den steigenden Kollektorstrom wird ein weiteres Anwachsen der Temperatur verursacht. Als deren Folge nimmt der Strom weiter zu und bewirkt eine weitere Erwärmung usf. Die sich so aufschaukelnde Erwärmung kann zur Selbstzerstörung des Transistors führen und muß verhindert werden.

Der Temperaturabhängigkeit des Kollektorstromes kann man dadurch entgegenwirken, indem man die Basisspannung mit wachsender Temperatur verringert. Die *thermische Stabilisierung* des Kollektorstromes wird meist mit den im Bild 1.36 dargestellten Schaltungen durchgeführt. Die Basisspannung $U_{BE}$ wird im allgemeinen durch einen Spannungsteiler eingestellt, der relativ niederohmig sein muß, wenn sich die Änderungen des Basisemitterwiderstandes $R_{BE}$ nicht wesentlich auswirken sollen. Man wählt den Querstrom des Spannungsteilers $R_1$, $R_2$ etwa 2 bis 5 mal so hoch wie den Basisstrom $I_B$.

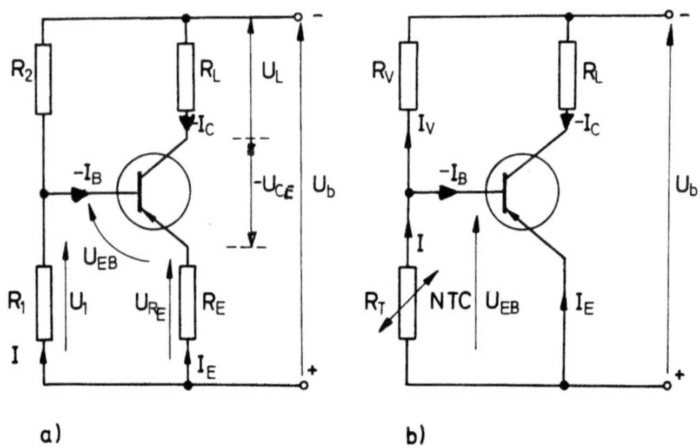


Bild 1.36 Grundschaltungen zur thermischen Stabilisierung des Transistors

Die Belastung der Betriebstromquelle durch den Spannungsteiler kann durch Fortlassung des Teilwiderstandes $R_1$ zwar vermieden werden, man erhält jedoch eine mit dem Basisstrom gleitende Basisvorspannung, weil der Widerstand $R_2$ jetzt als Vorwiderstand wirkt.

Die thermische Stabilisierung des Kollektorstromes erfolgt mit Hilfe eines Emitterwiderstandes $R_E$ durch *Gleichstromgegenkopplung* im Basiskreis (Bild 1.36 a). Steigt der Emitterstrom $I_E$, so wird auch der Spannungsabfall $I_E R_E$ größer und $U_{EB}$ nimmt ab, weil die Spannung am Teilwiderstand $R_1$ konstant ist:

$$U_1 = U_{EB} + I_E R_E \equiv \text{konst} \tag{1.32}$$

Eine kleinere Basisspannung ($U_{EB} = -U_{BE}$) hat auch einen kleineren Emitter- und damit auch Kollektorstrom zur Folge. Nimmt der Emitterstrom ab, so steigt die Basisspannung und der Transistor führt einen höheren Strom. Für diese Regelung des Kollektorstromes benötigt man rund 0,5 ... 1 V, was einen Verlust an Speisespannung bedeutet.

Verwendet man für den Teilwiderstand $R_1$ einen *NTC-Widerstand* (Bild 1.36 b), so kann der Spannungsverlust an $R_E$ vermieden werden. Mit steigender Umgebungstemperatur verringert $R_T$ seinen Widerstandswert und setzt damit die Basisspannung herunter, wodurch der Kollektorstrom konstant bleibt. Zur Erzielung einer guten Regelung muß der Heißleiter so nahe wie möglich am Transistor sein, damit er dessen Umgebungstemperatur (meist 45 °C) annimmt.

Mit dem Temperaturdurchgriff $D_T = \Delta U_{EB}/\Delta t$ kann der geeignete NTC-Widerstand $R_T = R_{45}(1 + \alpha \Delta t)$ wie folgt ermittelt werden (vgl. Bild 1.36 b):

$$U_{EB} = U_{EB45} + \Delta U_{EB} = U_{EB45} + D_T \Delta t \equiv I R_T$$

oder

$$I R_T = U_{EB45}\left(1 + \frac{D_T \Delta t}{U_{EB45}}\right) \equiv I R_{45}(1 + \alpha \Delta t)$$

Aus der obigen Identität erhalten wir die beiden Bestimmungsgleichungen:

$$\frac{D_T \Delta t}{U_{EB45}} = \alpha \Delta t \quad \text{und} \quad U_{EB45} = I R_{45}$$

und daraus

$$\alpha = \frac{D_T}{U_{EB45}} \quad \text{und} \quad R_{45} = \frac{U_{EB45}}{I} \tag{1.33}$$

Der Temperaturkoeffizient $\alpha$ des NTC-Widerstandes kann auch aus der Konstante $B$ der Exponentialfunktion

$$R_T = A\,e^{-B/T}$$

berechnet werden. Hierzu wird der exponentielle Verlauf für kleine Temperaturänderungen durch die Tangente im Punkt $T$ ersetzt:

$$\frac{dR_T}{dT} = -\frac{B}{T^2} A \, e^{-B/T} = -\frac{B}{T^2} R_T$$

Andererseits gilt für die lineare Widerstandsänderung $R_T' = R_T (1 + \alpha \Delta T)$ und damit

$$\frac{dR_T'}{dT} = \alpha R_T$$

Durch Gleichsetzen der beiden Ausdrücke erhalten wir schließlich:

$$\alpha = -\frac{B}{T^2} \tag{1.34}$$

Der Temperaturkoeffizient $\alpha$ handelsüblicher NTC-Widerstände beträgt etwa $-3 \ldots -6\,\%$ je °C (bei 20 °C), so daß die Beziehungen nach Gleichung (1.33) u. U. nicht unmittelbar realisierbar sind. Man muß dann durch Zuschaltung geeigneter temperaturunabhängiger Widerstände den resultierenden Temperaturkoeffizienten auf den erforderlichen Wert bringen.

*Beispiel:* Dimensioniere die im Bild 1.36 b dargestellte Stabilisierungsschaltung, wenn $U_b = 6$ V, $U_{EB} = 0{,}25$ V und $I_B = -10$ mA sind und der Temperaturdurchgriff mit $-2{,}5$ mV/°C angenommen werden kann.

*Lösung:* Wählen wir den Querstrom des Spannungsteilers zu $I = 2{,}5 \cdot (-I_B) = 25$ mA, so gilt für die Größenordnung des NTC-Widerstandes $U_{EB}/I = 0{,}25\,\text{V}/25\,\text{mA} = 10\,\Omega$. Wir wählen laut Datenliste die Einheitstype P/8 E (VALVO) mit den Werten: $R_{25} = 8\,\Omega$, $B = 2900$ °K und $P_{max} = 1$ W.

Für den Temperaturkoeffizienten erhalten wir nach Gleichung (1.34) bei der Umgebungstemperatur 45 °C:

$$\alpha = -\frac{2900\,°\text{K}}{(273\,°\text{C} + 45\,°\text{C})^2} \approx -2{,}9\,\%/°\text{C}$$

Nach Gleichung (1.33) ist

$$U_{EB45} = \frac{-2{,}5\,\text{mV}/°\text{C}}{-0{,}029/°\text{C}} = 85\,\text{mV}$$

Zur Erzielung der Basisspannung von $U_{EB} = 250$ mV muß dem NTC-Widerstand ein temperaturunabhängiger Wert von

$$R = \frac{(250 - 85)\,\text{mV}}{25\,\text{mA}} = 7\,\Omega$$

vorgeschaltet werden.

Die Dimensionierung überprüfen wir durch die Nebenbedingung $R_{45} = U_{EB45}/I$.

Mit $R_{45} = R_{25}\,(1 + \alpha\,\Delta t) = 8\,\Omega\,(1 - 0{,}029 \cdot 20) = 3{,}36\,\Omega$ ist der Querstrom $I = U_{BE45}/R_{45} = 85\,\text{mV}/3{,}36\,\Omega \approx 25\,\text{mA}$. Wäre die Nebenbedingung nicht erfüllt, so ist die Dimensionierung mit einem geeigneteren Querstrom vorzunehmen.

Schließlich stellen wir fest, ob auch die maximal zulässige Belastung des NTC-Widerstandes nicht überschritten wird: $P = U_{EB\,45}^2/R_{45} = (85\,\text{mV})^2/3{,}36\,\Omega = 2{,}15\,\text{mW} \ll 1\,\text{W}$.

Den Teilwiderstand $R_v$ erhalten wir nun aus (vgl. Bild 1.36b)

$$R_v = \frac{U_b - U_{BE}}{I_v}$$

mit $I_v = I + (-I_b) = 35$ mA zu: $R_v = 5{,}75\,\text{V}/35\,\text{mA} = 164\,\Omega$.

Im allgemeinen entspricht der Widerstandsverlauf des NTC-Widerstandes nicht dem geforderten linearen Spannungsverlauf $\Delta U_{EB} = -|D_T|\,\Delta t$ (Bild 1.37). Einen wesentlich besseren Verlauf liefert das mit temperaturunabhängigen Widerständen kombinierte Netzwerk, wobei der durch den Parallelwiderstand $R_p$ verringerte Widerstandswert mit dem Serienwiderstand $R_s$ zum Teil ausgeglichen wird.

Die Verwendung von *Kompensationsdioden* in Durchlaßrichtung statt der NTC-Widerstände hat den Vorteil, daß neben der Temperaturabhängigkeit auch die Schwankungen der Betriebsspannungen gut ausgeglichen werden. Der Querstrom erzeugt an der Diode einen Spannungsabfall, der mit steigender Temperatur abnimmt und den Kollektorruhestrom in weiten Grenzen konstant hält. Andererseits ist die Diodenspannung weitgehend unabhängig vom Diodenstrom, wenn man sich im steilen Kennlinienteil befindet (vgl. Bild 1.2), so daß Schwankungen der Betriebsspannung praktisch nur einen kleinen Einfluß auf den Kollektorruhestrom haben.

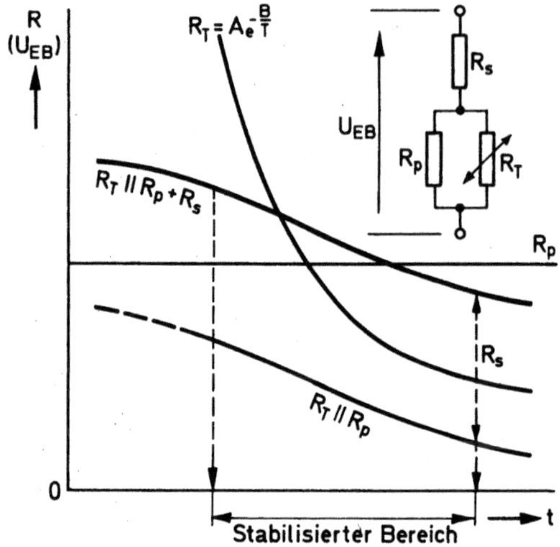


**Bild 1.37**
**Linearisierung der Temperaturkompensation durch Serien- und Parallelbeschaltung des NTC-Widerstandes**

Eine gewisse Stabilisierung gewährleistet auch ein genügend hoher ohmscher *Lastwiderstand* $R_L$, da bei hohem Kollektorstrom die Kollektorspannung abnimmt und damit die Verlustleistung $P_{Cv} = I_C\ U_{CE}$ nicht überschritten wird. Man kann gegebenenfalls den Lastwiderstand so hoch wählen, daß am Kollektor nur die halbe Speisespannung liegt (Prinzip der halbierten Speisespannung).

Bei Silicium-Transistoren kann, wegen der geringen Temperaturabhängigkeit des Siliciums, oft auf eine Temperaturstabilisierung verzichtet werden.

### 1.4.7. Auswertung der Transistorkennlinien

Von besonderer praktischer Bedeutung für die Anwendung des Transistors bei niedrigen Frequenzen ist das Kollektorkennlinienfeld (Bild 1.38). Anhand eines Zahlenbeispieles soll die grafische Ermittlung der Strom-, Spannungs- und Leistungsverstärkung eines belasteten Transistors in Emitterschaltung mit Hilfe der Kennlinienscharen durchgeführt werden.

Nehmen wir an, daß die nach Gleichung (1.30) ermittelte maximale Transistorverlustleistung $P_{Cv\,\max} = 10\ \mathrm{mW}$ beträgt, so erhalten wir als Begrenzung $I_C = P_{Cv\,\max}/U_{CE}$ die gestrichelt dargestellte Verlusthyperbel, welche mit Rücksicht auf die Transistorerwärmung nicht überschritten werden darf. Man wird aber, um den Transistor gut zu nutzen, den *Arbeitspunkt* möglichst nahe an der Verlusthyperbel wählen.

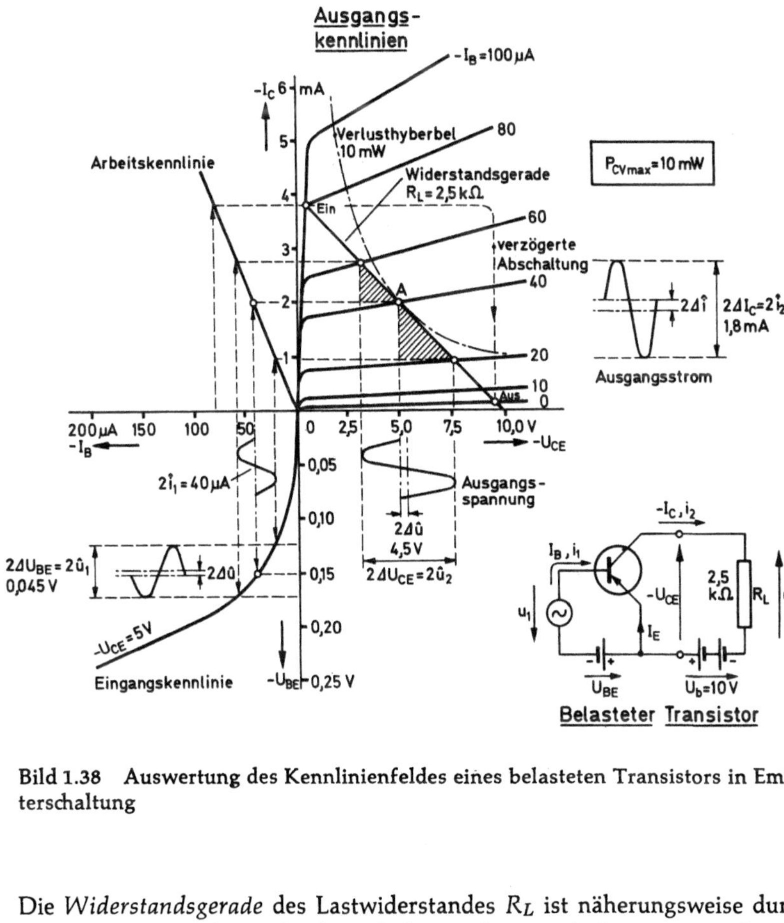


Bild 1.38 Auswertung des Kennlinienfeldes eines belasteten Transistors in Emitterschaltung

Die *Widerstandsgerade* des Lastwiderstandes $R_L$ ist näherungsweise durch die Tangente auf die Verlusthyperbel im Arbeitspunkt bestimmt, wobei als Nebenbedingung möglichst große Wechselstromleistung bei kleinen Verzerrungen zu erfüllen ist. Mit den gegebenen Werten $R_L = 2{,}5\,\mathrm{k\Omega}$ und $U_b = 10\,\mathrm{V}$ ist diese Forderung für den gewählten Arbeitspunkt ($U_{EC} = -5\,\mathrm{V}$, $I_C = -2\,\mathrm{mA}$) etwa erfüllt, da der Punkt A auf der Verlusthyperbel liegt.

Die Schnittpunkte der Widerstandsgeraden mit der *I*- bzw. *U*-Achse findet man aus der Gleichung (vgl. Bild 1.38, rechts unten):

$$U_b + R_L I_C = -U_{CE} \tag{1.35}$$

und zwar für $-U_{CE} = 0$ ist $I_C = -U_b/R_L = -10\ \mathrm{V}/2{,}5\ \mathrm{k\Omega} = -4\ \mathrm{mA}$ und bei $I_C = 0$ gilt $-U_{CE} = U_b = 10\ \mathrm{V}$. Verbindet man diese beiden Grenzpunkte, so schneidet die so ermittelte Widerstandsgerade die einzelnen Kennlinien mit konstantem Parameter $-I_B$ (Eingangsstrom). Tragen wir die durch die Widerstandsgerade zusammenhängenden $I_C$- und $I_B$-Werte in der angedeuteten Weise in ein $I_B$-$I_C$-Achsenkreuz ein (vgl. Bild 1.38, links), so erhalten wir die *Arbeitskennlinie,* welche die Steuerwirkung des Transistors bei der gegebenen Belastung wiedergibt. Sie unterscheidet sich naturgemäß nur wenig von der Steuerkennlinie im Kurzschlußfall, da der Transistor praktisch im Kurzschluß betrieben wird, weil der Kollektorsperrwiderstand sehr hoch ist. Deshalb kann man auch näherungsweise mit der *Kurzschluß-Eingangskennlinie* des Transistors arbeiten.

Unter Umständen hat auch die Kollektorgleichspannung keinen nennenswerten Einfluß auf die Steuer- und Eingangskennlinie, da die einzelnen $I_B$-Kennlinien im Aussteuerungsbereich weitgehend parallel verlaufen und die Schnittpunkte für $R_L = 0$ und $R_L > 0$ etwa bei den gleichen $I_C$-Werten liegen.

Durch Übertragung (Projektion) des gewählten Arbeitspunktes A über die Steuerkennlinie auf die Eingangskennlinie erhalten wir die erforderliche *Basisvorspannung* $U_{BE} = 0{,}15\ \mathrm{V}$ und den Basisgleichstrom $I_B = -40\ \mu\mathrm{A}$, welcher auch unmittelbar dem Kollektorkennlinienfeld entnommen werden kann. Die Einstellung des Arbeitspunktes kann wie im Bild 1.36 a dargestellt, durch einen geeigneten Spannungsteiler vorgenommen werden. Seine thermische Stabilisierung erfolgt hier nach dem Prinzip der halbierten Speisespannung. Die Verlusthyperbel wird deshalb nicht überschritten, weil mit steigendem Kollektorstrom die Gleichspannung am Kollektor entlang der Widerstandsgeraden abnimmt (vgl. Bild 1.38).

Erfolgt die Stromänderung am Eingang, z. B. durch einen sinusförmigen Wechselstrom der Amplitude $\hat{i}_1 = 20\ \mu\mathrm{A}$, zwischen den Werten $-I_B = 60\ \mu\mathrm{A}$ bis $-I_B = 20\ \mu\mathrm{A}$, so erhalten wir für den Spannungsabfall entlang der Widerstandsgeraden (Ausgangsspannung) $2\,\Delta U_{CE} = 4{,}5\ \mathrm{V}$. Die hierzu erforderliche Eingangsspannungsänderung ergibt sich aus der Eingangskennlinie in der angedeuteten Weise (vgl. Bild 1.38) zu $2\,\Delta U_{BE} = 0{,}045\ \mathrm{V}$, so daß wir für die *Spannungsverstärkung* des belasteten Transistors erhalten:

$$v_u = \frac{2\,\Delta U_{CE}}{2\,\Delta U_{BE}} = \frac{4{,}5\ \mathrm{V}}{0{,}045\ \mathrm{V}} = 100 \tag{1.36 a}$$

Die Spannungsverstärkung ist um so größer, je größer der Arbeitswiderstand $R_L$ gewählt wird und für $R_L \to \infty$ (Leerlauf) ist sie ein Maximum.

Ähnlich erhalten wir für die *Stromverstärkung* des belasteten Transistors aus den entsprechenden Stromänderungen am Ausgang und Eingang der Schaltung:

$$v_i = \frac{2\,\Delta I_C}{2\,\Delta I_B} = \frac{1{,}8\ \text{mA}}{40\ \mu\text{A}} = 45 \tag{1.36 b}$$

Die Stromverstärkung ist um so größer, je kleiner der Arbeitswiderstand $R_L$ ist und wird für $R_L \to 0$ (Kurzschluß) ein Maximum.

Wie man Bild 1.38 entnehmen kann, sind die Strom- und Spannungsschwingung am Ausgang ($\hat{\imath}_2$, $\hat{u}_2$) gegenphasig, während zwischen den Eingangsgrößen ($\hat{\imath}_1$, $\hat{u}_1$) und dem Ausgangsstrom *Phasengleichheit* besteht.

Andererseits sind die beiden Strom- bzw. Spannungshalbschwingungen nicht gleich groß. Die hierdurch bedingte Änderung des Gleichanteiles $2\,\Delta\hat{\imath}$ bzw. $2\,\Delta\hat{u}$ ist ein Maß für die im Transistor entstandenen *Verzerrungen* (vgl. Gleichung 1.8). Man definiert näherungsweise als *Klirrfaktor* (Oberschwingungsgehalt) des Stromes bzw. der Spannung:

$$k_i = \frac{2\,\Delta\hat{\imath}}{2\,\hat{\imath}} \text{ bzw. } k_u = \frac{2\,\Delta\hat{u}}{2\,\hat{u}} \tag{1.37 a, b}$$

Den Hauptanteil an Verzerrungen liefert im allgemeinen die zweite Harmonische. In unserem Beispiel ist $2\,\Delta\hat{\imath} = 0{,}2$ mA bzw. $2\,\Delta\hat{u} = 0{,}25$ V und damit:

$$k_i = \frac{0{,}2\ \text{mA}}{1{,}8\ \text{mA}} = 0{,}111 \mathrel{\hat{=}} 11{,}1\,\% \approx 10\,\%$$

bzw.

$$k_u = \frac{0{,}25\ \text{V}}{4{,}5\ \text{V}} = 0{,}055 \mathrel{\hat{=}} 5{,}55\,\% \approx 6\,\%$$

Die Verzerrungen können wesentlich verringert werden, wenn man den Arbeitspunkt möglichst in die Mitte der ausgesteuerten Widerstandsgeraden legt (symmetrische Aussteuerung).

Die gewonnene *Wechselstromleitung* ist proportional dem schraffierten Dreieck (vgl. Bild 1.38) dessen Seiten die Amplituden des Ausgangsstromes $\hat{\imath}_2$ und der Ausgangsspannung $\hat{u}_2$ sind. Man wird aber zweckmäßigerweise mit den doppelten Amplitudenwerten rechnen um Abweichungen durch unterschiedliche Halbschwingungen auszumitteln (großes Leistungsdreieck).

Es ist also:

$$\tilde{P}_2 = \frac{\hat{u}_2 \hat{i}_2}{2} = \frac{2\hat{u}_2 \, 2\hat{i}_2}{8} \qquad (1.38\,a)$$

oder

$$\tilde{P}_2 = \frac{4{,}5\ \text{V} \cdot 1{,}8\ \text{mA}}{8} \approx 1\ \text{mW}$$

Analog gilt für die Wechselstromleistung am Eingang:

$$\tilde{P}_1 = \frac{\hat{u}_1 \hat{i}_1}{2} = \frac{2\hat{u}_1 \, 2\hat{i}_1}{8} \qquad (1.38\,b)$$

oder

$$\tilde{P}_1 = \frac{0{,}045\ \text{V} \cdot 40\ \mu\text{A}}{8} = 0{,}225\ \mu\text{W}$$

Damit erhalten wir für die *Leistungsverstärkung:*

$$v_p = \frac{\tilde{P}_2}{\tilde{P}_1} = \frac{1\ \text{mW}}{0{,}225\ \mu\text{W}} = 4450 \approx 4500 \qquad (1.39\,a)$$

Dies folgt auch unmittelbar aus

$$v_p = v_u v_i = 100 \cdot 45 = 4500 \qquad (1.39\,b)$$

Die Ausgangswechselstromleistung wird von der Gleichstromquelle $U_b$ geliefert, so daß für den *Umformungswirkungsgrad* im Arbeitspunkt A geschrieben werden kann:

$$\eta_u = \frac{\tilde{P}_2}{U_{CE} I_C} = \frac{1\ \text{mW}}{5\ \text{V} \cdot 2\ \text{mA}} = 0{,}1 \mathrel{\hat{=}} 10\,\% \qquad (1.40\,a)$$

Mit steigender Aussteuerung kann der Umformungswirkungsgrad bis auf etwa 25 % verbessert werden.

Der *Gesamtwirkungsgrad* ist wesentlich schlechter, weil der Arbeitswiderstand einen Gleichspannungsabfall verursacht:

$$\eta_g = \frac{\tilde{P}_2}{U_b I_C} = \frac{1\ \text{mW}}{10\ \text{V} \cdot 2\ \text{mA}} = 0{,}05 \mathrel{\hat{=}} 5\,\% \qquad (1.40\,b)$$

Der Gesamtwirkungsgrad kann durch transformatorische Ankopplung des Lastwiderstandes $R_L$ bis auf $\eta_g \approx \eta_u$ verbessert werden, weil die Übertragerwicklung nur einen geringen Spannungsverbrauch hat. Wechselstrommäßig ist aber der auf die Primärseite übersetzte Lastwiderstand wirksam, so daß gleichzeitig auch eine Widerstandstransformation vorgenommen werden kann (Anpassungsübertrager).

Soll der Wirkungsgrad wesentlich mehr als 25 % betragen, so muß der Ruhestrom im Arbeitspunkt unterdrückt werden (Betrieb mit verzerrten Strömen).

Für eine bestimmte Aussteuerung (meist Vollaussteuerung) kann der belastete Transistor annähernd durch die im Bild 1.39 gezeigte formale *Wechselstromersatzschaltung* dargestellt werden.

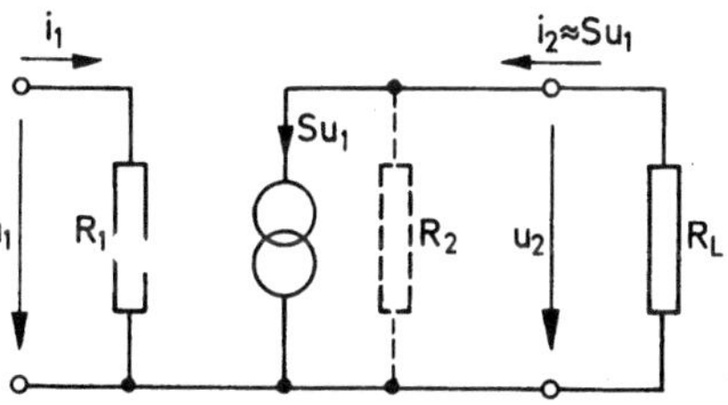


Bild 1.39
Formale Wechselstromersatzschaltung eines belasteten Transistors

Dem Verhältnis Eingangsspannung $u_1$ zu Eingangsstrom $i_1$ kann ein *Eingangswechselstromwiderstand* (differentieller, dynamischer Eingangswiderstand) zugeordnet werden:

$$R_1 = \frac{\hat{u}_1}{\hat{i}_1} = \frac{0{,}045\ \mathrm{V}}{40\ \mu\mathrm{A}} = 1{,}125\ \mathrm{k\Omega} \approx 1\ \mathrm{k\Omega} \tag{1.41}$$

Am Ausgang ist im wesentlichen ein Wechselstrom $i_2$ wirksam, der proportional dem Eingangsstrom $i_1$ bzw. der Eingangsspannung $u_1$ ist:

$$i_2 = v_i\, i_1 = S\, u_1 \tag{1.42 a}$$

wobei der Proportionalitätsfaktor $S$ als *Übertragungsleitwert* oder *Steilheit* bezeichnet wird:

$$S = \frac{\hat{i}_2}{\hat{u}_1} = \frac{1{,}8\ \mathrm{mA}}{0{,}045\ \mathrm{V}} = 40\ \mathrm{mA/V} \tag{1.42 b}$$

Der ausgesteuerte Transistor stellt also am Ausgang einen *Wechselstromgenerator* dar.

Mit den Ersatzwerten $R_1$ und $S$ erhalten wir für die Leistungsverstärkung:

$$v_p = \frac{\hat{u}_2^2/R_L}{\hat{u}_1^2/R_1} = \frac{\hat{i}_2^2\, R_L}{\hat{u}_1^2/R_1} \tag{1.43 a}$$

und mit $u_1 = i_2/S$ gilt auch

$$v_p = S^2\, R_1\, R_L \tag{1.43 b}$$

Die obigen Zahlenwerte eingesetzt, ergeben:

$$v_p = (40\ \text{mA/V})^2\ 2{,}5 \cdot 1{,}125\ (\text{k}\Omega)^2 = 4500$$

also den bereits ermittelten Wert.

Die Ersatzschaltung nach Bild 1.39 gilt nur unter idealen Bedingungen, d. h. für tiefe Frequenzen, da die Kapazitäten nicht berücksichtigt wurden, für kleine Rückwirkung zwischen Ausgang und Eingang, sowie bei sehr großem Ausgangswiderstand $R_2$, was beim hohen Sperrwiderstand der Kollektordiode meist erfüllt ist.

Rechnerisch kann der Transistor näherungsweise durch die beiden *Transistorgleichungen*

$$u_1 = R_1 i_1 \quad \text{und} \quad i_2 = S\,u_1 \tag{1.44}$$

beschrieben werden, die die Strom-Spannungsbeziehungen an den Ein- und Ausgangsklemmen wiedergeben (Vierpolgleichungen), wobei die Parameter $R_1$ (Eingangswiderstand) und $S$ (Steilheit) für die gegebene Aussteuerung aus dem Kennlinienfeld ermittelt werden können.

Dem Ausgangskennlinienfeld (Bild 1.38) können auch die Kennwerte bei *Schaltbetrieb* des Transistors entnommen werden.

In der Stellung „Aus" ist $I_B = 0$ und damit der *Sperrwiderstand* im Ausgangskreis (Lastkreis):

$$R_S = \frac{9{,}5\ \text{V}}{0{,}1\ \text{mA}} = 95\ \text{k}\Omega$$

In der Stellung „Ein" wird der Transistor bis in das Anlaufgebiet durchgesteuert, wobei die Restspannung (etwa 0,5 V) nicht unterschritten werden darf, weil dann der Kollektorstrom rasch abnimmt (vgl. Bild 1.29). Der *Durchlaßwiderstand* im Lastkreis ergibt sich damit zu:

$$R_D = \frac{0{,}5\ \text{V}}{3{,}8\ \text{mA}} = 132\ \Omega \approx 130\ \Omega$$

Das *Sperrverhältnis* beträgt hier: $R_S/R_D = 95\ \text{k}\Omega/132\ \Omega = 720$. Angestrebt wird allerdings der Wert $R_S/R_D \to \infty$, d. h. der Durchlaßstrom soll bei kleiner Restspannung möglichst hoch sein. Diese Eigenschaft besitzen vor allem Epitaxialtransistoren. Die *Schaltzeit* hängt von den inneren Kapazitäten des Transistors ab. Sie ist je Transistortyp verschieden und kann durch äußere Schaltmaßnahmen nur in geringen Grenzen geändert werden

Verwendet man den Schaltbetrieb des Transistors zur Erzeugung, Übertragung und Verarbeitung von Impulsen, so entstehen Verzerrungen, weil infolge der endlichen Schaltzeit der Transistor die plötzlichen Änderungen nicht augenblicklich verarbeiten kann. Die Ursache für diese Verzögerungen liegt im Auf- bzw. Abbau der Ladungen in der Basiszone (Bild 1.40). In der Emitterschaltung ergeben sich daher größere Verzögerungszeiten, weil der Ladungsaufbau durch den viel kleineren Basisstrom $-I_B = I_E\,(1-\alpha)$ erfolgt. Die handelsüblichen Schalttransistoren haben Schaltzeiten in der Größenordnung von etwa 0,2 . . . 1 µs.

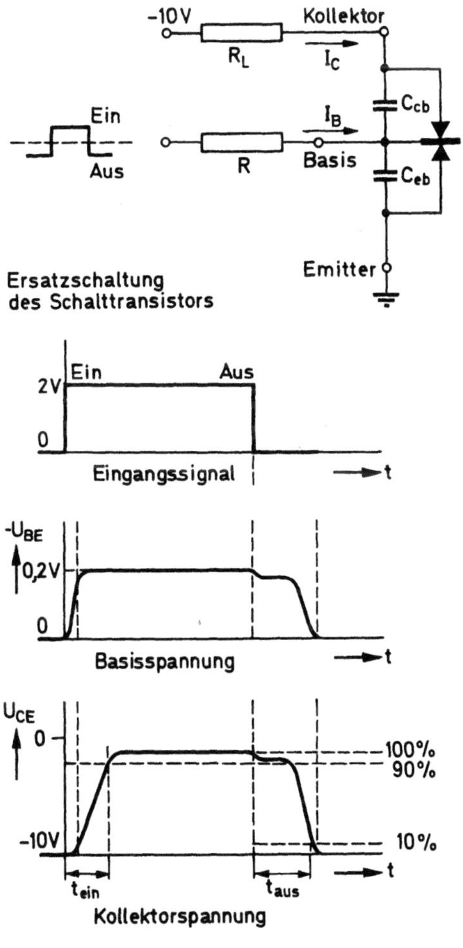


Bild 1.40
Schaltzeiten des Transistors

Da auch das Abfließen der gespeicherten Ladungen über die Kollektorgrenzschicht eine endliche *Abklingzeit* benötigt, bleibt der Kollektorstrom einige Zeit nach dem Abschalten noch voll wirksam, so daß die kurzzeitig auftretende *Abschaltverlustleistung* als Produkt des Durchlaßstromes und der Sperrspannung gegeben ist (vgl. Bild 1.38):

$$P_{av} = 3{,}8\ \text{mA} \cdot 9{,}5\ \text{V} = 36\ \text{mW}$$

Da hierdurch die zulässige maximale Kollektorverlustleistung $P_{cv\,\max}$ wesentlich überschritten wird, kann eine zu lange Abschaltzeit den Transistor thermisch gefährden.

Das Überschreiten der Verlusthyperbel während des Umschaltens ist nur dann zulässig, wenn durch Wärmekapazität und Wärmeableitung des Systems dafür gesorgt wird, daß die kurzzeitig auftretende Impulsverlustleistung den Transistor nicht zu stark erwärmt.

Unter diesen Bedingungen kann die Durchlaßverlustleistung (Durchlaßstrom mal Restspannung) bzw. die Sperrverlustleistung (Sperrspannung mal Reststrom) zu $P_{cv\,\max}$ gewählt werden, so daß die beiden Betriebspunkte „Ein" bzw. „Aus" auf der Verlusthyperbel liegen und nur während des Umschaltens die maximale Verlustleistung überschritten wird. Allerdings ist das Schalten induktiver oder kapazitiver Verbraucher besonders kritisch und kann zur thermischen Zerstörung des Transistors führen.

### 1.4.8. Vierpolparameter des Transistors

Die allgemeinen *Vierpolgleichungen* des Transistors erhalten wir aus den Kennlinien-Funktionen $U_{BE} = f\,(I_B, U_{CE})$ und $I_C = f(I_B, U_{CE})$ durch partielle Differentiation.

Für die totale Änderung der Eingangsspannung und des Ausgangsstromes gilt, da beide Größen Funktionen des Eingangsstromes und der Ausgangsspannung sind und deren Wirkungen sich linear überlagern (Überlagerungssatz):

$$\mathrm{d}U_{BE} = \frac{\partial U_{BE}}{\partial I_B}\,\mathrm{d}I_B + \frac{\partial U_{BE}}{\partial U_{CE}}\,\mathrm{d}U_{CE}$$

und

$$\mathrm{d}I_C = \frac{\partial I_C}{\partial I_B}\,\mathrm{d}I_B + \frac{\partial I_C}{\partial U_{CE}}\,\mathrm{d}U_{CE}$$

Bei kleinen sinusförmigen Änderungen kann auch geschrieben werden: $dU_{BE} = \hat{u}_1$, $dI_B = \hat{\imath}_1$, $dU_{CE} = \hat{u}_2$ und $dI_C = \hat{\imath}_2$, d. h. die totalen Differentiale entsprechen der Wechselstromaussteuerung mit kleinen Amplituden.

Die partiellen Ableitungen, die grafisch als kleine Differenzen aufgefaßt werden können, haben folgende Bedeutungen:

$$\left(\frac{\partial U_{BE}}{\partial I_B}\right)_{U_{CE} = \text{konst}} = h_{11} \quad \textit{Kurzschluß-Eingangswiderstand}$$

$$\left(\frac{\partial U_{BE}}{\partial U_{CE}}\right)_{I_B = \text{konst}} = h_{12} \quad \textit{Leerlauf-Spannungsrückwirkung}$$

$$\left(\frac{\partial I_C}{\partial I_B}\right)_{U_{CE} = \text{konst}} = h_{21} \quad \textit{Kurzschluß-Stromverstärkung}$$

$$\left(\frac{\partial I_C}{\partial U_{CE}}\right)_{I_B = \text{konst}} = h_{22} \quad \textit{Leerlauf-Ausgangsleitwert}$$

Damit kann für die Vierpolgleichungen des Transistors kurz geschrieben werden:

$$\begin{aligned} u_1 &= h_{11}\, i_1 + h_{12}\, u_2 \\ i_2 &= h_{21}\, i_1 + h_{22}\, u_2 \end{aligned} \qquad (1.45)$$

Die *h-Parameter* beschreiben das wechselstrommäßige Verhalten des Transistors bei kleiner Aussteuerung und berücksichtigen die Rückwirkung des Ausganges auf den Eingang ($h_{12}$). In der entsprechenden Ersatzschaltung wird die Rückwirkung des Ausganges formal durch eine Spannungsquelle am Eingang berücksichtigt (vgl. Bild 1.42). Die $h$-Parameter können bei tiefen Betriebsfrequenzen (Niederfrequenz) auch dem Kennlinienfeld entnommen werden. Aus Bild 1.41 erhalten wir für den Arbeitspunkt A ($-U_{CE} = 5$ V, $-I_B = 40$ µA) z. B. folgende Zahlenwerte:

$$h_{11} = \frac{0{,}0425\ \text{V}}{40\ \mu\text{A}} = 1{,}06\ \text{k}\Omega \approx 1\ \text{k}\Omega$$

$$h_{12} = \frac{0{,}005\ \text{V}}{4\ \text{V}} = 1{,}25\ 10^{-3} \approx 0$$

$$h_{21} = \frac{1{,}9\ \text{mA}}{40\ \mu\text{A}} = 47{,}5 \approx 50$$

$$h_{22} = \frac{0{,}25\ \text{mA}}{4\ \text{V}} = 62{,}5\ \mu\text{S} \approx 60\ \mu\text{S}$$

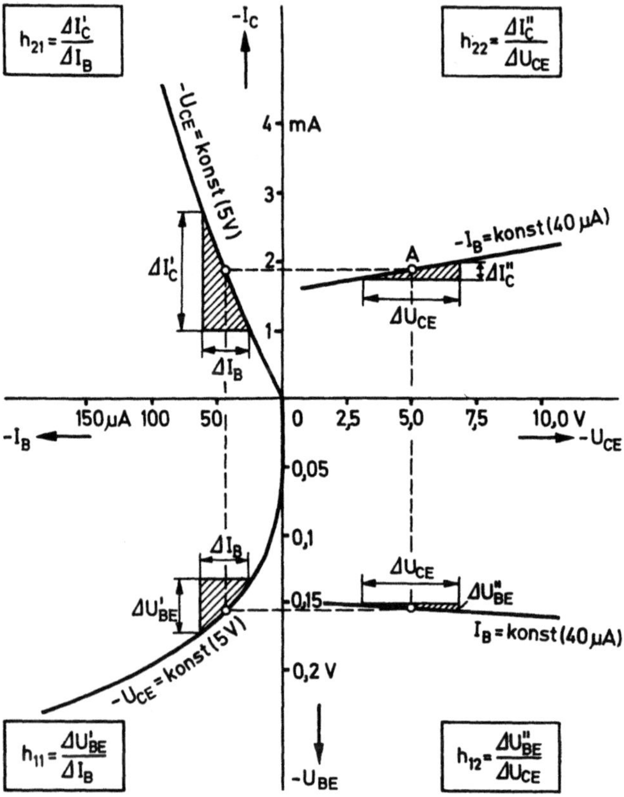


Bild 1.41 Bestimmung der *h*-Parameter aus dem Kennlinienfeld

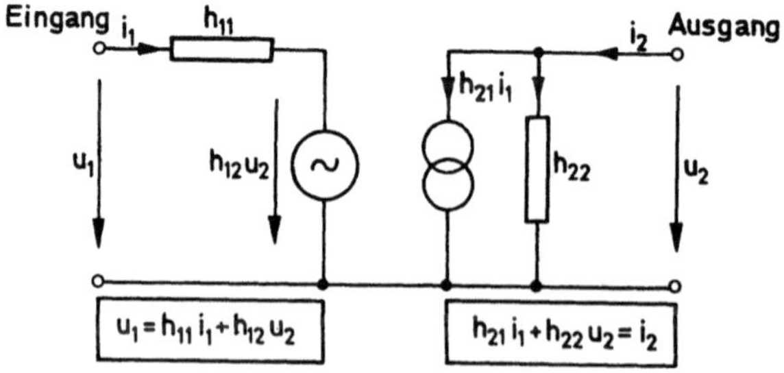


Bild 1.42 Wechselstromersatzschaltung des Transistors mit *h*-Parametern

Wie man den Zahlenwerten entnehmen kann, sind die im Bild 1.39 gemachten Vernachlässigungen der Rückwirkung und des Ausgangsleitwertes durchaus zulässig.

Die $h$-Parameter hängen vom Arbeitspunkt ab und sind je nach Transistorschaltung verschieden. Man unterscheidet $h$-Parameter der Basis-, Emitter- bzw. Kollektorschaltung ($h_{11\,b}$, $h_{11\,e}$ bzw. $h_{11\,c}$ usw.).

Der besondere Vorteil der $h$-Parameter liegt darin, daß sie meßtechnisch einfach zu bestimmen sind. Im Bild 1.43 sind die hierzu erforderlichen Meßvorgänge an den äußeren Klemmen des Transistors schematisch dargestellt. Sie sind unmittelbar aus den Vierpolgleichungen (1.45) abgeleitet.

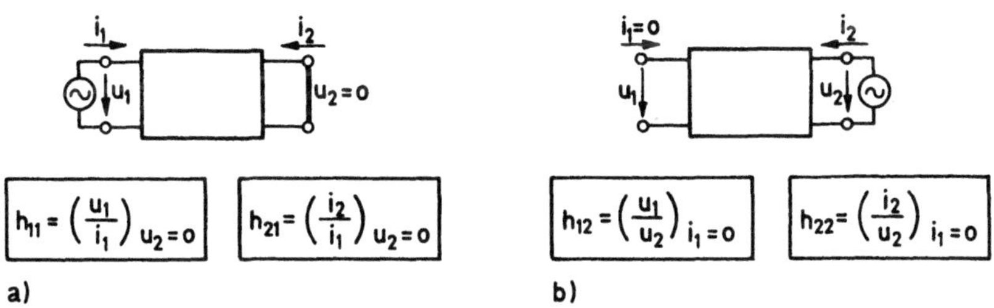


Bild 1.43 Ermittlung der $h$-Parameter durch Leerlauf- und Kurzschlußmessung
a) Kurzschluß am Ausgang b) Leerlauf am Eingang

So erhalten wir z. B. bei kurzgeschlossenem Ausgang, d. h. für $u_2 = 0$:

$$h_{11} = \left(\frac{u_1}{i_1}\right)_{u_2 = 0} \quad \text{und} \quad h_{21} = \left(\frac{i_2}{i_1}\right)_{u_2 = 0}$$

Bei leerlaufendem Eingang und ausgangsseitiger Speisung gilt mit $i_1 = 0$:

$$h_{12} = \left(\frac{u_1}{u_2}\right)_{i_1 = 0} \quad \text{und} \quad h_{22} = \left(\frac{i_2}{u_2}\right)_{i_1 = 0}$$

Sind die $h$-Parameter für einen bestimmten Arbeitspunkt gegeben, so kann die Transistorschaltung auch rein rechnerisch behandelt werden.

*Beispiel 1:* Ermittle die Strom-, Spannungs- und Leistungsverstärkung des Transistors als Funktion der $h$-Parameter und des Lastwiderstandes.

*Lösung:* Aus der zweiten Gleichung (1.45) folgt mit $u_2 = -i_2 R_L$, wobei das Minuszeichen die Gegenphasigkeit von $u_2$ und $i_2$ berücksichtigt:

$$i_2 = h_{21} i_1 + h_{22} u_2 = h_{21} i_1 - h_{22} R_L i_2$$

oder

$$i_2 (1 + h_{22} R_L) = h_{21} i_1$$

Damit erhalten wir für die Stromverstärkung:

$$v_i = \frac{i_2}{i_1} = \frac{h_{21}}{1 + h_{22} R_L} \tag{1.46}$$

Im Kurzschlußfall ($R_L = 0$) ist die Stromverstärkung ein Maximum: $v_{i\,\max} = h_{21}$ und im Leerlauf ($R_L \to \infty$, d. h. $i_2 = 0$) ist $v_{io} = 0$.

Für die Spannungsverstärkung erhalten wir allgemein, wenn mit $R_1$ der Eingangswiderstand des belasteten Transistors bezeichnet wird:

$$v_u = \frac{u_2}{u_1} = \frac{-i_2 R_L}{i_1 R_1} = -v_i \frac{R_L}{R_1}$$

wobei das Minuszeichen die Gegenphasigkeit von $u_2$ und $u_1$ berücksichtigt.

Den Eingangswiderstand $R_1$ bestimmen wir aus der ersten Gleichung (1.45):

$$R_1 = \frac{u_1}{i_1} = h_{11} + h_{12} \frac{u_2}{i_1}$$

und mit $i_1 = (i_2 - h_{22} u_2)/h_{21}$ aus der zweiten Gleichung (1.45) sowie $u_2/-i_2 = R_L$ gilt weiter:

$$R_1 = h_{11} + \frac{h_{12} h_{21} u_2}{i_2 - h_{22} u_2} = h_{11} - \frac{h_{12} h_{21}}{\frac{1}{R_L} + h_{22}}$$

oder, wenn zur Abkürzung $\Delta h = h_{11} h_{22} - h_{12} h_{21}$ gesetzt wird:

$$R_1 = \frac{\Delta h + \frac{h_{11}}{R_L}}{h_{22} + \frac{1}{R_L}} = \frac{h_{11} + \Delta h R_L}{1 + h_{22} R_L} \tag{1.47}$$

Der Eingangswiderstand geht für $R_L = 0$ (Kurzschluß) in $R_{1k} = h_{11}$ über und bei $R_L \to \infty$ (Leerlauf) ist $R_{1o} = \Delta h / h_{22}$.

Mit dem Eingangswiderstand nach Gleichung (1.47) erhalten wir schließlich für die Spannungsverstärkung:

$$v_u = \frac{u_2}{u_1} = -\frac{h_{21} R_L}{h_{11} + \Delta h R_L} \tag{1.48}$$

Im Leerlauf ($R_L \to \infty$) ist die Spannungsverstärkung ein Maximum:

$v_{u\,\max} = -h_{21}/\Delta h$ und im Kurzschlußfall ($R_L = 0$) wird $v_{uk} = 0$.

Die Leistungsverstärkung berechnet sich aus der Strom- und Spannungsverstärkung zu:

$$v_p = v_i v_u = v_i^2 \frac{R_L}{R_1}$$

oder

$$v_p = \frac{h_{21}^2}{(1 + h_{22} R_L)^2} \frac{R_L (1 + h_{22} R_L)}{h_{11} + \Delta h R_L}$$

und damit schließlich

$$v_p = \frac{h_{21}^2 R_L}{(h_{11} + \Delta h R_L)(1 + h_{22} R_L)} \tag{1.49}$$

Die Leistungsverstärkung ist sowohl im Leerlauf ($v_i = 0$) als auch im Kurzschluß ($v_u = 0$) gleich Null und besitzt bei Anpassung ein Maximum. Anpassung liegt hier im Gegensatz zur linearen Quelle nicht bei Gleichheit von Ausgangsinnenwiderstand ($R_2$) und Lastwiderstand ($R_L$) vor, sondern wie Bild 1.38 entnommen werden kann, wird die Leistung ein Maximum, wenn das Leistungsdreieck am größten ist.
Ist der Lastwiderstand sehr groß (flache Widerstandsgerade) nimmt die Stromaussteuerung ab und ist er sehr klein (steile Widerstandsgerade) ist die Spannungsaussteuerung zu gering. In beiden Fällen bleibt die Ausgangsleistung klein.

Setzen wir die aus dem Kennlinienfeld ermittelten $h$-Werte in Gleichung (1.46) bzw. (1.48) ein, so ist:

$$v_i = \frac{47{,}5}{1 + 62{,}5 \cdot 2{,}5 \cdot 10^{-3}} = \frac{47{,}5}{1{,}156} = 41$$

und mit $\Delta h = h_{11} h_{22} - h_{12} h_{21} = (1{,}06 \cdot 62{,}5 - 1{,}25 \cdot 47{,}5)\, 10^{-3} = 6{,}8 \cdot 10^{-3}$ gilt

$$v_u = \frac{47{,}5 \cdot 2{,}5}{1{,}06 + 6{,}8 \cdot 2{,}5 \cdot 10^{-3}} = \frac{118{,}8}{1{,}077} = 110$$

also $v_p = 41 \cdot 110 = 4500$.

Die Werte unterscheiden sich praktisch nur wenig von denen bei großer Aussteuerung.

Bei *Hochfrequenzschaltungen* ist es oft zweckmäßiger die formale Ersatzschaltung nach Bild 1.44 zu benützen, weil hier der Eingangs- bzw. Ausgangsleitwert des Transistors mit den parallel liegenden Schaltelementen einfach zusammengefaßt werden kann.

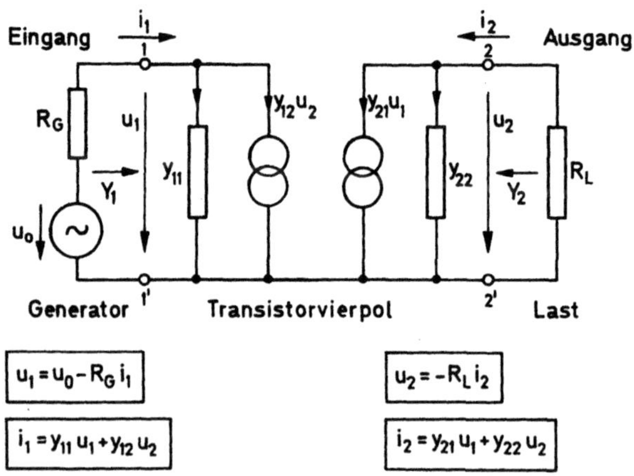


Bild 1.44 Formale $y$-Ersatzschaltung des Transistors mit Stromquelle und Lastwiderstand

Die einzelnen Parameter stellen Leitwerte dar, so daß für die Vierpolgleichungen geschrieben werden kann:

$$\begin{aligned} i_1 &= y_{11}\,u_1 + y_{12}\,u_2 \\ i_2 &= y_{21}\,u_1 + y_{22}\,u_2 \end{aligned} \qquad (1.50)$$

wobei die $y$-Parameter im allgemeinen komplex, d. h. frequenzabhängig sind und in der Komponenten- oder in der Exponentialform angegeben werden können:

$$y_{ik} = g_{ik} + j\,b_{ik} = |y_{jk}|\,e^{j\varphi_{ik}} \qquad (1.51)$$

Sie liegen meist als gemessene Ortskurven vor und gelten für einen bestimmten Arbeitspunkt (vgl. Bild 1.45).

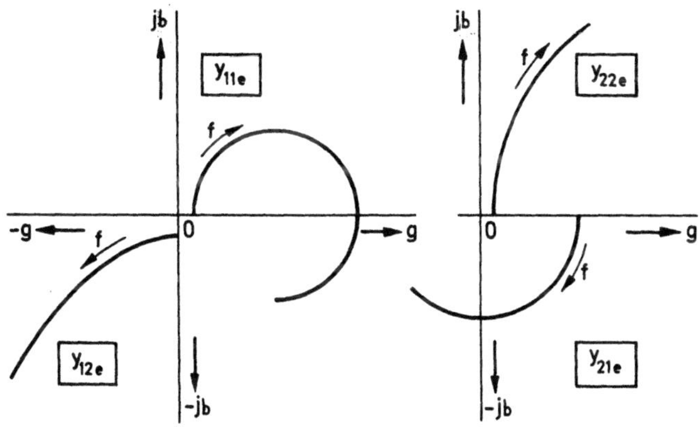


Bild 1.45 Ortskurven der $y$-Parameter einer Emitterschaltung

Die einzelnen *Leitwertparameter* sind durch die Gleichungen (1.50) definiert und haben folgende Bedeutung (vgl. Bild 1.46):

$$y_{11} = \left(\frac{i_1}{u_1}\right)_{u_2=0}$$ *Kurzschluß-Eingangsleitwert*

$$y_{12} = \left(\frac{i_1}{u_2}\right)_{u_1=0}$$ *Kurzschluß-Rückwärtssteilheit (Remittanz)*

$$y_{21} = \left(\frac{i_2}{u_1}\right)_{u_2=0}$$ *Kurzschluß-Vorwärtssteilheit (Transmittanz)*

$$y_{22} = \left(\frac{i_2}{u_2}\right)_{u_1=0}$$ *Kurzschluß-Ausgangsleitwert*

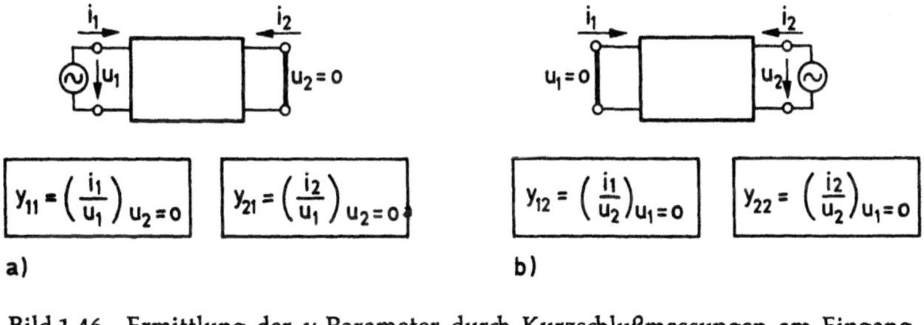


Bild 1.46 Ermittlung der $y$-Parameter durch Kurzschlußmessungen am Eingang und Ausgang
a) kurzgeschlossener Ausgang b) kurzgeschlossener Eingang

Den Zusammenhang der Leitwertparameter $y$ mit den gemischten oder Hybridparametern $h$ erhalten wir aus den Vierpolgleichungen durch Koeffizientenvergleich zu:

$$y_{11} = \frac{1}{h_{11}} \qquad \text{oder} \qquad h_{11} = \frac{1}{y_{11}}$$

$$y_{12} = -\frac{h_{12}}{h_{11}} \qquad h_{12} = -\frac{y_{12}}{y_{11}}$$

$$y_{21} = \frac{h_{21}}{h_{11}} \qquad h_{21} = \frac{y_{21}}{y_{11}} \tag{1.51 a}$$

$$y_{22} = \frac{\Delta h}{h_{11}} \qquad h_{22} = \frac{\Delta y}{y_{11}}$$

wobei für die Determinanten zu setzen ist:

$$\Delta h = h_{11} h_{22} - h_{12} h_{21} = \frac{y_{22}}{y_{11}}$$

und (1.51 b)

$$\Delta y = y_{11} y_{22} - y_{12} y_{21} = \frac{h_{22}}{h_{11}}$$

Bei tiefen Betriebsfrequenzen sind alle Parameter praktisch reell und man kann sie auch aus dem Kennlinienfeld ermitteln.

*Beispiel 2:* Ermittle die $y$-Parameter mit Hilfe der den Kennlinien entnommenen $h$-Parametern nach Gleichung (1.51 a) und (1.51 b).

*Lösung:*

$$y_{11} = \frac{1}{1{,}06\ \text{k}\Omega} = 0{,}944\ \text{mS} \approx 1\ \text{mS}$$

$$y_{12} = -\frac{1{,}25\ 10^{-3}}{1{,}06\ \text{k}\Omega} = -1{,}18\ \mu\text{S} \approx -1{,}2\ \mu\text{S}$$

$$y_{21} = \frac{47{,}5}{1{,}06\ \text{k}\Omega} = 44{,}8\ \text{mS} \approx 45\ \text{mS}$$

$$y_{22} = \frac{6{,}8\ 10^{-3}}{1{,}06\ \text{k}\Omega} = 6{,}4\ \mu\text{S} \approx 6\ \mu\text{S}$$

Das negative Vorzeichen der Rückwärtssteilheit $y_{12}$ erklärt sich daraus, daß bei rückwärtiger Speisung der Strom über den kurzgeschlossenen Eingang entgegengesetzt der als positiv festgesetzten Zählrichtung fließt.

Vergleicht man die Parameter $h_{22}$ (Leerlauf-Ausgangsleitwert) und $y_{22}$ (Kurzschluß-Ausgangsleitwert), so sieht man, daß die Verhältnisse am Ausgang auch von den Eigenschaften des Generators am Eingang abhängen. Ist der Innenwiderstand des Generators sehr klein (Betrieb mit eingeprägter Spannung), so nähert man sich dem Kurzschlußverhalten und bei sehr hohem Generatorwiderstand (Betrieb mit eingeprägtem Strom) liegt Leerlaufverhalten am Eingang vor.

*Beispiel 3:* Ermittle den Ausgangsleitwert des Transistors als Funktion der Vierpolparameter bei endlichem Generatorwiderstand $R_G$.

*Lösung:* Aus der zweiten Gleichung (1.50) folgt nach Bild 1.44:

$$Y_2 = \frac{i_2}{u_2} = y_{21}\frac{u_1}{u_2} + y_{22}$$

und mit

$$\frac{u_2}{u_1} = \frac{i_1/u_1 - y_{11}}{y_{12}} = -\frac{1/R_G + y_{11}}{y_{12}}$$

aus der ersten Gleichung (1.50), wobei definitionsgemäß $i_1/u_1 = -1/R_G$ gesetzt wurde (vgl. Bild 1.44) erhalten wir weiter

$$Y_2 = -y_{21}\frac{y_{12}R_G}{1 + y_{11}R_G} + y_{22} = \frac{y_{22} + (y_{11}y_{22} - y_{12}y_{21})R_G}{1 + y_{11}R_G}$$

Mit dem Zusammenhang nach Gleichung (1.51 a, b) ist schließlich:

$$Y_2 = \frac{y_{22} + \Delta y R_G}{1 + y_{11}R_G} = \frac{\Delta h + h_{22}R_G}{h_{11} + R_G} \tag{1.52}$$

Die $y$-Parameter sind etwas anschaulicher als die $h$-Parameter, weil sie immer Leitwerte darstellen, während die letzteren Widerstände ($h_{11}$), Leitwerte ($h_{22}$) oder reine Zahlenverhältnisse ($h_{12}$ bzw. $h_{21}$) bedeuten.

Die komplexen $y$-Parameter können grafisch in der Leitwertebene dargestellt werden. Die Lage der einzelnen $y$-Zeiger des HF-Transistors OC 45 für eine Betriebsfrequenz von 478 kHz zeigt Bild 1.49 (vgl. auch Beispiel auf S. 69 bis 72). Die einzelnen Beträge (Zeigerlängen) sind in verschiedenen Maßstäben aufgetragen, weil sich ihre Werte um mehrere Größenordnungen unterscheiden. So haben z. B. die Leitwerte $y_{11}$ und $y_{21}$ die Größenordnung von mS und die Werte $y_{12}$ und $y_{22}$ liegen bei µS (s. S. 64).

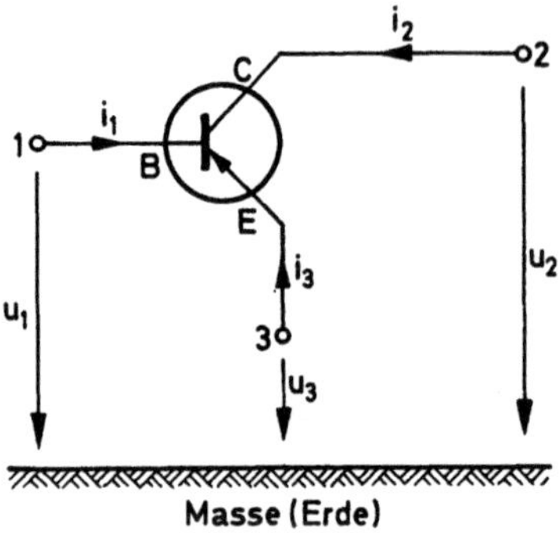


Bild 1.47
Allgemeine Transistorschaltung (Sechspol)

Die Vierpolgleichungen können durch Einbeziehung der dritten Transistorklemme (Emitter) auf die *allgemeinere Form* gebracht werden (vgl. Bild 1.47):

$$
\begin{aligned}
i_1 &= y_{11} u_1 + y_{12} u_2 + y_{13} u_3 \\
i_2 &= y_{21} u_1 + y_{22} u_2 + y_{23} u_3 \\
i_3 &= y_{31} u_1 + y_{32} u_2 + y_{33} u_3
\end{aligned}
\qquad (1.53)
$$

d. h. keine der drei Klemmen wird bevorzugt (geerdet) und man erhält statt einem Vierpol ein *Sechspolgebilde*.

Zwischen den einzelnen $y$-Parametern bestehen nun bestimmte Zusammenhänge derart, daß bei Gleichheit der Spannungen $u_1 = u_2 = u_3$ die drei Ströme $i_1$, $i_2$, $i_3$ einzeln null sein müssen (Verschwinden der Zeilen) und andererseits bei verschiedenen Spannungen die Summe der Ströme null sein muß (Verschwinden der Spalten).

Man kann also von einer gegebenen Transistorgrundschaltung auf eine der beiden anderen Grundschaltungen übergehen, wenn man die fehlenden Zeilen und Spalten mit den gegebenen Werten zu Null ergänzt und die Zeile und Spalte der nun zu erdenden Klemme gestrichen wird, weil deren Spannung null wird und deren Strom ohne Bedeutung ist.

*Beispiel 4:* Ermittle die $y$-Parameter der Basis- und Kollektorschaltung, wenn die Emitterschaltung die Werte nach Beispiel 1 hat.

*Lösung:* Die allgemeinen Vierpolgleichungen lauten

$$i_1 = 1\ \text{mS}\ u_1 - 1{,}2\ \mu\text{S}\ u_2 - 0{,}9988\ \text{mS}\ u_3$$
$$i_2 = 45\ \text{mS}\ u_1 + 6{,}4\ \mu\text{S}\ u_2 - 45{,}0064\ \text{mS}\ u_3$$
$$i_3 = -\ 46\ \text{mS}\ u_1 - 5{,}2\ \mu\text{S}\ u_2 + 46{,}0052\ \text{mS}\ u_3$$

Bei geerdeter Basis (Klemme 1) ist die erste Zeile und Spalte zu streichen und es gilt:

$$i_2 = 6{,}4\ \mu\text{S}\ u_2 - 45\ \text{mS}\ u_3$$
$$i_3 = -\ 5{,}2\ \mu\text{S}\ u_2 + 46\ \text{mS}\ u_3$$

Nun sind in den obigen Gleichungen Eingang und Ausgang vertauscht, so daß man die Zeilen und Spalten vertauschen muß und erhält schließlich mit dem Emitter am Eingang und dem Kollektor am Ausgang:

$$i_3 = 46\ \text{mS}\ u_3 - 5{,}2\ \mu\text{S}\ u_2$$
$$i_2 = -\ 45\ \text{mS}\ u_3 + 6{,}4\ \mu\text{S}\ u_2$$

Wie man ersehen kann, ist der Kurzschluß-Eingangsleitwert der Basisschaltung (46 mS) wesentlich größer als jener der Emitterschaltung (1 mS), weil die erstere viel niederohmiger ist.

Ähnlich erhalten wir für die Kollektorschaltung durch Streichung der zweiten Zeile und Spalte (Erdung der Klemme 2):

$$i_1 = 1\ \text{mS}\ u_1 - 1\ \text{mS}\ u_3$$
$$i_3 = -\ 46\ \text{mS}\ u_1 + 46\ \text{mS}\ u_3$$

Den Gleichungen kann die Abwärtstransformation des Eingangswiderstandes durch die Kollektorschaltung unmittelbar entnommen werden.

### 1.4.9. Grenzfrequenz und Rauschen des Transistors

Man kann die inneren Verluste des Transistors durch ohmsche Widerstände und die spannungsabhängigen Diffusionsvorgänge durch Kapazitäten nachbilden (Bild 1.48). Diese erstmals von *Giacoletto* angegebene *physikalische Ersatzschaltung* des Transistors führt also dessen Frequenzabhängigkeit auf

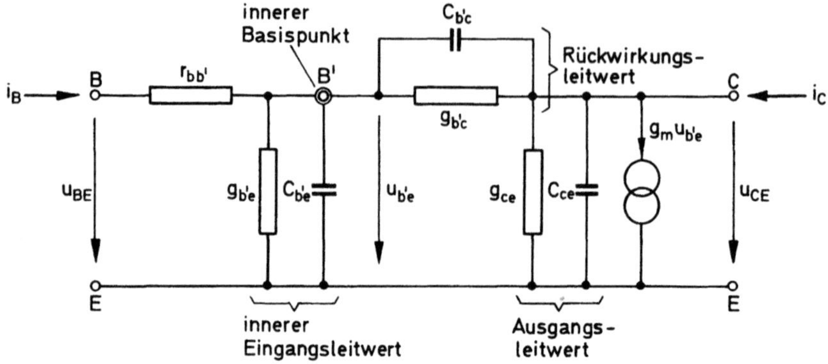


Bild 1.48 Physikalische Ersatzschaltung eines Transistors in Emitterschaltung (Π-Ersatzschaltung nach GIACOLETTO)

RC-Glieder zurück (Kondensatorleitung). Die einzelnen Ersatzelemente haben folgende Bedeutung (die Klammerwerte beziehen sich auf den HF-Transistor OC 45 in einem bestimmten Arbeitspunkt):

| | | |
|---|---|---|
| $r_{bb'}$ | – Basis-Bahnwiderstand | (75 Ω) |
| $g_{b'e}$ | – Emitterleitwert (innerer Steuerleitwert) | (760 μS) |
| $C_{b'e}$ | – Emitter-Diffusionskapazität | (1000 pF) |
| $g_{b'c}$ | – Kollektorleitwert | (< 0,5 μS) |
| $C_{b'c}$ | – Kollektorkapazität | (10 pF) |
| $g_{ce}$ | – Kollektor-Emitter-Leitwert (Innenleitwert) | (15 μS) |
| $C_{ce}$ | – Kollektor-Emitter-Gehäusekapazität | (< 1 pF) |
| $g_m$ | – innere Steilheit | (39 mA/V) |
| $u_{b'e}$ | – innere Basis-Emitter-Spannung (Steuerspannung) | |

Die innere Steilheit ist der Kehrwert des differentiellen Widerstandes der Emitterdiode im Arbeitspunkt:

$$g_m = \frac{1}{r_e} = \frac{dI_E}{dU_{EB}} = \frac{I_E}{U_T} \tag{1.54}$$

wobei $U_T = 26$ mV die Temperaturspannung bei 25 °C bedeutet (vgl. S. 3). Der Kollektorleitwert $g_{b'c}$ und der Innenleitwert $g_{ce}$ sind so klein, daß man sie oft vernachlässigen kann. Die Kollektor-Emitter-Gehäusekapazität $C_{ce}$

und die Kollektorkapazität $C_{b'c}$ müssen jedoch bei hohen Betriebsfrequenzen berücksichtigt werden, da sie mit steigender Frequenz die Ausgangsspannung bzw. Ausgang und Eingang (Kollektor und Basis) kurzschließen. Die Emitter-Diffusionskapazität $C_{b'e}$ schließt die innere Steuerspannung $u_{b'e}$ kurz, wodurch auch der Ausgangsstrom $g_m\, u_{b'e}$ verschwindet und der Transistor seine Steuerwirkung verliert.

Die Kapazitäten $C_{ce}$, $C_{b'c}$ und $C_{b'e}$ sind um so wirksamer je kleiner die Wirkleitwerte $g_{ce}$, $g_{b'c}$ und $g_{b'e}$ sind, weil es immer auf das Verhältnis Blind- zu Wirkanteil des $RC$-Gliedes ankommt.

Mit den in weiten Grenzen frequenzunabhängigen Schaltelementen des physikalischen Ersatzschaltbildes können die formalen $y$-Parameter berechnet werden.

*Beispiel 1:* Ermittle die $y$-Parameter für eine Betriebsfrequenz von $f = 478\,\text{kHz}$ ($\omega = 3\,10^6\,\text{s}^{-1}$) aus den Daten der physikalischen Ersatzschaltung nach Bild 1.48 und Seite 68.

*Lösung:* Die Vierpolgleichungen in bezug auf den inneren Basispunkt B' als Eingangsklemme lauten:

$$i_B = y_{b'e}\, u_{b'e} + y_{b'c}\, u_{CE}$$

$$i_C = y_{cb'}\, u_{b'e} + y_{ce}\, u_{CE}$$

Mit $u_{b'e} = u_{BE} - i_B\, r_{bb'}$ erhalten wir für die Eingangsklemmen B, E die Gleichungen:

$$i_B = y_{b'e}\,(u_{BE} - i_B\, r_{bb'}) + y_{b'c}\, u_{CE}$$

$$i_C = y_{cb'}\,(u_{BE} - i_B\, r_{bb'}) + y_{ce}\, u_{CE}$$

Die erste Gleichung nach $i_B$ aufgelöst liefert:

$$i_B\,(1 + r_{bb'}\, y_{b'e}) = y_{b'e}\, u_{BE} + y_{b'c}\, u_{CE}$$

oder

$$i_B = \frac{y_{b'e}}{1 + r_{bb'}\, y_{b'e}}\, u_{BE} + \frac{y_{b'c}}{1 + r_{bb'}\, y_{b'e}}\, u_{CE}$$

Für den Ausgangsstrom gilt damit:

$$i_C = y_{cb'}\, u_{BE} - \frac{(y_{b'e}\, u_{BE} + y_{b'c}\, u_{CE})\, r_{bb'}\, y_{cb'}}{1 + r_{bb'}\, y_{b'e}} + y_{ce}\, u_{CE}$$

oder

$$i_C = \frac{y_{cb'}}{1 + r_{bb'}\, y_{b'e}}\, u_{BE} + \left(y_{ce} - \frac{r_{bb'}\, y_{b'c}\, y_{cb'}}{1 + r_{bb'}\, y_{b'e}}\right) u_{CE}$$

Die einzelnen $y$-Parameter ergeben sich also zu:

$$y_{11} = \frac{y_{b'e}}{1 + r_{bb'} y_{b'e}}; \qquad y_{12} = \frac{y_{b'c}}{1 + r_{bb'} y_{b'e}}$$

$$y_{21} = \frac{y_{cb'}}{1 + r_{bb'} y_{b'e}}; \qquad y_{22} = y_{ce} - \frac{r_{bb'} y_{b'c} y_{cb'}}{1 + r_{bb'} y_{b'e}}$$

Für die $y$-Parameter in bezug auf den inneren Basispunkt erhalten wir nach Bild 1.48:

$$y_{b'e} = \left(\frac{i_B}{u_{b'e}}\right)_{u_{CE}=0} = g_{b'e} + g_{b'c} + j\omega\,(C_{b'e} + C_{b'c})$$

$$y_{b'c} = \left(\frac{i_B}{u_{CE}}\right)_{u_{b'e}=0} = -\,(g_{b'c} + j\omega C_{b'c})$$

$$y_{cb'} = \left(\frac{i_C}{u_{b'e}}\right)_{u_{CE}=0} = g_m - (g_{b'c} + j\omega C_{b'c})$$

$$y_{ce} = \left(\frac{i_C}{u_{CE}}\right)_{u_{b'e}=0} = g_{b'c} + g_{ce} + j\omega\,(C_{b'c} + C_{ce})$$

Das negative Vorzeichen von $y_{b'c}$ entsteht dadurch, daß bei kurzgeschlossenem Eingang und rückwärtiger Speisung der Eingangsstrom entgegengesetzt der als positiv festgesetzten Zählrichtung fließt.

Setzen wir die Zahlenwerte für die einzelnen Größen ein, so beträgt $y_{b'e}$, wenn $g_{b'c} \leqq 0{,}5\ \mu S$ vernachlässigt wird:

$$y_{b'e} = [760 + j\,3\,(1000 + 10)]\ \mu S = (760 + j\,3030)\ \mu S$$

oder

$$y_{b'e} = 3{,}12\ e^{j76°}\ mS$$

Mit

$$\begin{aligned} 1 + r_{bb'} y_{b'e} &= 1 + 75\,\Omega\ 3{,}12\ e^{j76°}\ mS = 1 + 0{,}234\ e^{j76°} = \\ &= 1 + 0{,}234\cos 76° + j\,0{,}234\sin 76° = \\ &= 1{,}057 + j\,0{,}227 = 1{,}08\ e^{j12°} \end{aligned}$$

erhalten wir für den Kurzschluß-Eingangsleitwert:

$$y_{11} = \frac{3{,}12\ e^{j76°}}{1{,}08\ e^{j12°}}\ mS = 2{,}89\ e^{j64°}\ mS$$

Er setzt sich im wesentlichen aus der Reihenschaltung des Basis-Bahnwiderstandes $r_{bb'}$ und der Diffusionskapazität $C_{b'e}$ zusammen. Bei höheren Frequenzen wirkt sich auch die in Reihe zu $r_{bb'}$ liegende Zuleitungsinduktivität aus und der Eingangsleitwert wird u. U. induktiv.

Die Rückwärtssteilheit $y_{12}$ (Übertragungsleitwert rückwärts, Rückwirkungsleitwert) erhalten wir mit

$$y_{b'c} = -(0{,}5 + j\,3 \cdot 10)\ \mu S = 30\ e^{j(89^\circ + 180^\circ)}\ \mu S = 30\ e^{j269^\circ}\ \mu S = \\ = 30\ e^{-j91^\circ}\ \mu S$$

zu

$$y_{12} = \frac{30\ e^{-j91^\circ}}{1{,}08\ e^{j12^\circ}}\ \mu S = 27{,}8\ e^{-j103^\circ}\ \mu S$$

Der Wert $y_{12}$ liegt im dritten Quadranten der komplexen Zahlenebene (vgl. Bild 1.49), weil die Zahlenwerte definitionsgemäß negativ sind.

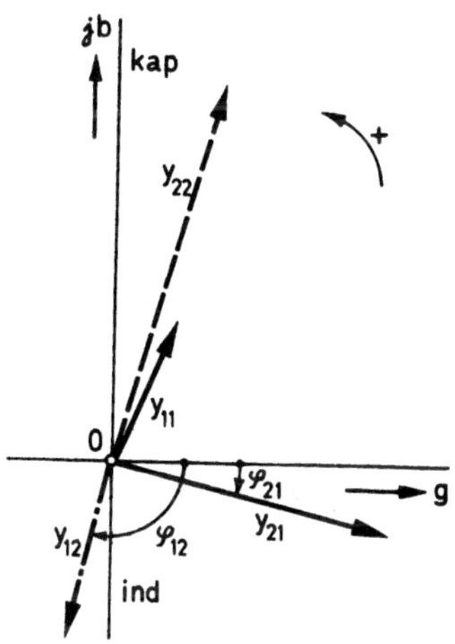


Bild 1.49
Lage der einzelnen $y$-Parameter in der Leitwertebene

Die Kurzschluß-Vorwärtssteilheit (Übertragungsleitwert vorwärts) erhalten wir mit

$$y_{cb'} = 39\ \text{mS} - (0{,}5 + j3 \cdot 10)\ \mu S = (39\,000 - j\,30)\ \mu S \approx 39\ \text{mS}$$

zu

$$y_{21} = \frac{39}{1{,}08\ e^{j12^\circ}}\ \text{mS} = 36{,}2\ e^{-j12^\circ}\ \text{mS}$$

Der Zeiger $y_{21}$ hat für $\omega \to 0$ einen reellen Wert und dreht sich mit wachsender Frequenz im Uhrzeigersinn (vgl. Bild 1.45 und Bild 1.49).

Den Kurzschluß-Ausgangsleitwert erhalten wir mit

$$y_{ce} = [0{,}5 + 15 + j\,3\,(10 + 1)]\ \mu S = (15{,}5 + j\,33)\ \mu S$$

oder

$$y_{ce} = 36{,}5\ \mathrm{e}^{j25^\circ}\ \mu\mathrm{S}$$

zu

$$y_{22} = (15{,}5 + j\,33)\ \mu\mathrm{S} - \frac{75\ \Omega\ 30\,\mathrm{e}^{-j91^\circ}\ \mu\mathrm{S}\ 39\ \mathrm{mS}}{1{,}08\ \mathrm{e}^{j12^\circ}}$$

oder

$$y_{22} = (15{,}5 + j\,33)\ \mu\mathrm{S} - \frac{87{,}6\ \mathrm{e}^{-j91^\circ}}{1{,}08\ \mathrm{e}^{-j12^\circ}}\ \mu\mathrm{S}$$

$$y_{22} = (15{,}5 + j\,33)\ \mu\mathrm{S} - 81{,}2\ \mathrm{e}^{-j103^\circ}\ \mu\mathrm{S}$$

$$y_{22} = (15{,}5 + j\,33)\ \mu\mathrm{S} - [81{,}2\cos 103^\circ - j\,81{,}2\sin 103^\circ]\ \mu\mathrm{S}$$

und damit schließlich

$$y_{22} = (33{,}75 + j\,112{,}3)\ \mu\mathrm{S} = 117{,}26\ \mathrm{e}^{j73{,}5^\circ}\ \mu\mathrm{S}$$

Der Ausgangs- und Rückwirkungsleitwert sind also viel kleiner als der Eingangs- und Übertragungsleitwert und im Bild 1.49 in einem größeren Maßstab eingetragen.

Die *Grenzfrequenz* des Transistors wird näherungsweise durch die eingangsseitig wirkenden Ersatzgrößen $r_{bb'}$, $g_{b'e}$ und $C_{b'e}$ in Verbindung mit den Eigenschaften der Stromquelle bestimmt.

Ist der Innenwiderstand der Stromquelle sehr groß ($R_G \to \infty$), d. h. beim *Betrieb mit eingeprägtem Strom* ($i_B$ = konst), kann der Basisbahnwiderstand $r_{bb'} \ll 1/g_{b'e}$ vernachlässigt werden und man erhält für die $RC$-Parallelschaltung (Stromteiler) mit $R = 1/g_{b'e}$ und $C = C_{b'e}$ für die Frequenzabhängigkeit der inneren Steuerspannung $u_{b'e}$, wenn der Wert bei tiefen Frequenzen (Gleichstrom) mit $(u_{b'e})_0$ bezeichnet wird:

$$\frac{u_{b'e}}{(u_{b'e})_o} = \frac{\dfrac{R}{1 + j\omega C R}}{R} = \frac{1}{1 + j\omega C R}$$

Nun ist aber die Kurzschluß-Stromverstärkung $\beta \sim i_C \sim u_{b'e}$ weil der Eingangsstrom $i_B$ konstant ist. Damit kann für den obigen Zusammenhang geschrieben werden:

$$\frac{\beta}{\beta_0} = \frac{1}{1 + j\dfrac{\omega}{\omega_\beta}} = \frac{1}{1 + j\dfrac{f}{f_\beta}} \qquad (1.55)$$

wenn mit $\beta_0$ die Kurzschluß-Stromverstärkung der *Emitterschaltung* bei tiefen Frequenzen (<1000 Hz) bezeichnet wird und $\omega_\beta = 1/RC$ die Grenzfrequenz des $RC$-Gliedes bedeutet.

Die Ortskurve des Ausdruckes (1.55) ist ein Halbkreis mit dem Durchmesser 1 (Bild 1.50). Für $\omega = \omega_\beta$ ist $\beta = \beta_0/\sqrt{2}$, d. h. $\omega_\beta$ bzw. $f_\beta$ ist diejenige Frequenz, bei welcher der Betrag der Kurzschluß-Stromverstärkung um den Faktor $1/\sqrt{2}$ kleiner geworden ist als bei niedrigen Frequenzen ($\beta_0$). Praktisch nimmt der Betrag $\beta$ nicht so schnell mit der Frequenz ab (gestrichelte Kurve), so daß die gemessenen Werte etwas günstiger liegen.

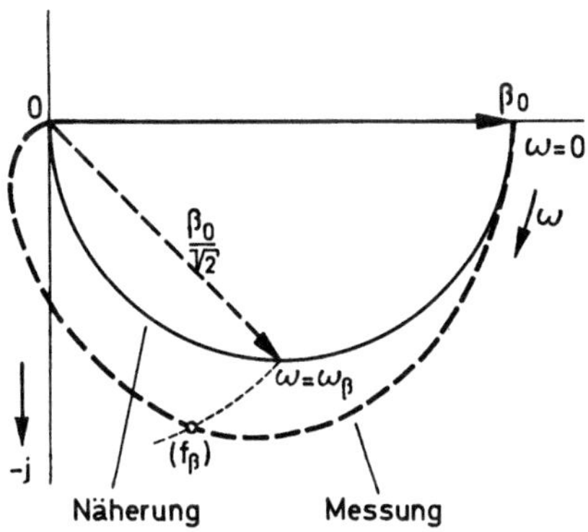


Bild 1.50
Ortskurve der Kurzschluß-Stromverstärkung

In der *Basisschaltung* ist die Kurzschluß-Stromverstärkung (s. S. 39):

$$\alpha = \frac{\beta}{1+\beta} = \frac{\dfrac{\beta_0}{1+jf/f_\beta}}{1+\beta_0\dfrac{1}{1+jf/f_\beta}} = \frac{\beta_0}{1+\beta_0+jf/f_\beta}$$

oder, wenn man $\alpha$ auf die gleiche Form wie $\beta$ bringt, indem man für $\beta_0/(1+\beta_0) = \alpha_0$ schreibt, so gilt:

$$\alpha = \frac{\alpha_0}{1+j\dfrac{f}{f_\beta(1+\beta_0)}} \equiv \frac{\alpha_0}{1+j\dfrac{f}{f_\alpha}} \tag{1.56}$$

aus der obigen Indentität erhalten wir

$$f_\alpha = f_\beta\,(1+\beta_0) \tag{1.57}$$

d. h. die Grenzfrequenz $f_\alpha$ der Kurzschluß-Stromverstärkung der Basisschaltung ist um den Faktor $(1+\beta_0) \approx \beta_0$ höher als die $\beta$-Grenzfrequenz $f_\beta$. Da $\alpha_0 \approx 1$ ist, kann näherungsweise auch geschrieben werden:

$$\frac{f_\alpha}{f_\beta} \approx \frac{\beta_0}{\alpha_0} \approx \beta_0 \tag{1.58}$$

d. h. die Grenzfrequenzen verhalten sich umgekehrt proportional den Kurzschluß-Stromverstärkungen bei tiefen Frequenzen. Die Basisschaltung hat also eine viel höhere Grenzfrequenz als die Emitterschaltung, weil $\beta_0 \gg \alpha_0$ ist. Dies ist durch den kleinen Eingangswiderstand der Basisschaltung bedingt, da die Diffusionskapazität unverändert bleibt.

Bei einem sehr kleinen Innenwiderstand der Stromquelle ($R_G \to 0$), d. h. für den *Betrieb mit eingeprägter Spannung*, kann der Emitterleitwert $g_{b'e}$ vernachlässigt werden, weil $\omega C_{b'e} \gg g_{b'e}$ ist und es findet im wesentlichen eine Spannungsteilung zwischen dem Basisbahnwiderstand $r_{bb'}$ und der Emitter-Diffusionskapazität $C_{b'e}$ statt. Für die Grenzfrequenz $f_\beta'$ erhalten wir aus der Gleichheit der Wirk- und Blindkomponente:

$$f_\beta' = \frac{1}{2\pi r_{bb'} C_{b'e}} \tag{1.59}$$

Bei dieser Frequenz ist die innere Steuerspannung $u_{b'e}$ auf den $1/\sqrt{2}$-fachen Wert der angelegten Spannung $u_{BE} = \text{konst}$ abgesunken. Andererseits ist nach Gleichung (1.42 a) der Ausgangsstrom $i_C = S\,u_{BE}$. Daher bezeichnet man diese Grenzfrequenz auch als *Steilheits-Grenzfrequenz,* da der Betrag der äußeren Steilheit $S$ auf das $1/\sqrt{2}$-fache des Wertes für niedrige Frequenzen abnimmt.

Oft wird auch mit der Frequenz $f_{\beta 1}$ gearbeitet, bei welcher der Betrag der Kurzschluß-Stromverstärkung der Emitterschaltung $\beta = 1$ geworden ist. Diese ergibt sich aus der Bedingung, daß der Steuerstrom am Eingang $\omega C_{b'e}\,u_{b'e}$ gleich dem Ausgangskurzschlußstrom bei tiefen Frequenzen $g_m\,u_{b'e}$ geworden ist, oder für

$$\omega C_{b'e} = g_m$$

und daraus unter Berücksichtigung der Gleichung (1.54):

$$f_{\beta 1} = \frac{1}{2\pi r_e C_{b'e}} \tag{1.60}$$

Die Grenzfrequenz $f_{\beta 1}$ ist der Diffusionskapazität $C_{b'e}$ umgekehrt proportional, da der differentielle Eingangswiderstand der Emitterdiode $r_e$ als Materialeigenschaft praktisch konstant ist.

*Beispiel 2:* Ermittle die Grenzfrequenzen des HF-Transistors OC 45 (VALVO), wenn $\beta_0 = 50$ ist.

*Lösung:* Mit den gegebenen Werten $g_{b'e} = 760\ \mu\text{S}$ und $C_{b'e} = 1000\ \text{pF}$ (s. S. 68) erhalten wir für die Grenzfrequenz der Kurzschluß-Stromverstärkung in Emitterschaltung beim Betrieb mit eingeprägtem Strom:

$$f_\beta = \frac{g_{b'e}}{2\pi C_{b'e}} = \frac{760\ \mu\text{S}}{2\pi\, 1000\ \text{pF}} = 120\ \text{kHz}$$

und beim Betrieb mit eingeprägter Spannung gilt für die Steilheits-Grenzfrequenz

$$f_\beta{}' = \frac{1}{2\pi\, r_{b'b}\, C_{b'e}} = \frac{1}{2\pi\, 75\,\Omega\, 1000\ \text{pF}} = 2{,}1\ \text{MHz}$$

Die $\beta_1$-Grenzfrequenz ergibt sich nach Gleichung (1.60) zu

$$f_{\beta 1} = \frac{1}{2\pi\, r_e\, C_{b'e}} = \frac{39\ \text{mA/V}}{2\pi\ 1000\ \text{pF}} = 6{,}2\ \text{MHz}$$

In der Basisschaltung ist schließlich nach Gleichung (1.57) mit $\beta_0 = 50$:

$$f_\alpha = 120\ \text{kHz}\ (1 + 50) \approx 6\ \text{MHz}$$

Die berechneten Werte stimmen gut mit den Datenlisten der Herstellerfirma (VALVO) überein.

Der Transistor hat ein relativ großes *Rauschen*. Dessen Quellen liegen im *Schrotrauschen* der pn-Übergänge des Emitters und Kollektors, im *Widerstandsrauschen* der Verlustwiderstände und schließlich im *Stromverteilungsrauschen* des Emitterstromes zwischen Kollektor und Basis. Das Stromverteilungsrauschen

$$I^2_{rv} = 2\, e\alpha I_E\, (1 - \alpha)\, \Delta f \tag{1.61}$$

ist relativ klein, weil $\alpha \approx 1$ ist und kann oft vernachlässigt werden. Von den Verlustwiderständen rauscht am stärksten der relativ große Basiswiderstand.

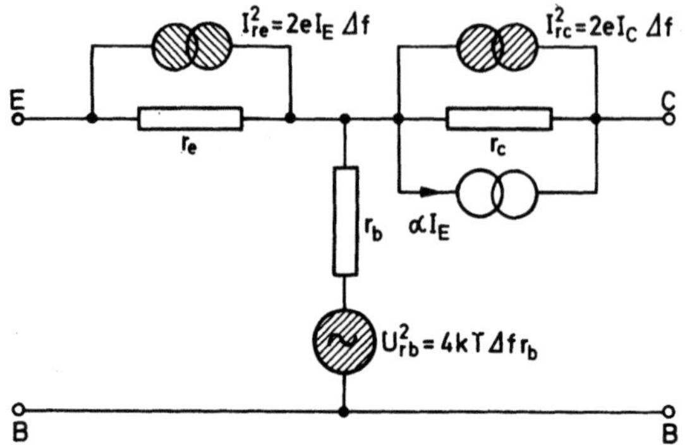


Bild 1.51 Vereinfachtes Rauschersatzschaltbild eines Transistors in Basisschaltung (T-Ersatzschaltung)

Die *Rauschersatzschaltung* des Transistors in Basisschaltung mit den stärksten Rauschquellen zeigt Bild 1.51. Zur Ermittlung des Gesamtrauschens werden die Quadrate der einzelnen Rauschspannungen addiert. Im Bereich tiefer Frequenzen kommt noch das *Funkelrauschen* hinzu, welches etwa umgekehrt proportional mit der Frequenz zunimmt.

# 2. Hochvakuumelektronenröhren

## 2.1. Emission der Kathode und der Anodenstrom

### 2.1.1. Elektronenleitung im Vakuum

Die aus der elektrisch geheizten *Kathode* austretenden Elektronen bilden um diese eine *Elektronenwolke* (Raumladung). Bei positiver *Anode* bewegen sich die freigewordenen Elektronen durch das Vakuum (luftverdünnter Raum von $10^{-5} \ldots 10^{-7}$ Torr) und veranlassen durch Influenzwirkungen im Außenkreis einen Anodenstrom der von der Anodenstromquelle geliefert wird (vgl. Bild 2.1).

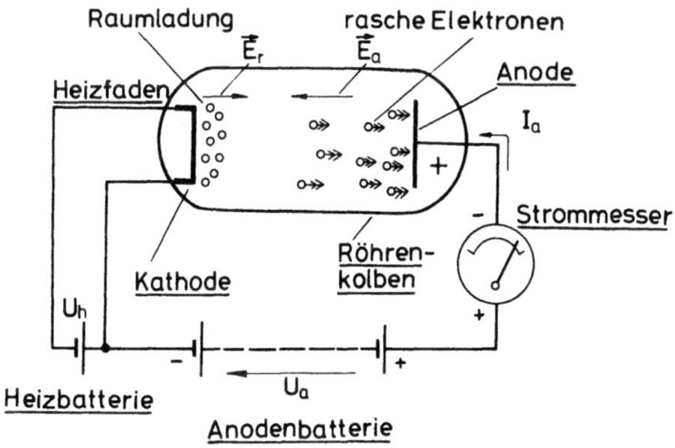


Bild 2.1 Schematische Darstellung der Elektronenleitung im Vakuum

Ist die Anode negativ, so findet keine Elektronenbeschleunigung statt und der Strom im Außenkreis bleibt ebenfalls aus (Gleichrichtereffekt).

Die Elektronen prallen mit hoher kinetischer Energie auf die Anode (Metall), was eine *Temperaturerhöhung* des Materials zur Folge hat. Die so zugeführte Leistung darf einen bestimmten Betrag nicht übersteigen (maximale Anodenverlustleistung), weil die Gefahr einer Sekundäremission der Anode sowie Rückheizung der Kathode und schließlich auch der Zerstörung der Röhre besteht. Aus diesem Grunde sind gegebenenfalls umfangreiche *Kühlmaßnahmen* erforderlich.

Die aufprallenden Elektronen dringen in das Anodenmaterial ein, werden abgebremst (Erwärmung!), durchwandern das Metall mit sehr kleinen Geschwindigkeiten und gelangen schließlich zum positiven Batteriepol. Hier neutralisieren sie die positive Ladung, so daß die Stromquelle allmählich verbraucht wird. Andererseits kann der Vorgang auch so gedeutet werden, daß der Anode von der Stromquelle positive Ladung zufließt und die aufprallenden Elektronen im Anodenmaterial neutralisiert werden, was ebenfalls einen allmählichen Verbrauch der Stromquelle zur Folge hat. Daraus kann geschlossen werden, daß der Elektronenstrom im Vakuum und der im Außenkreis fließende Anodenstrom identisch sind. Es ist allerdings zu beachten, daß die Bewegungsrichtung der Elektronen der herkömmlichen Stromrichtung der Potentialtheorie von plus (oben) nach minus (unten) entgegengesetzt ist. Die Elektronen bewegen sich von der Kathode (minus) zur Anode (plus), weil sie negativ geladen sind.

Wegen der schirmenden Wirkung der negativen *Raumladung* gelangen zunächst nicht alle emittierten Elektronen zur Anode, so daß der Anodenstrom mit der Anodenspannung nur allmählich ansteigt, d. h. der Stromdurchgang durch das Vakuum ist nicht linear. Die Vorgänge werden daher am zweckmäßigsten durch die *Anodenstromkennlinie* charakterisiert. Sie gibt den Zusammenhang des über die Anode fließenden Teiles des Emissionsstromes (Anodenstrom) in Abhängigkeit von der anliegenden Anodenspannung an: $I_a = f(U_a)$.

### 2.1.2. Anodenstromkennlinie

Die Anodenstromkennlinie weist im wesentlichen drei mehr oder weniger ausgeprägte Gebiete auf (Bild 2.2):

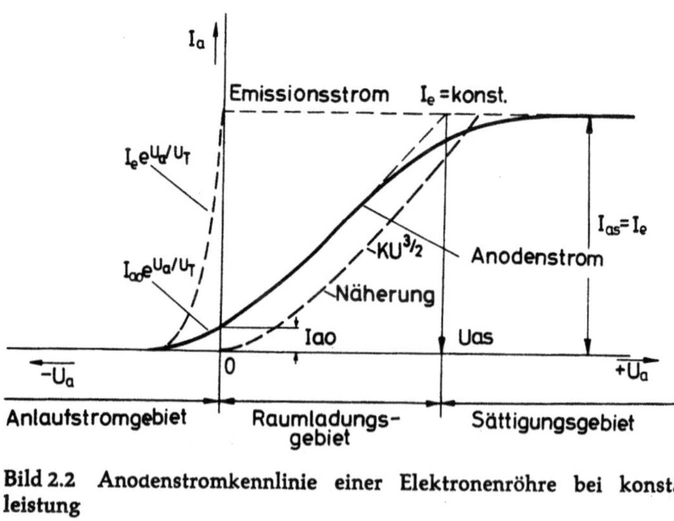


**Bild 2.2** Anodenstromkennlinie einer Elektronenröhre bei konstanter Heizleistung

*Sättigungsgebiet:* Der Strom fließt hier ohne Behinderung durch die Raumladung. Er wird nur dadurch begrenzt, daß bei einer bestimmten Heizleistung die Kathode eine bestimmte Elektronenzahl emittiert, die auch bei weiter ansteigender Anodenspannung nicht größer wird. Für den Anodensättigungsstrom gilt, wenn mit $O_k$ die wirksame Kathodenoberfläche und mit $S$ die temperaturabhängige Emissionsstromdichte bezeichnet werden:

$$I_{as} = I_e = O_k S \qquad (2.1)$$

Dieser Strom fließt aber nur dann, wenn die Anodenspannung größer als die Sättigungsspannung $U_{as}$ wird, welche durch den Schnittpunkt der Sättigungs- und Raumladungsgeraden definiert ist (vgl. Bild 2.2).

Die für Anodenspannungen $U_a > U_{as}$ erzielte mittlere *Endgeschwindigkeit* $v$ der gleichförmig beschleunigten Elektronen $e$ der Masse $m$ berechnet sich aus $m v^2/2 = e U_a$ zu:

$$v = \sqrt{\frac{2e}{m} U_a} = 594 \sqrt{U_a}\ \text{km/s} \approx 600 \sqrt{U_a}\ \text{km/s} \qquad (2.2)$$

wenn $U_a$ in V eingesetzt wird. Für $U_a = 100$ V ist z. B. $v = 6000$ km/s.

*Beispiel 1:* Berechne den Sättigungsstrom einer Wolframkathode, deren Drahtlänge $l = 5$ cm und deren Drahtdurchmesser $d = 0{,}2$ mm beträgt mit und ohne Bariumoxydüberzug.

*Lösung:* Die Kathodenoberfläche beträgt: $O_k = \pi \cdot d \cdot l = \pi \cdot 0{,}02 \cdot 5\ \text{cm}^2 = 0{,}314\ \text{cm}^2$. Bei Erhitzung auf Weißglut (2320 °K) ergibt sich mit der Stromdichte $S = 0{,}05\ \text{A/cm}^2$:

$$I_{as} = S O_k = 0{,}05 \cdot 0{,}314\ \text{A} = 15{,}7\ \text{mA}.$$

Die gleiche Kathode mit Bariumoxydüberzug ergibt bei Rotglut (1160 °K) mit $S = 6\ \text{A/cm}^2$: $I_{as} = 6 \cdot 0{,}314\ \text{A} = 1{,}885\ \text{A} \approx 2\ \text{A}$.

*Beispiel 2:* Zur Erhöhung des Sättigungsstromes wird die Kathodenoberfläche vergrößert und die Oxydschicht auf ein Metallröhrchen geschmiert. Welchen Sättigungsstrom erhält man für $l = 1$ cm und $d = 2{,}5$ mm?

*Lösung:* Mit einer Kathodenoberfläche von $O_k = \pi \cdot 0{,}25 \cdot 1\ \text{cm}^2 = 0{,}785\ \text{cm}^2$ erhalten wir jetzt für den Sättigungsstrom: $I_{as} = 6 \cdot 0{,}785\ \text{A} = 4{,}7\ \text{A}$. Es muß hierbei darauf geachtet werden, daß die Oxydschicht das Metallröhrchen gut bedeckt.

Oxydkathoden haben keinen ausgeprägten Sättigungsstrom, weil sie gegen *Überheizung* sehr empfindlich sind und eine *Rückheizung* durch die erwärmte Anode (Anodenverlustleistung!) sogar zum Verdampfen des Kathodenmaterials führen kann, wodurch die Lebensdauer der Röhre kürzer wird. Aus diesem Grunde werden Oxydkathoden nur mit etwa $0{,}01 \cdot I_{as}$ betrieben.

*Raumladungsgebiet:* Hier verhindert die schirmende Wirkung der negativen Raumladung das Fließen des Sättigungsstromes, so daß dieser erst allmählich mit steigender Spannung erreicht wird.

In bezug auf die Raumladung ist die Kathode positiv und in bezug auf die Anodenspannung ist sie negativ geladen, so daß deren Feldstärken entgegengerichtet sind (Bild 2.3). Die Feldstärke der Raumladung wirkt also der angelegten Anodenspannung entgegen und schwächt deren Wirkung auf die Elektronen ab. Die Elektronenbewegung erfolgt unter dem Einfluß der resultierenden Feldstärke, wobei es den Anschein hat, daß die Elektronen an der Stelle P emittiert werden (virtuelle Kathode).

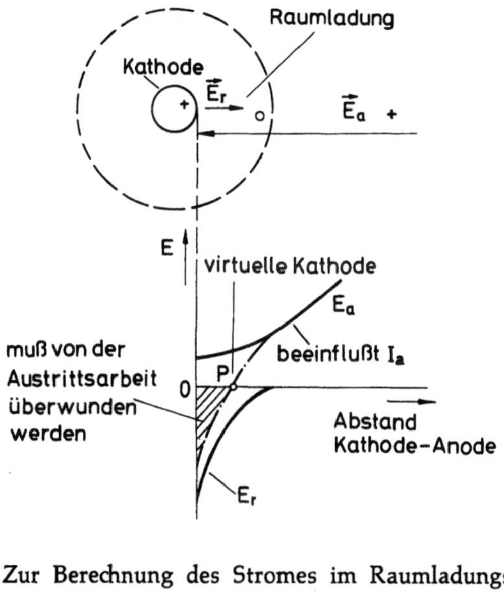


Bild 2.3
Wirkung der Raumladung

Zur Berechnung des Stromes im Raumladungsgebiet gehen wir von der gesamten Anodenladung aus. Sie ist, wenn mit $a$ der Abstand Anode-Kathode und mit $O_a$ die Anodenoberfläche bezeichnet wird:

$$Q_a = \varepsilon_0 O_a \frac{U_a}{a} = Q_k$$

und andererseits auch gleich der von der Kathode emittierten Ladung $Q_k$. Mit der auf den Abstand $a$ bezogenen Ladung $Q_a/a$ kann für den Strom in der Röhre geschrieben werden:

$$I_a = \frac{Q_a}{a} v$$

wobei $v$ eine durch die Raumladung beeinflußte Elektronengeschwindigkeit darstellt. In erster Näherung kann dieser Einfluß vernachlässigt werden und $v$ der Hälfte der durch die Beschleunigungsspannung $U_a$ bedingten Endgeschwindigkeit gesetzt werden (gleichförmig beschleunigte Elektronenbewegung) und man erhält:

$$I_a = \varepsilon_0 O_a \frac{U_a}{a^2} \frac{1}{2} \sqrt{\frac{2e}{m} U_a}$$

Setzen wir zur Abkürzung $K = 1/2 \; (\varepsilon_0 O_a/a^2) \sqrt{2e/m} = 2{,}63 \cdot 10^{-6} \, O_a/a^2$ $\mathrm{A/V^{3/2}}$, so gilt für das *Raumladungsgesetz:*

$$I_a = K \cdot U_a^{3/2} \tag{2.3}$$

Dieser Zusammenhang gilt nur für $0 < U_a < U_{as}$. Die Raumladung beeinflußt also den Emissionsstrom unabhängig von der Kathodenoberfläche und von der Stromdichte (Kathodentemperatur).

Der Faktor $K$ beträgt etwa $10^{-3}$ $\mathrm{A/V^{3/2}}$. Der Abstand $a$ läßt sich nur schwer unter 0,5 mm herstellen und eine Vergrößerung von $O_a = 1\ \mathrm{cm^2}$ erhöht die Kapazität zwischen Anode und Kathode, was bei Hochfrequenz unerwünscht ist. Bei zylindrischer Anordnung der Kathode und Anode ist $a = r_a$ (Anodenradius) und mit $O_a = 2\pi r_a l_a$, wobei $l_a$ die Länge des Anodenzylinders bedeutet, ergibt sich $K = 16{,}5 \; 10^{-6} \, l_a/r_a$ $\mathrm{A/V^{3/2}}$.

Für zylindrische Anordnungen der Elektroden gibt *Langmuir* folgende genauere *Raumladungskonstante* $K$ an:

$$K = 2{,}34 \cdot 10^{-6} \frac{2\pi r_a l_a}{r_a^2 \beta^2} \frac{\mathrm{A}}{\mathrm{V^{3/2}}}$$

oder (2.4)

$$K = 14{,}65 \cdot 10^{-6} \frac{l_a}{r_a \beta^2} \frac{\mathrm{A}}{\mathrm{V^{3/2}}}$$

$K$ ist also proportional $l_a/r_a$, d. h. die Formel (2.4) gilt für alle geometrisch ähnlichen Röhren.

Die Größe $\beta^2$ berücksichtigt die Wirkung der Raumladung, die vom Verhältnis $r_a/r_k$ (Anodenradius/Kathodenradius) abhängig ist und hat folgende Werte:

| $r_a/r_k$ | 1 | 2 | 3 | 4 | 5 | 6 | 8 | 10 |
|---|---|---|---|---|---|---|---|---|
| $\beta^2$ | 0 | 0,25 | 0,51 | 0,67 | 0,78 | 0,82 | 0,93 | 0,98 |

Für $r_a/r_k > 10$ ist praktisch $\beta^2 \approx 1$.

Der Teil des Kathodenemissionsstromes, welcher zur Anode gelangt, wird durch die von ihm hervorgerufene Raumladung begrenzt. Für Anodenspannungen von $U_a = 100$ V erhält man mit $K = 10^{-3}$ A/V$^{3/2}$ z. B. nur einen Strom von $I_a = 1$ A. Er kann nicht größer als der Sättigungsstrom werden, welcher wiederum nur von der Emissionsstromdichte (Kathodentemperatur) abhängt. Somit haben Elektronenröhren einen endlichen Innenwiderstand, der nicht gleich Null ist.

*Beispiel 3:* Berechne die Raumladungskennlinie eines zylindrischen Elektrodensystems für $l_a/r_a = 7$, wenn die Kathode einmal als Draht und einmal als Röhrchen ausgeführt ist.

*Lösung:* Bei der Drahtkathode ist $r_a \gg r_k$, so daß mit $\beta^2 = 1$ nach Gleichung (2.3) gilt:

$$I_a = 14{,}65 \cdot 10^{-6} \cdot 7 \cdot U_a{}^{3/2} =$$
$$= 102{,}55 \cdot 10^{-6}\, U_a{}^{3/2} \approx 0{,}1\, U_a{}^{3/2}\ \text{mA}$$

wenn die Anodenspannung in V eingesetzt wird.

Bei Röhrchenkathoden ist $r_a$ nicht sehr groß gegen $r_k$, so daß wir z. B. für das gleiche $l_a/r_a$ und $r_a/r_k = 3$ mit $\beta^2 = 0{,}51$ erhalten:

$$I_a = \frac{14{,}65 \cdot 7}{10^6 \cdot 0{,}51} U_a{}^{3/2} \approx 0{,}2\, U_a{}^{3/2}\ \text{mA}$$

Die beiden Raumladungskennlinien sind im Bild 2.4 dargestellt. Die Kennlinie der Röhrchenkathode ist also doppelt so steil wie die der Drahtkathode.

*Anlaufstromgebiet:* Hier fließt auch dann ein Anodenstrom, wenn die Spannung an der Anode Null ist, weil die aus der Kathode austretenden Elektronen u. U. eine so hohe kinetische Energie haben, daß sie auch gegen eine negative Anodenspannung anlaufen können und damit einen allerdings nur geringen Anodenstrom verursachen.

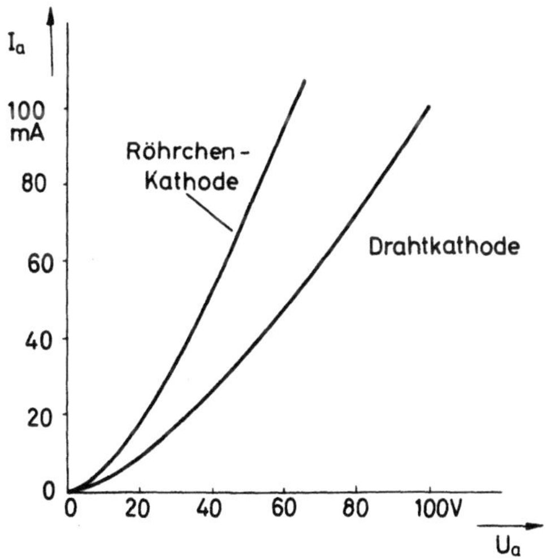


Bild 2.4
Berechnete Raumladungs-kennlinien

Die Raumladung bildet eine Gegenspannung $U_r$ (vgl. Bild 2.3), die von jenen Elektronen überwunden werden muß, welche die Anode erreichen. Das heißt die Austrittsspannung der Kathode $U_{0k}$ wird scheinbar um $U_r$ vergrößert. Berücksichtigen wir schließlich auch den Einfluß der Austrittsspannung des Anodenmaterials $U_{0a}$, so erhalten wir die im Bild 2.5 schematisch dargestellten inneren Potentiale zwischen Kathode und Anode, die den Emissionsstrom der Kathode bei kleinen Anodenspannungen entscheidend beeinflussen. Die Pfeile berücksichtigen die Kraftwirkungen auf die Elektronen und entsprechen den Zählpfeilen für negative Spannungen, da die Elektronen gegen die positive Spannung beschleunigt werden.

Wegen der bremsenden Wirkung der Kathodenaustrittsspannung und der Raumladung (innere Bremspotentiale) gelangen nur wenige der emittierten Elektronen zur Anode. Bei kleinen Anodenspannungen kehrt der größere Teil der Elektronen zur Kathode zurück (Rückstrom), da sie nicht die Energie besitzen alle Gegenspannungen zu überwinden. Die Gegenspannung der Raumladung hat ein *Potentialminimum* zwischen Kathode und Anode zur Folge, welches bei zunehmender Anodenspannung kleiner wird, zur Kathode hin wandert und für $U_a = U_{as}$ (Sättigung) vollkommen verschwindet. Liegt auch an der Anode eine negative Spannung, so wirkt auch diese bremsend auf die Elektronen und der Anodenstrom geht zurück (Bild 2.6).

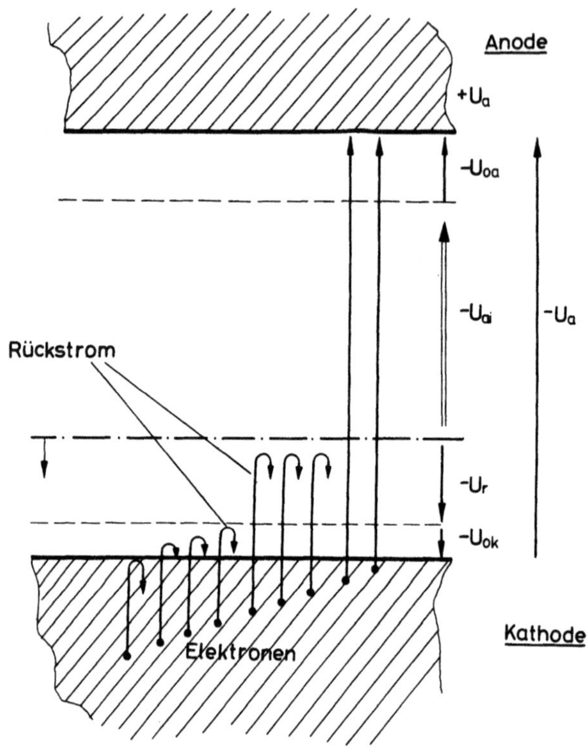


Bild 2.5 Wirkungen innerer Potentiale zwischen Kathode und Anode

Für die *innere Beschleunigungsspannung* $U_{ai}$ zwischen Kathode und Anode erhalten wir nach Bild 2.5:

$$-U_a = -U_{0a} - U_{ai} + U_r + U_{0k}$$

also

$$U_{ai} = U_a - U_{0a} + U_r + U_{0k}$$

oder

$$U_{ai} = U_a + U_r - (U_{0a} - U_{0k}) \tag{2.5}$$

wobei die Differenz der Austrittsspannungen des Anoden- und Kathodenmaterials als *Kontaktspannung* bezeichnet wird:

$$U_K = U_{0a} - U_{0k} \tag{2.6}$$

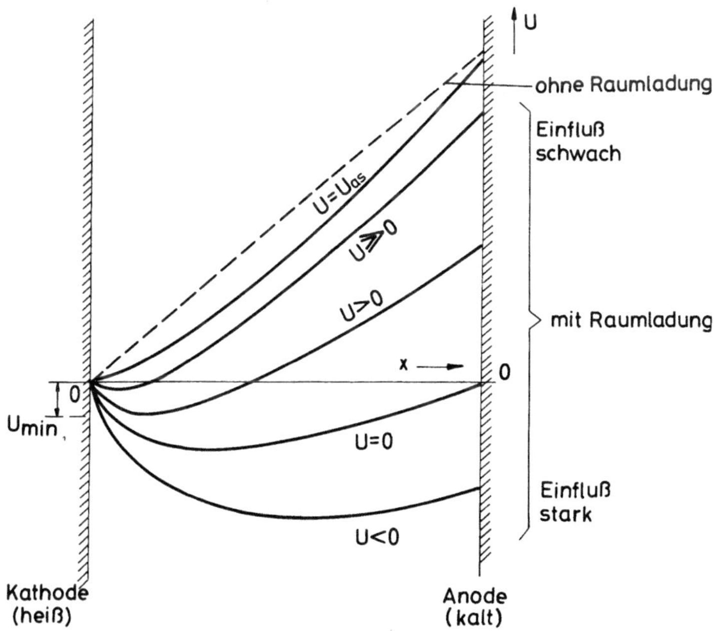


Bild 2.6 Potentialverlauf zwischen Kathode und Anode bei ebener Anordnung

Alle Elektronen, welche die innere Beschleunigungsspannung $U_{ai}$ durchlaufen haben, werden die Anode erreichen, d. h. $U_{ai}$ kann als wirksame Austrittsspannung im Anlaufstromgebiet gedeutet werden. Bei der Kathodentemperatur $T$, welcher eine Temperaturspannung $U_T = k\,T/e$ zugeordnet werden kann (vgl. S. 3), kann nach dem Maxwellschen Wahrscheinlichkeitsgesetz für den Anlaufstrom als Funktion des Emissionsstromes geschrieben werden:

$$I_a = I_e \, e^{-\frac{U_{ai}}{U_T}} \tag{2.7}$$

oder mit $I_e = I_{as}$ und $U_{ai}$ nach Gleichung (2.5):

$$I_a = I_{as} \, e^{-\frac{U_a + U_r - U_K}{U_T}} \tag{2.7 a}$$

Bei der Anodenspannung $U_a = 0$ fließt der Anlaufstrom $I_{a0}$ und für diesen kann nach Gleichung (2.7 a) gesetzt werden:

$$I_{a0} = I_{as}\, e^{-\frac{U_r - U_K}{U_T}} \tag{2.8}$$

Damit gilt für das *Anlaufstromgesetz* bei negativer Anodenspannung $-U_a$:

$$I_a = I_{a0}\, e^{U_a/U_T} \tag{2.9}$$

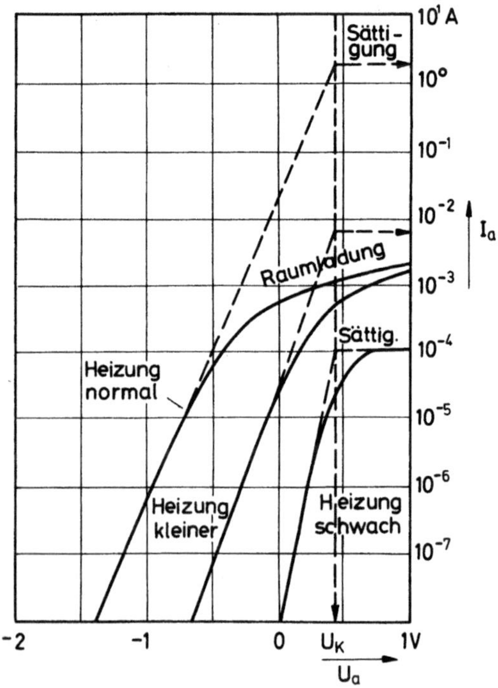


Bild 2.7
Anlaufstromkennlinien verschieden stark geheizter Oxydkathoden

wobei $U_a \leqq 0$ ist. Bild 2.7 zeigt den exponentiellen Verlauf des Anlaufstromes in halblogarithmischer Darstellung für konstante Kathodentemperatur als Parameter. Die Abweichung vom geradlinigen Verlauf ist auf die Wirkung der Raumladung zurückzuführen. Ändert man die Heizleistung, d. h. die Kathodentemperatur, so ändert sich auch $I_{a0}$ und $U_T$, wodurch die

Anlaufkennlinie verschoben und ihre Neigung beeinflußt wird. Der Anlaufstrom ist meist so klein, daß er vernachlässigt werden kann. Für Bariumoxyd ist z. B. $U_T = 0{,}1$ V und damit wird bei $U_a = -1$ V:

$$I_a = I_{a0}\,\mathrm{e}^{-10} = \frac{I_{a0}}{22\,000} \approx 0$$

also praktisch Null, weil $I_{a0}$ auch sehr klein ist und etwa $10^{-3}\,I_{as}$ beträgt. Es genügt somit eine Anodenspannung von $-1 \ldots -2$ V um den Anlaufstrom zum Verschwinden zu bringen. Bei höheren negativen Anodenspannungen fließt kein Elektronenstrom (Sperrbereich). Im Gegensatz zum pn-Übergang im Festkörper bleibt der Elektronenstrom der Vakuumröhre auch bei negativer Anodenspannung positiv und könnte z. B. zum Laden einer Batterie genutzt werden. Hier wird also die Wärmebewegung der Elektronen in der erhitzten Kathode unmittelbar in elektrische Energie umgewandelt.

Bei schwacher Heizung kann die Wirkung der Raumladung vernachlässigt werden und wir erhalten aus Gleichung (2.7 a) mit $U_r = 0$ in Übereinstimmung mit Bild 2.7

$$I_a = I_{as}\,\mathrm{e}^{\frac{U_a - U_K}{U_T}} \tag{2.10}$$

d. h. für $U_a = U_K$ fließt der volle Sättigungsstrom $I_{as}$ (Sättigungsdiode). Die obige Beziehung kann zur Bestimmung des Sättigungsstromes und der Emissionsstromdichte (Kathodentemperatur) herangezogen werden, wobei das Kontaktpotential $U_K$ aus dem Schnittpunkt der Anlauf- und Sättigungsgeraden bei schwacher Heizung bestimmt wird (vgl. Bild 2.7).

### 2.1.3. Diodenwiderstand

Die nichtlineare Anodenstromkennlinie hat einen mit der anliegenden Anodenspannung veränderlichen Diodeninnenwiderstand zur Folge (Bild 2.8).

Im Sperrbereich, d. h. bei negativen Anodenspannungen, die bis zu mehreren kV betragen können, ist der statische Diodenwiderstand $R_D = U_a/I_a$ sehr groß. Im Anlaufstromgebiet nimmt er rasch ab und wird bei $U_a = 0$ Null, weil der Anlaufstrom $I_{a0}$ ohne eine äußere Spannung fließt. Im Durchlaßbereich, d. h. bei kleinen positiven Anodenspannungen nimmt der Diodenwiderstand infolge der wirksamen Raumladung zunächst zu. Im linearen Kennlinienteil bleibt er etwa konstant und wächst im Sättigungsbereich, d. h. für sehr große positive Spannungen wieder stark an.

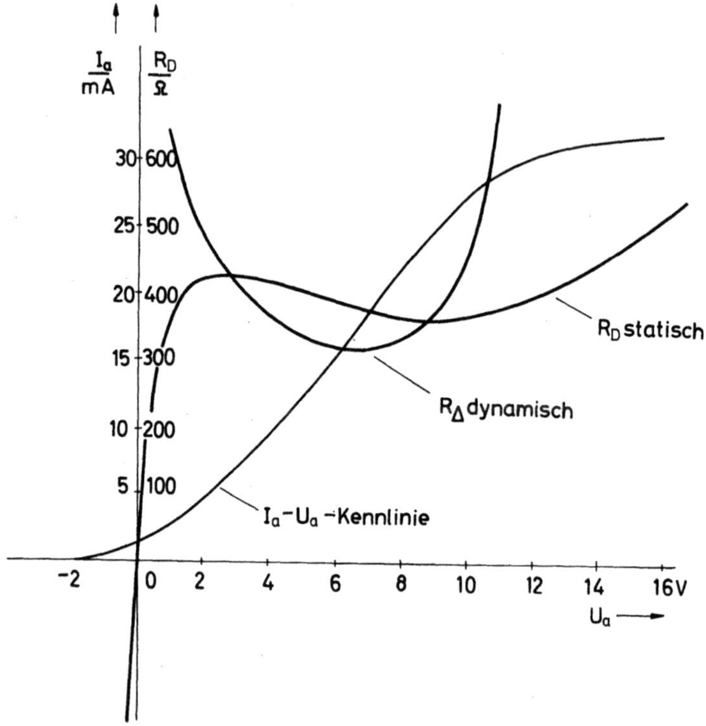


Bild 2.8 Diodenwiderstand in Abhängigkeit von der anliegenden Spannung

Der dynamische (differentielle) Diodenwiderstand $R_\Delta = \Delta U_a / \Delta I_a$ für $U_a =$ konst durchläuft ein ausgeprägtes Minimum, das im Wendepunkt der $I_a$-$U_a$ Kennlinie liegt (vgl. Bild 2.8).

In der Regel arbeitet man in der Nähe des Wendepunktes der Anodenstromkennlinie, weil hier der Diodenwiderstand etwa konstant und am kleinsten ist. In diesem Betriebsfall ist auch der Unterschied zwischen dem statischen und dynamischen Verhalten der Diode nicht so groß. Bei den meisten Dioden liegt dieser Wert im Bereich von etwa 200 ... 600 Ω.

Zur Erzielung eines möglichst großen Anodenstromes bei kleiner Anodenspannung, d. h. zur Gewinnung eines kleinen Diodenwiderstandes, muß der Einfluß der Raumladung herabgesetzt werden. Dies kann z. B. nach Gleichung (2.2) durch Vergrößern des Faktors $K$, d. h. durch Vergrößerung der Anodenoberfläche und Verringerung des Elektrodenabstandes erzielt werden (Gleichrichterdioden).

Wird die Diode mit einem Außenwiderstand $R_a$ belastet, so stellen sich die im Bild 2.9 dargestellten Spannungsverhältnisse ein. Die Arbeits- oder Betriebskennlinie ergibt sich aus der Kurzschlußkennlinie durch Scherung mit der Widerstandsgeraden entsprechend der Reihenschaltung von Diode

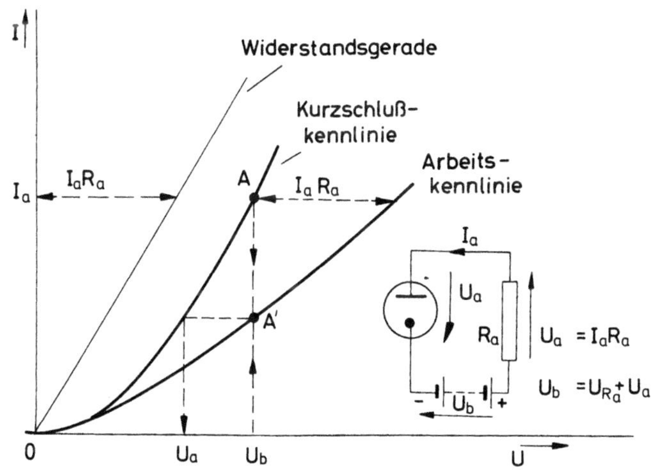


Bild 2.9 Arbeitskennlinie einer belasteten Diode (Zweipolröhre)

und Lastwiderstand. Bei einer gegebenen Betriebsspannung $U_b$ wandert der Arbeitspunkt A mit wachsendem $R_a$ (flache Widerstandsgerade) nach unten, wobei die Gesamtkennlinie verflacht und damit linearisiert wird. Man kann dann die resultierende Kennlinie mit guter Näherung als eine geknickte Gerade darstellen.

## 2.2. Elektronenröhre mit Steuergitter (Triode)

### 2.2.1. Steuerung des Elektronenstromes

Mit Hilfe einer zusätzlichen Elektrode (Gitter) kann die Dichte der Raumladung beeinflußt werden (Dichtesteuerung). Das *Steuergitter* wird als feindrahtiges Metallnetz oder als Metallwendel zwischen Kathode und Anode derart angeordnet, daß es die Elektronen auf ihrem Weg zur Anode passieren können (Bild 2.10). Zwischen den einzelnen Elektroden bestehen die im Bild 2.10 angedeuteten Kapazitäten (Kapazitätsdreieck).

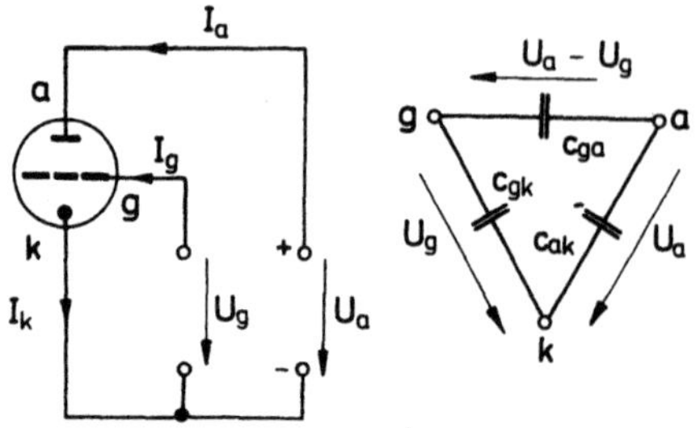


Bild 2.10
Ströme und Spannungen einer Triode

Bei der Diode ist die Kathodenladung gleich der Anodenladung:

$$Q_k = Q_a = c_{ak} U_a \tag{2.11}$$

und der Kathodenstrom gleich dem Anodenstrom $I_k = I_a$.

Bei der Triode verteilt sich die Kathodenladung auf Anode und Gitter:

$$Q_k = c_{gk} U_g + c_{ak} U_a \tag{2.12}$$

und der Kathodenstrom ist gleich der Summe aus Anoden- und Gitterstrom $I_k = I_a + I_g$. Schreibt man

$$Q_k = c_{gk} U_g + c_{gk} \frac{c_{ak}}{c_{gk}} U_a$$

und setzt $c_{ak}/c_{gk} = D$ (Durchgriff), so wird schließlich:

$$Q_k = c_{gk} (U_g + D U_a) = c_{gk} U_{st} \tag{2.13}$$

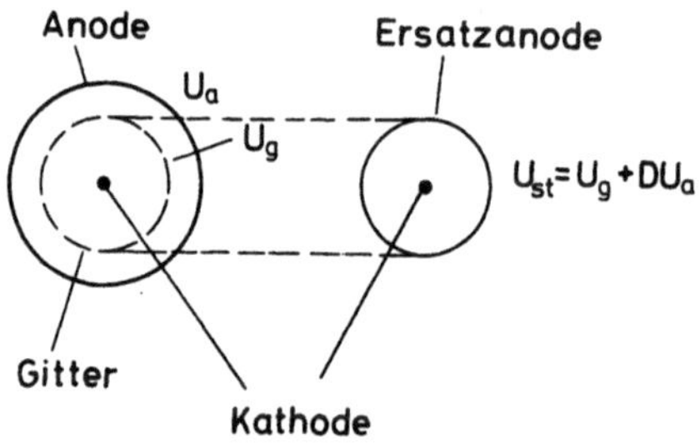


Bild 2.11
Rückführung einer Triode auf eine Ersatzdiode

Die Triode kann also formal durch eine Diode mit Ersatzanode an Stelle des Gitters dargestellt werden (Bild 2.11). Die Ersatzspannung $U_{st} = U_g + D U_a$ bezeichnet man als *Steuerspannung*. Der *Durchgriff D* besagt, wieviel mal schwächer die Anodenspannung $U_a$ den Kathodenstrom (Raumladung) beeinflußt als die Gitterspannung $U_g$, d. h. wie viele Feldlinien durch das Gitter auf die Kathode durchgreifen und den Elektronenstrom beeinflussen. Der Durchgriff ist stets kleiner als eins (≈ 5 %). Er nimmt mit der Maschenweite des Gitters zu und sinkt mit größerem Durchmesser des Gitterdrahtes. Bei einer Diode ist $D = 1$ oder 100 %.

### 2.2.2. Kennlinien einer Triode

Für den Zusammenhang des Kathodenstromes mit der Steuerspannung $I_k = f(U_{st})$ erhalten wir die bekannte Diodenkennlinie (Bild 2.12). Dabei ist $I_k = I_g + I_a$ und $U_{st} = U_g + D\,U_a$. In den meisten Fällen ist das Gitter negativ vorgespannt und damit $I_g \approx 0$, so daß $I_k \approx I_a$ gesetzt werden kann. Ersetzen wir der Einfachheit halber die Raumladungskennlinie durch eine geknickte Gerade, so erhalten wir eine für viele Zwecke ausreichende Näherung.

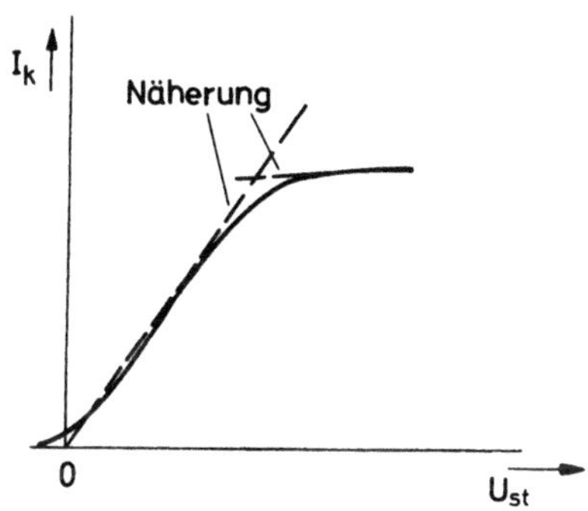


Bild 2.12
Kathodenstromkennlinie der Ersatzdiode

Entsprechend der Beziehung $U_{st} = U_g + D\,U_a$, kann die Kennlinie $I_a = f(U_{st})$ durch zwei Kennlinienscharen $I_a = f(U_g)$ für $U_a =$ konst und $I_a = f(U_a)$ für $U_g =$ konst dargestellt werden. Für $U_a = 0$ bzw. $U_g = 0$ erhalten wir die im Bild 2.13 dargestellten Näherungsgeraden durch den Nullpunkt (stark ausgezogen).

Für den Einfluß einer Anodenspannungs- bzw. Gitterspannungsänderung auf die Kennlinie bei konstantem Anodenstrom ergibt sich:

$$I_a = K(U_g + D\,U_a) = K(U_g + \Delta U_g + D\,U_a + D\Delta U_a)$$

d. h. für $\Delta U_g + D\Delta U_a = 0$ bleibt $I_a =$ konst. Daraus folgt:

$$\Delta U_g = -D\Delta U_a \quad \text{und} \quad \Delta U_a = -\frac{\Delta U_g}{D} \qquad (2.14)$$

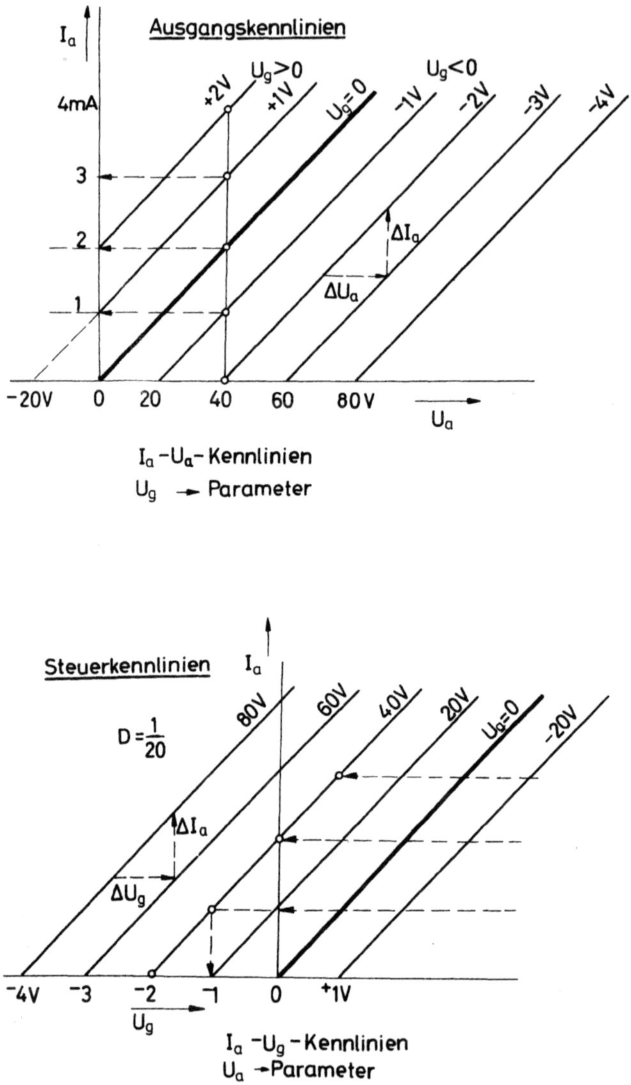


Bild 2.13 Idealisierte Kennlinien einer Triode im Raumladungsgebiet

Damit erhalten wir die folgenden Konstruktionsvorschriften:

die $I_a$-$U_g$-Kennlinien verschieben sich gegenüber jener für $U_a = 0$ parallel um den Betrag $-\Delta U_g = D\Delta U_a$

und

die $I_a$-$U_a$-Kennlinien verschieben sich gegenüber jener für $U_g = 0$ parallel um den Betrag $-\Delta U_a = \Delta U_g/D$.

Wählen wir $D = 1/20$, so erhalten wir die im Bild 2.13 dargestellten Kennlinienscharen.

So wird z. B. die $I_a$-$U_g$-Kennlinie für $\Delta U_a = 20$ V durch Verschieben um $\Delta U_g = -20$ V/20 $= -1$ V, diejenige für $\Delta U_a = 40$ V durch Verschieben um $\Delta U_g = -40$ V/20 $= -2$ V gegenüber jener für $U_a = 0$ gewonnen usw. Ähnlich gilt für das $I_a$-$U_a$-Kennlinienfeld: $\Delta U_g = -1$ V ergibt $\Delta U_a =$ 1 V $\cdot$ 20 $=$ 20 V und $\Delta U_g = -2$ V liefert $\Delta U_a = 2$ V $\cdot$ 20 $=$ 40 V usw. oder für $\Delta U_g = 1$ V ist $\Delta U_a = -1$ V $\cdot$ 20 $= -20$ V.

Andererseits kann man, wenn das eine Kennlinienfeld vorliegt, das fehlende aus dem vorhandenen konstruieren, wie das z. B. im Bild 2.13 für die $I_a$-$U_g$-Kennlinie bei $U_a = 40$ V gezeigt ist.

### 2.2.3. Innere Röhrengleichung

Die Elektronenröhre ist durch die folgenden dynamischen (differentiellen) Kennwerte charakterisiert: Steilheit $S$, Innenwiderstand $R_i$ und Durchgriff $D$. Die *Steilheit* ist definiert als Anodenstromänderung zu der sie verursachenden Gitterspannungsänderung bei konstanter Anodenspannung:

$$S = \left(\frac{\Delta I_a}{\Delta U_g}\right) U_a = \text{konst} \tag{2.15}$$

Die Steilheit ist eine Leitwertgröße und stellt die Neigung der $I_a$-$U_g$-Kennlinie dar. Sie hängt von der Gitterkonstruktion ab und berechnet sich im Raumladungsgebiet näherungsweise zu:

$$S = \frac{\partial I_a}{\partial U_g} = \frac{\partial\,(K U_{st}^{3/2})}{\partial U_g} = \frac{\partial[K(U_g + D U_a)^{3/2}]}{\partial U_g} = \frac{3}{2} K U_{st}^{1/2}$$

oder

$$S = \frac{3}{2} K \sqrt{U_g + D U_a} \tag{2.15 a}$$

Die Steilheit ist im allgemeinen keine Konstante und hängt vom Arbeitspunkt auf der Kennlinie bzw. von der Steuerspannung ab (Bild 2.14).

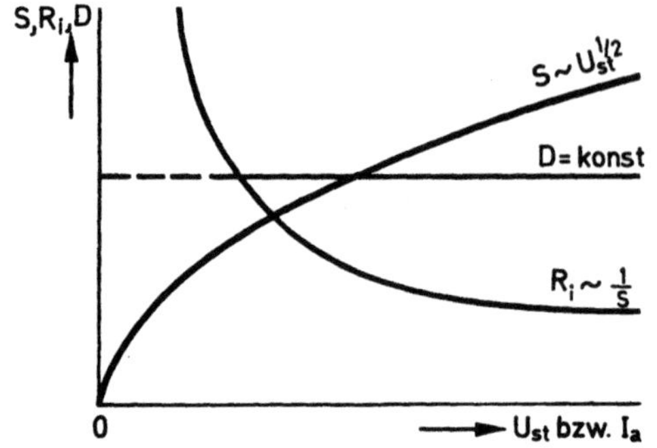


Bild 2.14
Röhrenkennwerte in Abhängigkeit von der Steuerspannung bzw. vom Anodenstrom im Raumladungsgebiet

Der *Innenwiderstand* ist definiert als Anodenspannungsänderung zur zugehörigen Anodenstromänderung bei konstanter Gitterspannung:

$$R_i = \left(\frac{\Delta U_a}{\Delta I_a}\right)_{U_g = \text{konst}} \tag{2.16}$$

Er stellt die Neigung der $I_a$-$U_a$-Kennlinie dar und hängt im allgemeinen vom Arbeitspunkt ab (vgl. Bild 2.14).

Der *Durchgriff* berechnet sich aus der Beziehung $\Delta U_g + D\Delta U_a = 0$ zu:

$$D = \left(-\frac{\Delta U_g}{\Delta U_a}\right)_{I_a = \text{konst}} \tag{2.17}$$

Das Minuszeichen erklärt sich aus der Tatsache, daß die Gitter- und Anodenspannungsänderung einander entgegengesetzt sind. Im allgemeinen betrachtet man nur die absoluten Beträge und schreibt einfach:

$$D = \left(\frac{\Delta U_g}{\Delta U_a}\right)_{I_a = \text{konst}} \tag{2.17 a}$$

Der Durchgriff hängt von den geometrischen Verhältnissen des Röhrensystems ab ($D = c_{ak}/c_{gk}$). Er ist weitgehend unabhängig vom Arbeitspunkt (vgl. Bild 2.14) und stellt den Kennlinienabstand im $I_a$-$U_a$-Kennlinienfeld dar.

Für $-U_g = D\,U_a$ wird $I_a = 0$, d. h. die Röhre gesperrt, so daß man die Größe $D\,U_a$ als *Sperrspannung* bezeichnet (Bild 2.15).

Den Kehrwert des Durchgriffs bezeichnet man als *Verstärkungsfaktor* $\mu$:

$$\mu = \frac{1}{D} = \left(\frac{\Delta U_a}{\Delta U_g}\right)_{I_a = \text{konst}} \tag{2.18}$$

Er wächst mit dem Kennlinienabstand $\Delta U_a$ bzw. mit der Verschiebungsspannung $\Delta U_g/D$, d. h. $D$ soll möglichst klein sein. Dies erfordert aber eine relativ große Anodenspannung $U_a$ um in das Gebiet großen Anodenstromes zu kommen (Bild 2.15).

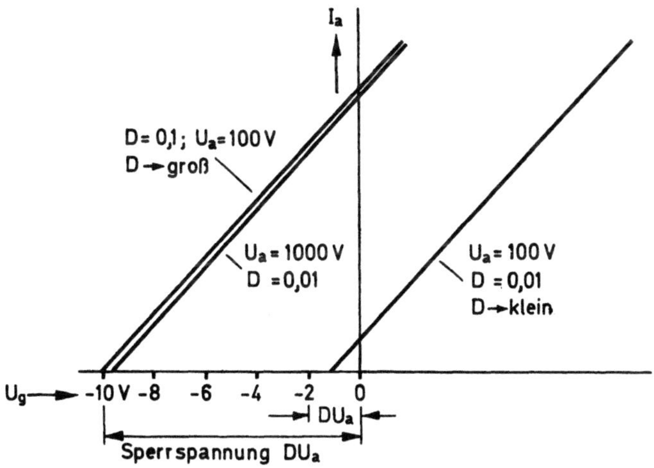


Bild 2.15 Einfluß des Durchgriffes und der Anodenspannung auf den Anodenstrom

Die drei Kennwerte einer Röhre $D$, $R_i$, und $S$ sind nicht unabhängig voneinander:

$$D R_i S = \frac{\Delta U_g}{\Delta U_a} \frac{\Delta U_a}{\Delta I_a} \frac{\Delta I_a}{\Delta U_g} = 1$$

also

$$D R_i S = 1 \tag{2.19}$$

Diesen Zusammenhang bezeichnet man nach *Barkhausen* als *innere Röhrengleichung*. Ihr kann entnommen werden, daß zur Kennzeichnung einer Röhre die Angabe von zwei Kennwerten ausreichend ist. Da $D$ praktisch konstant ist, gilt für $R_i \sim 1/S$ und wir erhalten den im Bild 2.14 dargestellten Verlauf des Innenwiderstandes im Raumladungsgebiet in Abhängigkeit von der Steuerspannung. Im Sättigungsgebiet ist $S \approx 0$ und $R_i \to \infty$, weil sich der Anodenstrom praktisch nicht mehr ändert. Bei Dioden ist einfach $S R_i = 1$, weil $D = 1$ ist. Die dynamischen Kennwerte beschreiben das Verhalten der

Röhre in Stromkreisen mit Gleich- und kleinen Wechselkomponenten. Sie können sowohl aus dem $I_a$-$U_g$- als auch aus dem $I_a$-$U_a$-Kennlinienfeld grafisch ermittelt werden.

*Beispiel:* Welche Steilheit besitzen die idealisierten Kennlinien im Bild 2.13?

*Lösung:* Aus $D\,S\,R_i = 1$ erhalten wir mit $D = 1/20$ und $R_i = 20$ V/1 mA = 20 kΩ für $S$:

$$S = \frac{1}{D\,R_i} = \frac{20}{20\ \mathrm{k\Omega}} = 1\ \frac{\mathrm{mA}}{\mathrm{V}}$$

was einfach im $I_a$-$U_g$-Kennlinienfeld nachgeprüft werden kann.

### 2.2.4. Grundschaltungen mit Röhren

Ähnlich wie der Transistor kann auch die Elektronenröhre in drei Grundschaltungen verwendet werden, die ein unterschiedliches Verhalten aufweisen (Bild 2.16).

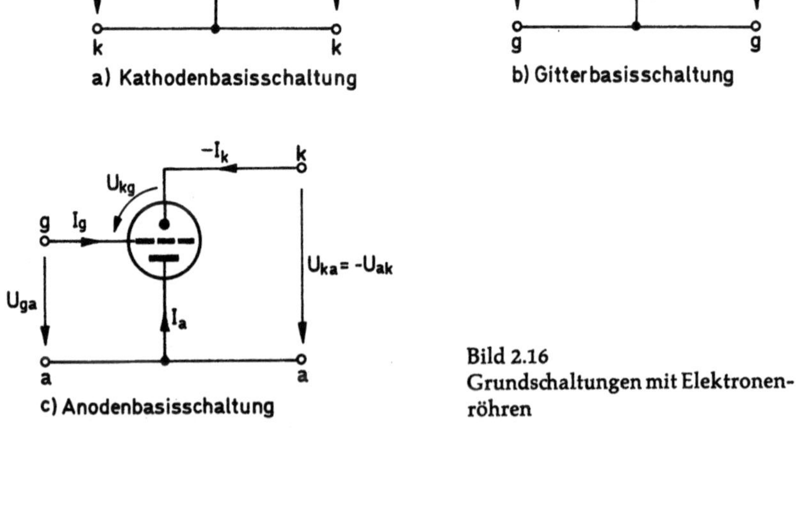


Bild 2.16
Grundschaltungen mit Elektronenröhren

Für die äußeren Ströme und Spannungen einer Elektronenröhre gilt nach den Kirchhoffschen Sätzen entsprechend Bild 2.16:

$$I_a + I_g - I_k = 0$$

und (2.20)

$$U_{ag} + U_{gk} - U_{ak} = 0$$

Mit Hilfe dieser beiden Gleichungen kann das schaltungsmäßige Verhalten der Röhre einfach beschrieben werden.

Die *Kathodenbasisschaltung* entspricht der Emitterschaltung eines Transistors. Die Stromverstärkung $I_a/I_g$ ist stets sehr groß, weil wegen der negativen Gittervorspannung $I_g \approx 0$ ist. Dies hat einen hohen Eingangswiderstand zur Folge, so daß praktisch keine Steuerleistung erforderlich ist (Spannungssteuerung).

Unter idealen Bedingungen (lineare Kennlinie und $I_g = 0$) gilt für den Anodenstrom:

$$I_a = S\,U_{st} = S\,(U_{gk} + D\,U_{ak}) \tag{2.21}$$

wobei $S$ die, unter diesen Umständen im Kennlinienfeld konstante, Röhrensteilheit bedeutet (vgl. Bild 2.13).

Für die Spannungsverstärkung bei Leerlauf ($I_a = 0$) erhalten wir also:

$$-\frac{U_{ak}}{U_{gk}} = \frac{1}{D} = \mu \tag{2.22}$$

Die Spannungsverstärkung ist bei kleinem Durchgriff sehr groß.

Die *Gitterbasisschaltung* entspricht der Basisschaltung des Transistors. Die Stromverstärkung $I_a/-I_k$ ist hier etwa gleich, jedoch stets kleiner als eins ($\leqq 1$), weil $I_g \geqq 0$ ist. Der Eingangswiderstand ist wegen der Belastung durch den Kathodenstrom $I_k \approx I_a$ klein und es ist eine Steuerleistung erforderlich (Leistungssteuerung).

Für die Spannungsverstärkung gilt nach Bild 2.16 b:

$$\frac{U_{ag}}{U_{kg}} = \frac{U_{ak} + U_{kg}}{U_{kg}} = -\frac{U_{ak}}{U_{gk}} + 1$$

und bei Berücksichtigung der Gleichung (2.22) ist schließlich:

$$\frac{U_{ag}}{U_{kg}} = \mu + 1 \approx \mu \tag{2.23}$$

Ein- und Ausgangsspannung sind in Phase und die Spannungsverstärkung ist groß.

Der Ausgangswiderstand ist sehr groß, weil, bei etwa gleichem Strom wie am Eingang ($I_a \approx I_k$), am Ausgang eine viel größere Spannung wirksam ist ($U_{ag} \gg U_{kg}$). Die Gitterbasisschaltung kann daher zur Aufwärtstransformation von Widerständen verwendet werden, wobei der relativ niedrige Eingangswiderstand in den viel höheren Ausgangswiderstand umgesetzt wird (Impedanzwandlung).

Das geerdete Gitter ermöglicht dabei eine gute Entkopplung von Eingangs- und Ausgangskreis.

Die *Anodenbasisschaltung* entspricht der Kollektorschaltung des Transistors. Die Stromverstärkung $-I_k/I_g$ ist hier wegen $I_g \approx 0$ sehr groß. Der Eingangswiderstand ist ebenfalls sehr hoch und damit auch keine Steuerleistung erforderlich (Spannungssteuerung).

Die Spannungsverstärkung ergibt sich nach Bild 2.16 c zu:

$$\frac{U_{ka}}{U_{ga}} = \frac{U_{ka}}{U_{ka} - U_{kg}}$$

Dividieren wir Zähler und Nenner durch $-U_{kg}$ und berücksichtigen wir Gleichung (2.22), so kann auch geschrieben werden:

$$\frac{U_{ka}}{U_{ga}} = \frac{\mu}{\mu + 1} \leqq 1 \qquad (2.24)$$

Die Spannungsverstärkung der Anodenbasisschaltung ist also stets kleiner als eins, und die beiden Spannungen sind in Phase.

Der Ausgangswiderstand ist relativ klein, weil bei etwa gleichen Spannungen am Eingang und Ausgang ($U_{ga} \approx U_{ka}$) der Ausgangsstrom wesentlich größer ist als der Eingangsstrom ($I_a \gg I_g$).

Die Anodenbasisschaltung eignet sich daher zur Abwärtstransformation von Widerständen (Ausgangswiderstand kleiner als Eingangswiderstand).

Die *Kaskodeschaltung* stellt eine Kombination der Kathodenbasis- und Gitterbasisschaltung dar. Beide Röhren liegen hintereinander in Kette, wobei der Eingang am Gitter der Kathodenbasisschaltung liegt. Die Verstärkung solcher Schaltungen ist sehr hoch und beträgt im Leerlauf als Produkt der Einzelverstärkungen: $\mu(\mu + 1) \approx \mu^2$. Bei Belastung ist die Verstärkung zwar wesentlich geringer als im Leerlauf aber noch immer relativ hoch. Man verwendet in solchen Schaltungen zweckmäßig Trioden mit hohem Verstärkungsfaktor (z. B. $\mu = 60$).

### 2.2.5. Belastete Steuergitterröhre

Die Schaltung einer am Ausgang mit dem Außenwiderstand $R_a$ belasteten und am Eingang mit der Wechselspannung $u_g$ gesteuerten Triode zeigt Bild 2.17. Die Gitterwechselspannung $u_g$ wirkt der Gittervorspannung $U_v$

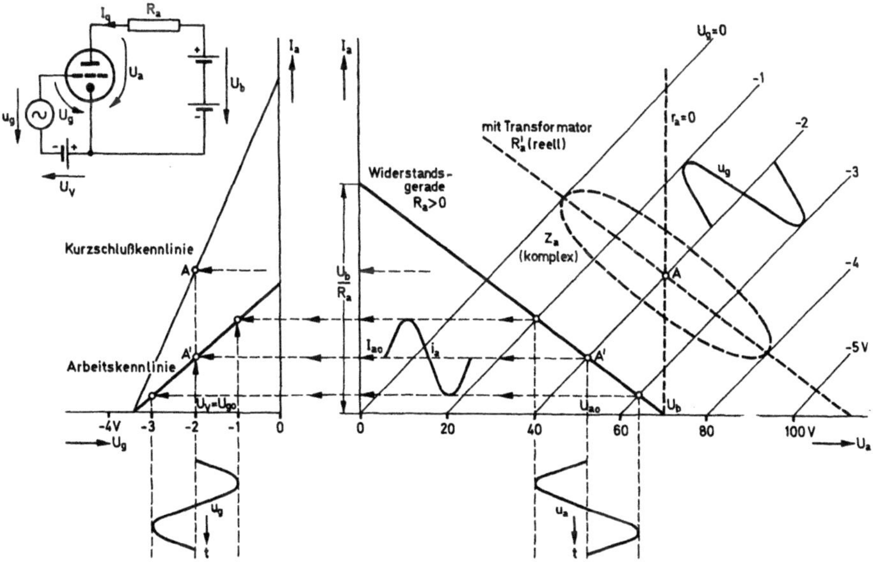


Bild 2.17 Arbeitsweise einer belasteten Steuergitterröhre (Triode)

entgegen und steuert damit den Anodengleichstrom, der ganz allgemein eine Funktion der zwischen Gitter und Kathode wirkenden Gitterspannung $U_g$ und der Anodenspannung $U_a$ ist:

$$I_a = f\,(U_g, U_a) = f\,[U_g, (U_b - R_a\, I_a)]$$

Das wechselstrommäßige Verhalten der Röhre ist damit durch die lineare partielle Differentialgleichung bestimmt:

$$\mathrm{d}I_a = \frac{\partial I_a}{\partial U_g}\,\mathrm{d}U_g + \frac{\partial I_a}{\partial U_a}\,\mathrm{d}U_a \tag{2.25}$$

wobei

$$\mathrm{d}U_a = -\,R_a \cdot \mathrm{d}I_a$$

ist. Nun sind die partiellen Ableitungen die bereits definierten Kenngrößen $S$ bzw. $1/R_i = G_i$:

$$\frac{\partial I_a}{\partial U_g} = S \text{ und } \frac{\partial I_a}{\partial U_a} = G_i \tag{2.26}$$

so daß auch geschrieben werden kann:

$$\frac{dI_a}{dU_g} = S + G_i \frac{dU_a}{dU_g} \tag{2.26 a}$$

Bezeichnen wir $dI_a/dU_g = S'$ als *Arbeitssteilheit* und berücksichtigen wir, daß $dU_a = -R_a dI_a$ ist, wobei sich das negative Vorzeichen aus der Gegenphasigkeit der Anodenstrom- und Anodenspannungsänderung erklärt, so gilt:

$$S' = S - G_i R_a S'$$

und daraus

$$S' = \frac{S}{1 + G_i R_a} = \frac{1}{D} \frac{1}{R_i + R_a} \tag{2.27}$$

weil $S R_i = 1/D$ ist.

Die *Arbeitssteilheit* $S'$ ist also stets kleiner als die *Kurzschlußsteilheit* $S$ ($S'$ bezeichnet man auch als dynamische Steilheit im Gegensatz zur statischen Steilheit $S$), d. h. die $I_a$-$U_g$-Kennlinie wird durch den Belastungswiderstand verflacht (Bild 2.17).

Da der Außenwiderstand $R_a$ in Reihe mit dem Innenwiderstand $R_i = 1/G_i$ liegt, kann für den gesamten Leitwert $G_i$ geschrieben werden:

$$G_i' = \frac{1}{\frac{1}{G_i} + R_a} = \frac{G_i}{1 + G_i R_a} \tag{2.28}$$

Aus $S = 1/D R_i = \mu G_i$ bzw. $S' = \mu' G_i'$ erhalten wir dann für die belastete Röhre:

$$\mu' = \frac{1}{D'} = \frac{S'}{G_i'} = \frac{S}{G_i} = \mu = \frac{1}{D} \tag{2.29}$$

d. h. durch die Belastung wird der Druchgriff nicht geändert und der Kennlinienabstand bleibt erhalten.

Die belastete Röhre kann durch eine kurzgeschlossene Röhre mit den Daten $S'$, $G_i'$ und $\mu'$ ersetzt werden, deren Kennlinien entsprechend flacher verlaufen, weil $S' < S$ und $G_i' < G_i$ ist, deren gegenseitiger Abstand jedoch gleich bleibt, da $\mu' = \mu$ ist.

Die *Spannungsverstärkung* $-\,dU_a/dU_g$ der belasteten Röhre erhalten wir aus Gleichung (2.26 a) mit $S/G_i = 1/D$ zu:

$$v = -\frac{dU_a}{dU_g} = \frac{S - S'}{G_i} = \frac{S + S\,G_i R_a - S}{G_i(1 + G_i R_a)}$$

und daraus

$$v = S\frac{R_a}{1 + G_i R_a} = S\frac{R_i R_a}{R_i + R_a} = \frac{1}{D}\,\frac{R_a}{R_i + R_a} = \frac{1}{D}\,\frac{1}{1 + R_i/R_a} \qquad (2.30)$$

Die Spannungsverstärkung erreicht für $R_a \to \infty$ (Leerlauf) den theoretischen Höchstwert (Bild 2.18):

$$v_0 = \frac{1}{D} = \mu \qquad (2.30\,a)$$

Der Verstärkungsfaktor $\mu$ stellt also die *Leerlaufspannungsverstärkung* der Röhre in Kathodenbasisschaltung dar.

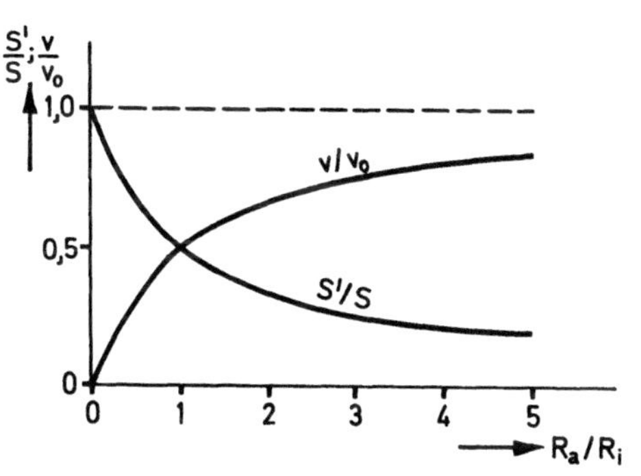


Bild 2.18
Einfluß der Belastung auf die Spannungsverstärkung und Steilheit der Röhre

Allgemeiner kann also geschrieben werden:

$$v = v_0\frac{R_a}{R_i + R_a} = v_0\frac{1}{1 + R_i/R_a} \qquad (2.31)$$

wobei $v_0$ die Leerlaufspannungsverstärkung der jeweiligen Grundschaltung und $R_i$ den wirksamen Innenwiderstand bedeuten.

Sind die Änderungen $dU_g$, $dI_a$ und $dU_a$ sinusförmig, so kann man mit den entsprechenden Wechselgrößen $u_g$, $i_a$ und $u_a$ rechnen und man erhält z. B. für Gleichung (2.25):

$$i_a = S\,u_g + G_i\,u_a = S\,(u_g + D\,u_a) = S\,u_{st} \tag{2.32}$$

oder mit

$$S' = \frac{dI_a}{dU_a} = \frac{i_a}{u_g} \quad \text{gilt auch nach Gleichung (2.27):}$$

$$i_a = \frac{S\,u_g}{1 + G_i R_a} = S\,u_g\,\frac{G_a}{G_i + G_a} = \frac{u_g}{D}\,\frac{1}{R_i + R_a} = -\,\frac{u_a}{R_a} \tag{2.32 a}$$

sowie

$$i_g = 0$$

weil die Röhre negativ vorgespannt ist.

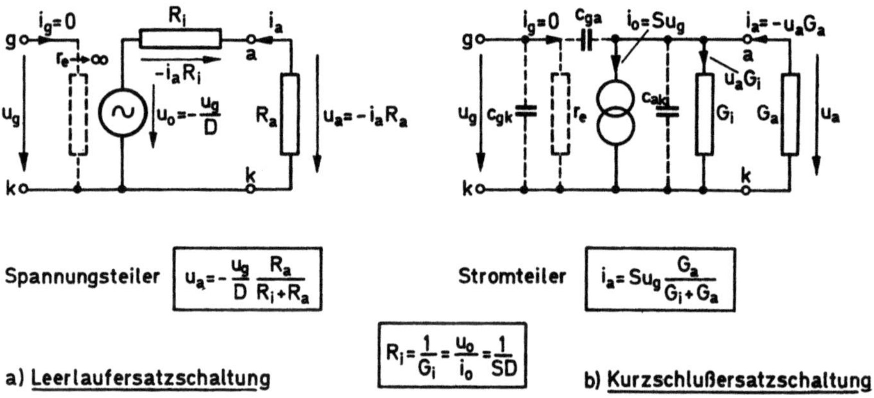


Bild 2.19 Ersatzschaltungen für die belastete Röhre in Kathodenbasisschaltung bei Vernachlässigung der Röhrenkapazitäten

Den obigen Gleichungen entsprechen die im Bild 2.19 dargestellten formalen Ersatzschaltungen. Sowohl den Aussteuerungsverhältnissen im Bild 2.17 als auch den Ersatzschaltungen im Bild 2.19 kann die Gegenphasigkeit zwischen Anodenwechselstrom und Anodenwechselspannung sowie zwischen Gitterwechselspannung und Anodenwechselspannung entnommen werden, während Gitterwechselspannung und Anodenwechselstrom in Phase sind. Die *Gegenphasigkeit* zwischen $i_a$ und $u_a$ ist einleuchtend, wenn man bedenkt, daß bei steigendem Anodenstrom der Spannungsabfall am Außenwiderstand zunimmt und die Anodenspannung bei konstanter Betriebsspannung abnehmen muß.

Die *Anodenrückwirkung* $D u_a$ ist in Gegenphase zur Gitterwechselspannung $u_g$, so daß die Steuerwechselspannung $u_{st}$ stets kleiner als die Gitterwechselspannung $u_g$ ist.

Die ausgesteuerte Röhre wirkt am Ausgang wie ein Wechselstromgenerator. Für die an den Außenwiderstand gelieferte *Wechselstromleistung* erhalten wir mit den Amplituden der Wechselgrößen $\hat{\imath}_a$, $\hat{u}_a$ und $\hat{u}_g$:

$$\widetilde{P}_a = \frac{1}{2}\,\hat{\imath}_a\,\hat{u}_a = \frac{1}{2}\,\hat{\imath}_a^2 R_a = \frac{\hat{u}_g^2}{2D^2}\,\frac{R_a}{(R_i + R_a)^2} \tag{2.33}$$

Mit der zugeführten Gleichstromleistung $\overline{P}_a = I_a U_a$ kann für den *Umformungswirkungsgrad* geschrieben werden $\eta = \widetilde{P}_a / \overline{P}_a$.

Die Verluste im Außenwiderstand ($I_a^2 R_a$) können vermieden werden, wenn der Belastungswiderstand in den Sekundärkreis eines Übertragers gelegt wird, dessen Primärwicklung im Anodenkreis liegt. Ist der Gleichspannungsabfall in der Primärwicklung vernachlässigbar ($r_a \approx 0$), so ist $U_a \approx U_b$ und der Arbeitspunkt liegt jetzt als Schnittpunkt der Vertikalen in $U_b$ mit der Kennlinie für $U_g =$ konst günstiger, weil der symmetrische Aussteuerungsbereich wesentlich vergrößert werden kann (vgl. Bild 2.17).

Für den Anodenwechselstrom wird der Widerstand $R_a$ durch den Transformator auf den dynamischen (wechselstrommäßigen) Widerstandswert

$$R_a' = \left(\frac{n_1}{n_2}\right)^2 R_a \tag{2.34}$$

übersetzt, wobei $n_1$ die Windungszahl der Primärwicklung und $n_2$ die der Sekundärwicklung bedeuten. Für $n_1 = n_2$ ist also $R_a' = R_a$. Die Widerstandsgerade $R_a'$ geht z. B. durch den Punkt A und ist im Bild 2.17 gestrichelt eingetragen. Die Spitzenspannung an der Anode wird hierdurch um die Amplitude $\hat{u}_a$ größer als die Betriebsspannung $U_b$, da die Anodengleichspannung und die Anodenwechselspannung bezogen auf die Kathode (Masse) in Reihe liegen (vgl. auch Bild 3.19).

Im *Übersetzungsverhältnis* $n_1/n_2$ hat man ein einfaches Mittel, einen gegebenen Lastwiderstand an den günstigsten Arbeitswiderstand der Röhre anzupassen (Anpassungsübertrager).

*Beispiel 1:* *Kathodenbasisschaltung.* Die Doppeltriode ECC 83 hat als NF-Verstärker für einen bestimmten Arbeitspunkt je System die folgenden Daten: $S = 1{,}6\,\text{mA/V}$ und $R_i = 62{,}5\,\text{k}\Omega$. Welche Spannungsverstärkung erhält man für $R_a = 100\,\text{k}\Omega$ und wie hoch ist die theoretisch maximale Verstärkung?

*Lösung:* Nach Gleichung (2.30) erhalten wir für die Spannungsverstärkung der belasteten Röhre:

$$v = 1{,}6\,\frac{62{,}5 \cdot 100}{62{,}5 + 100} \approx 60$$

Die theoretisch maximale Verstärkung erhält man bei leerlaufender Röhre und damit nach Gleichung (2.30 a) zu: $v_0 = S\,R_i = 100$.

*Beispiel 2:* *Anodenbasisschaltung.* Ermittle die Spannungsverstärkung und den Ausgangswiderstand (Innenwiderstand am Ausgang) einer belasteten Anodenbasisschaltung (Kathodenverstärker) mit der Triode ECC 83.

*Lösung:* Nach Bild 2.20 a gilt mit $u_{ka} = R_a\,i_a$, $u_{gk} = u_{ga} - u_{ka}$ und $i_a = \mu u_{gk}/(R_i + R_a)$:

$$u_{ka} = \frac{\mu R_a}{R_i + R_a}(u_{ga} - u_{ka})$$

oder nach $u_{ka}$ aufgelöst erhalten wir:

$$u_{ka} = \frac{\mu R_a}{R_i + (\mu + 1)\,R_a}\,u_{ga}$$

Damit gilt für die Spannungsverstärkung (Ausgangsspannung zu Eingangsspannung), wenn $\mu = 1/D$ gesetzt wird:

$$v = \frac{u_{ka}}{u_{ga}} = \frac{\mu R_a}{R_i + (\mu + 1)\,R_a} = \frac{R_a}{D\,(R_a + R_i) + R_a} \tag{2.35}$$

Eingangs- und Ausgangsspannung sind hier in Phase.

Bei Leerlauf ($R_a \to \infty$) ist wie bereits ermittelt (vgl. S. 98): $v_0' = \mu/(\mu + 1) \leqq 1$.

Mit den Zahlenwerten aus Beispiel 1 erhalten wir:

$$v = \frac{100 \cdot 100}{62{,}5 + (100 + 1)\,100} = 0{,}985$$

d. h. es ist $u_{ga} \approx u_{ka}$, weil $R_a > R_i$ und $\mu \gg 1$ ist.

Schreiben wir für die Verstärkung

$$v = \frac{\mu}{\mu+1} \frac{R_a}{\dfrac{R_i}{\mu+1} + R_a} = v'_0 \frac{R_a}{\dfrac{R_i}{\mu+1} + R_a}$$

so ist offensichtlich nach Gleichung (2.31) der Innenwiderstand (Ausgangswiderstand) der Anodenbasisstufe:

$$R_i' = \frac{R_i}{\mu+1} \tag{2.36}$$

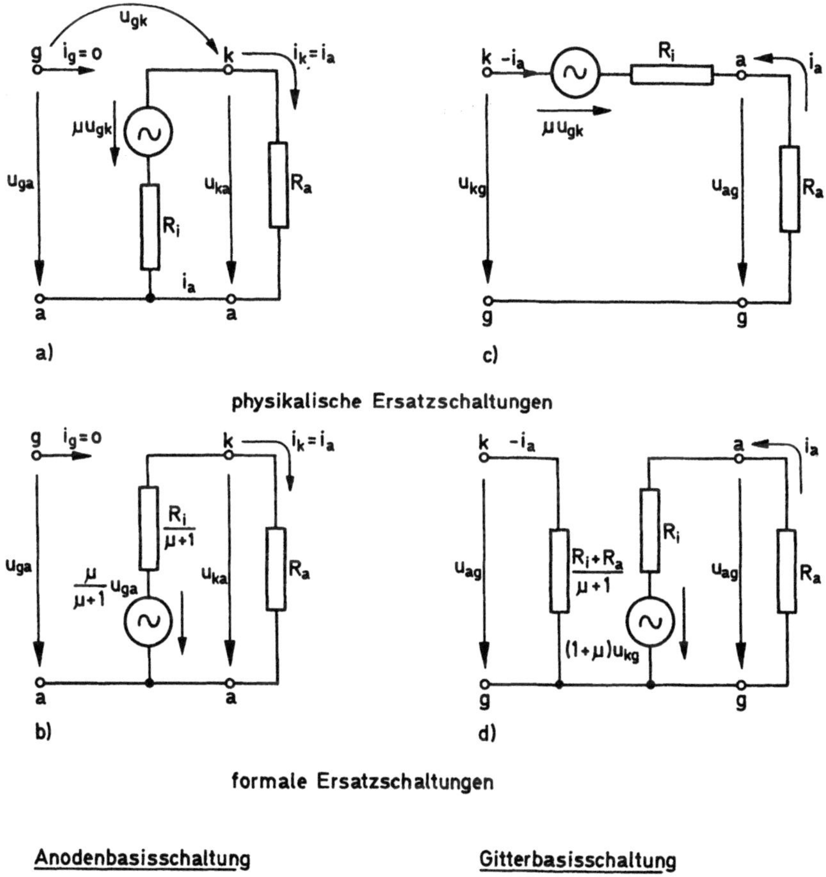


Bild 2.20 Ersatzschaltungen für den Anodenbasis- und den Gitterbasisverstärker

oder der Innenleitwert (Ausgangsleitwert)

$$G_i' = \frac{1}{R_i'} = \frac{\mu + 1}{R_i} = \frac{1}{D R_i} + \frac{1}{R_i} = S + G_i \qquad (2.36\,a)$$

Mit den Zahlenwerten $S = 1{,}6$ mA/V und $R_i = 62{,}5$ kΩ ist

$$G_i' = 1{,}6 \text{ mS} + \frac{1}{62{,}5 \text{ k}\Omega} = (1{,}6 + 0{,}016) \text{ mS} = 1{,}616 \text{ mS}$$

und

$$R_i' = \frac{1}{1{,}616 \text{ mS}} = 620\ \Omega$$

Der Ausgang einer Anodenbasisstufe wird also zusätzlich durch die Steilheit $S$ belastet. Ist die Steilheit groß, so ist der Ausgangswiderstand klein $R_i' \approx 1/S$.

Da der Eingang zwischen Gitter und Anode sehr hochohmig ist ($i_g \approx 0$), kann die Anodenbasisschaltung als Impedanzwandler zur Herabtransformierung hoher Eingangswiderstände verwendet werden.

Durch die hohe Stromverstärkung erklärt sich auch die beträchtliche Leistungsverstärkung der Anodenbasisschaltung, obwohl sie keine Spannungsverstärkung liefert.

Den veränderten Verhältnissen am Ausgang einer Anodenbasisstufe kann die im Bild 2.20 b dargestellte formale Ersatzschaltung zugeordnet werden.

*Beispiel 3:* *Gitterbasisschaltung.* Ermittle die Spannungsverstärkung und den Eingangswiderstand einer belasteten Gitterbasisstufe mit der Triode ECC 83.

*Lösung:* Nach Bild 2.20 c gilt für die Ausgangsspannung $u_{ag}$ mit $i_a = (\mu u_{gk} - u_{kg})/(R_i + R_a)$ und $u_{gk} = -u_{kg}$:

$$u_{ag} = -R_a i_a = \frac{-R_a(\mu u_{gk} - u_{kg})}{R_i + R_a} = \frac{R_a(\mu + 1)}{R_i + R_a} u_{kg}$$

und damit erhalten wir für die Spannungsverstärkung:

$$v = \frac{u_{ag}}{u_{kg}} = (\mu + 1)\frac{R_a}{R_i + R_a} \qquad (2.37)$$

Ein- und Ausgangsspannung sind in Phase, da die Verstärkung positives Vorzeichen hat.

Im Leerlauf ($R_a \to \infty$) ist, wie bereits festgestellt wurde (vgl. S. 97): $v'_0 = \mu + 1 \approx \mu$.

Aus Gleichung (2.37) folgt auch, daß der Ausgangswiderstand wie bei der Kathodenbasisschaltung gleich $R_i$ ist.

Für den Eingangswiderstand erhalten nach Bild 2.20 c.

$$R_e = \frac{u_{kg}}{-i_a} = \frac{u_{kg}}{\dfrac{-\mu u_{gk} + u_{kg}}{R_i + R_a}} = \frac{u_{kg}(R_i + R_a)}{-\mu u_{gk} + u_{kg}}$$

oder mit $-u_{gk} = u_{kg}$ gilt schließlich

$$R_e = \frac{R_i + R_a}{\mu + 1} \text{ bzw. } G_e = \frac{\mu + 1}{R_i + R_a} \tag{2.38}$$

Wählen wir $R_a \ll R_i$, so ist bei $\mu \gg 1$:

$$R_e \approx \frac{R_i}{\mu} = \frac{1}{S} \text{ oder } G_e \approx S \tag{2.38 a}$$

d. h. der Eingangsleitwert ist gleich der Steilheit $S$.

Bei großer Steilheit ist der Eingangswiderstand klein. Die Impedenzwandlung erfolgt hier durch Aufwärtstransformation kleiner Widerstände (vgl. Bild 2.20 d).

Für die Verstärkung gilt unter Berücksichtigung des Ausdruckes (2.38) bzw. (2.38 a) auch die Beziehung:

$$v = \frac{R_a}{R_e} \approx S R_a \tag{2.37}$$

Mit den Zahlenwerten nach Beispiel 1 erhalten wir, weil $R_i < R_a$ ist:

$$R_e = \frac{(62{,}5 + 100)\ \text{k}\Omega}{100 + 1} = 1{,}608\ \text{k}\Omega \approx 1{,}6\ \text{k}\Omega$$

und

$$v = 101\ \frac{100\ \text{k}\Omega}{162{,}5\ \text{k}\Omega} \approx 60$$

also etwa die gleiche Spannungsverstärkung wie beim Kathodenbasisverstärker.

*Beispiel 4:* Zeige mit Hilfe der allgemeinen Vierpolgleichungen der Röhre, daß bei der Gitterbasisschaltung die Steilheit $S$ den Eingang und bei der Anodenbasisschaltung den Ausgang zusätzlich belastet.

*Lösung:* Mit den Kenngrößen $S$ und $G_i = 1/R_i$ (Leitwerte) erhalten wir für die Kathodenbasisschaltung die Vierpolgleichungen:

$$i_g = 0$$
$$i_a = S\,u_g + G_i\,u_a$$

Nach Seite 66 und Gleichung (1.53) sowie Bild 1.47 kann analog bei hochliegender Kathode allgemein geschrieben werden:

$$i_g = 0\;u_g + 0\;u_a + 0\;u_k$$
$$i_a = S\;u_g + G_i\;u_a - (S + G_i)\;u_k$$
$$i_k = -\,S\;u_g - G_i\;u_a + (S + G_i)\;u_k$$

Für die Gitterbasisschaltung erhalten wir nun durch Streichen der ersten Zeile und Spalte ($u_g = 0$):

$$i_a = G_i\,u_a - (S + G_i)\;u_k$$
$$i_k = -\,G_i\,u_a + (S + G_i)\;u_k$$

und da der Schaltungseingang am Kathodenpol liegt, gilt nach dem Vertauschen der Zeilen und Spalten:

$$i_k = (S + G_i)\;u_k - G_i\,u_a$$
$$i_a = -\,(S + G_i)\;u_k + G_i\,u_a$$

Am Eingang erscheinen also $S$ und $G_i$ und wenn $S \gg G_i$ ist, wird der Eingangswiderstand viel kleiner als der Ausgangswiderstand (Aufwärtstransformation).

Für die Anodenbasisschaltung gilt durch Streichen der zweiten Zeile und Spalte für $u_a = 0$.

$$i_g = 0$$
$$i_k = -\,S\,u_g + (S + G_i)\;u_k$$

Die Steilheit belastet jetzt den Ausgang, der für $S \gg G_i$ sehr niederohmig wird.

Ist der Belastungswiderstand komplex, z. B eine Drossel, leerlaufender Übertrager oder ein induktiv bzw. kapazitiv verstimmter Schwingungskreis, so entsteht zwischen $u_a$ und $i_a$ eine *Phasenverschiebung*, die größer bzw.

kleiner als 180° ist. Die Widerstandsgerade und die Arbeitskennlinie entarten hierdurch zu je einer Ellipse mit dem Arbeitspunkt A als Mittelpunkt (vgl. Bild 2.17). Hat der Arbeitswiderstand die Phasenverschiebung $\varphi$, so gilt mit $Z_a = |Z_a| e^{j\varphi} = |Z_a| (\cos\varphi + j\ \sin\varphi)$ und $i_a = \hat{\imath}_a \sin\omega t$ für die Anodenwechselspannung:

$$u_a = -\hat{\imath}_a |Z_a| \sin(\omega t + \varphi)$$

oder

$$u_a = -\hat{\imath}_a |Z_a| (\sin\varphi \cos\omega t + \cos\varphi \sin\omega t)$$

Setzen wir $u_a = x$, $i_a = y$ sowie $\hat{\imath}_a = c_1$, $\hat{\imath}_a |Z_a| \sin\varphi = c_2$ und $\hat{\imath}_a |Z_a| \cos\varphi = c_3$, so kann geschrieben werden:

$$y = c_1 \sin\omega t$$

$$x = -c_3 \sin\omega t - c_2 \cos\omega t$$

Die beiden Gleichungen entsprechen der Parameterdarstellung einer Ellipse.

Durch die *Frequenzabhängigkeit* des Außenwiderstandes wird auch die Spannungsverstärkung komplex und frequenzabhängig:

$$v = -\frac{u_a}{u_g} = v_0 \frac{1}{1 + R_i/Z_a} \tag{2.39}$$

Andererseits können wir allgemein die Verstärkung $v$ durch eine frequenzabhängige Wirk- und Blindkomponente als komplexe Zahl darstellen:

$$v \equiv a + jb \tag{2.40}$$

wobei positives $b$ einer induktiven und negatives $b$ einer kapazitiven Belastung im Anodenkreis entspricht.

Im allgemeinen wird man ein *Absinken der Verstärkung* auf den $1/\sqrt{2} = 0{,}7$fachen Wert der maximalen Verstärkung $v_{\max} = (v)_{b=0}$ noch zulassen. Den betreffenden Frequenzwert bei welchem $|a| = |b|$ wird, bezeichnet man als *Grenzfrequenz* der Verstärkung.

*Beispiel 5:* Ermittle die maximale Verstärkung und die Grenzfrequenz einer Pentodenstufe mit $S = 10$ mA/V, wenn sie durch den Widerstand $R = 10\ \mathrm{k\Omega}$, zu welchem eine Parallelkapazität (Schaltkapazität) von $C = 20$ pF liegt, belastet wird.

*Lösung:* Bei Pentoden ist $R_i$ sehr groß, so daß für die Verstärkung $v$ mit $v_0 = \mu = 1/D = S R_i$ geschrieben werden kann:

$$v = v_0 \frac{1}{1 + R_i/Z_a} = S R_i \frac{Z_a}{R_i + Z_a} \approx S Z_a$$

und für $R_i \to \infty$ gilt einfach $v \sim Z_a$, d. h. die Verstärkung ist proportional dem wirksamen Außenwiderstand.

Mit der $RC$-Parallelschaltung ist dann:

$$v = S \frac{R \frac{1}{j\omega C}}{R + \frac{1}{j\omega C}} = S \frac{R}{1 + j\omega C R} = S \frac{R - j\omega C R^2}{1 + (\omega C R)^2} \equiv a + j b$$

Die maximale Verstärkung erhalten wir für $b = 0$, d. h. bei $\omega = 0$ zu:

$$v_{\max} = (v)_{b=0} = a = S R = 100$$

Die Bedingung für die Grenzfrequenz lautet nun $|a| = |b|$ und damit ist $R = \omega C R^2$ oder $\omega = 1/R C = 5\ 10^6\ s^{-1}$ bzw. $f = \omega/2\pi =$ 800 kHz.

### 2.2.6. Elektronenröhren bei hohen Frequenzen

Bei höheren Betriebsfrequenzen machen sich die *Elektrodenkapazitäten* stark bemerkbar und schließen den Röhreneingang und Röhrenausgang kurz (vgl. Bild 2.19 b). Insbesondere spielt die Gitter-Anoden-Kapazität $c_{ga}$ eine wichtige Rolle. Je größer $c_{ga}$ ist, desto geringer wird bei hohen Frequenzen die Entkopplung von Gitter- und Anodenkreis sein. Bei einer Triode ist z. B. $c_{ga} \approx 3$ pF. Diese Kapazität stellt bei $f = 1$ MHz einen kapazitiven Blindwiderstand von rund 50 kΩ dar. Bei $f = 100$ MHz beträgt dieser nur noch etwa 500 Ω.

Für den Rückwirkungsstrom über die Gitter-Anoden-Strecke, der auch den Röhreneingang belastet (Miller-Effekt), erhalten wir nach Bild 2.21 a:

$$i_{ga} = y_{ga} u_{ga} = y_{ga} (u_g - u_a)$$

und mit $u_a = -v u_g$ ist

$$i_{ga} = y_{ga} (v + 1) u_g$$

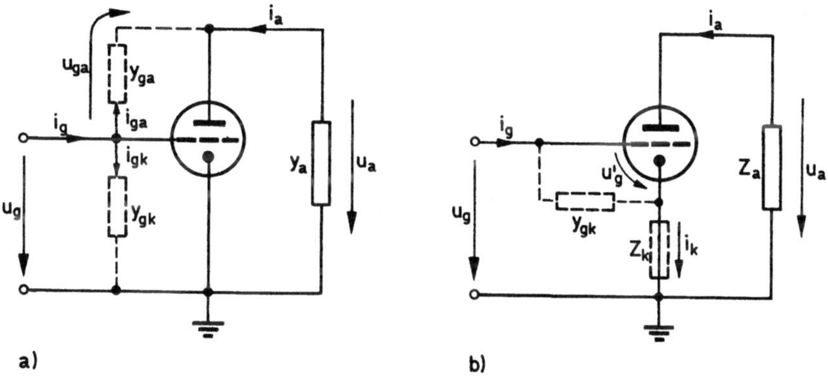


Bild 2.21 Rückkopplungseffekte bei Röhren
a) Rückkopplung über die Gitter-Anodenstrecke
b) Gegenkopplung zwischen Kathode und Gitter

oder

$$\frac{i_{ga}}{u_g} = (v + 1)\, y_{ga} \tag{2.41}$$

Vom Eingang her gesehen, also auf $u_g$ bezogen, erscheint der Gitteranodenleitwert $y_{ga} = j\omega c_{ga}$ um den Faktor $(v + 1)$ vergrößert. Die Eingangskapazität zwischen Gitter und Kathode wird also um die sogenannte *dynamische Kapazität*

$$C_d = c_{ga}\,(v + 1) \tag{2.42}$$

erhöht, was meist unerwünscht ist, weil große Eingangskapazitäten die Verstärkung hoher Frequenzen begrenzen. Die dynamische Kapazität wird bei Leerlauf ($Z_a \to \infty$ bzw. $v = \mu$) am größten:

$$C_{d\max} = c_{ga}\,(\mu + 1) \tag{2.42 a}$$

Da die Verstärkung $v$ eine Funktion der Röhrensteilheit ist (vgl. Gleichung 2.30), kann die dynamische Kapazität durch die Steilheit geregelt werden.

Für den Eingangsleitwert zwischen Gitter und Kathode erhalten wir mit dem gesamten Gitterstrom $i_g = i_{gk} + i_{ga}$:

$$Y_g = \frac{i_g}{u_g} = \frac{i_{gk}}{u_g} + \frac{i_{ga}}{u_g} = y_{gk} + (v + 1)\, y_{ga}$$

oder

$$Y_g = y_{gk} + y_{ga} + v\,y_{ga} \tag{2.43}$$

Setzen wir weiter für die Verstärkung $v$ ganz allgemein nach Gleichung (2.40) $v = a + j\,b$, so ist mit $y_{gk} = j\omega c_{gk}$ und $y_{ga} = j\omega c_{ga}$:

$$Y_g = j\omega\,(c_{gk} + c_{ga}) + (a + j\,b)\,j\omega c_{ga}$$

oder

$$Y_g = -\,b\omega c_{ga} + j\omega\,[c_{gk} + (a + 1)\,c_{ga}] \tag{2.43 a}$$

Der Gitterleitwert $Y_g$ läßt sich in eine Wirk- und eine Blindkomponente zerlegen. Bei induktiver Belastung ist $b$ positiv und es tritt eine negative Wirkkomponente am Röhreneingang auf.

Die damit verbundene Entdämpfung des Röhreneinganges verursacht eine *Selbsterregung* der Röhrenschaltung, was zur Schwingungserzeugung genutzt werden kann.

Beim Verstärkerbetrieb muß die Selbsterregung vermieden werden. Eine wirksame Entkopplung des Gitter- und Anodenkreises kann z. B. durch Erdung des Steuergitters (Gitterbasisschaltung) oder durch sogenannte *Neutralisationsschaltungen* erzielt werden.
Durch Anbringen eines Schirmgitters zwischen dem Steuergitter und der Anode (Mehrgitterröhren) wird die Gitteranodenkapazität wesentlich verringert.

Ist die Kathode, z. B. infolge eines vorgeschalteten *Kathodenwiderstandes* nicht geerdet, so beeinflußt die Gitter-Kathoden-Kapazität entscheidend die Röhrenschaltung.
Die Röhre wird jetzt nicht mehr durch die Eingangsspannung $u_g$, sondern nur durch deren Anteil $u_g'$ zwischen Gitter und Kathode gesteuert. Für den gesamten Kathodenstrom erhalten wir nach Bild 2.21 b:

$$i_k = i_g + i_a = y_{gk}\,u_g' + S\,u_g' = (y_{gk} + S)\,u_g'$$

wobei nach Gleichung (2.32) vorausgesetzt wurde, daß der Durchgriff $D$ sehr klein ist.

Die Eingangsspannung berechnet sich damit zu:

$$u_g = u_g' + Z_k\,i_k = u_g'\,[1 + Z_k\,(y_{gk} + S)]$$

Für den Eingangsleitwert erhalten wir mit dem Gitterstrom $i_g = y_{gk}\,u_g'$ : $Y_g = i_g/u_g = y_{gk}\,u_g'/u_g$ oder

$$Y_g = \frac{y_{gk}}{1 + Z_k\,(y_{gk} + S)} \tag{2.44}$$

Dem obigen Zusammenhang kann entnommen werden, daß der Eingangsleitwert im allgemeinen verringert wird, wenn $Z_k > 0$ ist.

*Beispiel 1:* Ermittle die wirksame Eingangskapazität einer Anodenbasisstufe.

*Lösung:* Da die Anode geerdet ist ($Z_a = 0$), liegt am Eingang neben der Gitterkathodenkapazität $c_{gk}$ auch die Gitteranodenkapazität $c_{ga}$ und damit kann für den gesamten kapazitiven Eingangsstrom geschrieben werden:

$$i_C = i_{ga} + i_{gk} = j\omega c_{ga} u_g + j\omega c_{gk} u_g'$$

Mit $u_g' = u_g - u_k = u_g - v\, u_g$, weil $u_k$ die Ausgangsspannung der Anodenbasisstufe dargestellt, gilt weiter:

$$i_C = j\omega \, [c_{ga} + (1 - v)\, c_{gk}]\, u_g$$

und damit erhalten wir für die wirksame Kapazität am Eingang:

$$C_g = c_{ga} + (1 - v)\, c_{gk} \tag{2.45}$$

Nun ist $c_{gk} \gg c_{ga}$, wegen des geringen Abstandes Gitter-Kathode relativ groß, jedoch wegen $(1 - v)$ und $v \leqq 1$ nur zu einem sehr geringen Teil wirksam. Dies erklärt sich auch aus der Tatsache, daß beim Anodenbasisverstärker Eingangs- und Ausgangsspannung etwa gleich sind und damit zwischen Gitter und Kathode nur eine geringe Ladespannung vorhanden sein kann.

Die Anodenbasisschaltung hat also eine kleine Eingangskapazität, d. h. einen hohen kapazitiven Eingangswiderstand und damit eine höhere Grenzfrequenz.

Legt man zwischen Gitter und Kathode einen ohmschen Widerstand $R_{gk}$ (Gitterwiderstand), so erhält man bei tiefen Frequenzen einen sehr hohen Eingangswiderstand, weil der Widerstand $R_{gk}$ mit dem $1/(1 - v)$fachen Wert am Eingang erscheint.

Bedeutet $Z_k = j\omega L_k$ den relativ kleinen jedoch unvermeidbaren Blindwiderstand der *Kathodeninduktivität* und ist $y_{gk} = j\omega c_{gk}$ der kapazitive Blindwiderstand der Gitter-Kathoden-Strecke, so gilt für den Eingangsleitwert nach Gleichung (2.44):

$$Y_g = \frac{j\omega c_{gk}}{1 + j\omega L_k\,(j\omega c_{gk} + S)} = \frac{j\omega c_{gk}}{1 - \omega^2 c_{gk} L_k + j\omega L_k S}$$

Nun kann meist $\omega^2 c_{gk} L_k$ vernachlässigt werden und weil $\omega L_k$ sehr klein ist, gilt näherungsweise:

$$Y_g \approx j\omega c_{gk} (1 - j\omega L_k S)$$

oder

$$Y_g \approx \omega^2 c_{gk} L_k S + j\omega c_{gk} \tag{2.46}$$

Die Kathodeninduktivität $L_k$ verursacht in Verbindung mit der Gitterkathodenkapazität $c_{gk}$ einen zusätzlichen Wirkleitwert am Röhreneingang. Der durch die Kathodenzuleitung bedingte Röhreneingangswiderstand ist also:

$$r_z = \frac{1}{\omega^2 c_{gk} L_k S} \tag{2.47}$$

Je größer $S$ desto kleiner muß $L_k$ gehalten werden, indem man z. B. dicke Kathodenzuleitungen mehrfach herausführt und parallelschaltet (EF 80) oder indem man die Kathode als Platte ausbildet (Scheibentrioden).

Eine ähnliche dämpfende Wirkung am Röhreneingang wie sie durch die Kathodeninduktivität auftritt, verursacht auch die endliche *Elektronenlaufzeit* ($\tau$) zwischen Kathode und Anode. Die Elektronen erreichen die Anode infolge der Laufzeit etwas später. Der Anodenwechselstrom ist nicht mehr in Phase mit der Gitterwechselspannung, sondern er eilt ihr um den Laufzeitwinkel $\varphi_{ga} = \omega\tau$ nach. Im Bild 2.22 ist dieser Effekt im Zeigerdiagramm der Röhrenspannungen und Röhrenströme schematisch dargestellt.
Da die Anodenspannung $u_a$ bei ohmscher Belastung in Gegenphase zum Anodenwechselstrom $i_a$ ist, verursacht das Zurückbleiben des Stromes, daß auch $u_a$ und $u_g$ nicht mehr gegenphasig zueinander sind. Die Rückwirkungsspannung $u_{ga} = u_g - u_a$ treibt einen voreilenden (kapazitiven) Rückwirkungsstrom $i_{ga}$, der in bezug auf den Eingang kein reiner Blindstrom ist.
Der Strom $i_{ga}$ besitzt eine Komponente ($I_R$) in Richtung von $u_g$, was einen elektronischen *Eingangswirkleitwert* ($1/r_l$) zur Folge hat. Dieser kann bei sehr großer Laufzeit, d. h. bei sehr großem Winkel $\varphi_{ga}$ sogar negativ werden, wodurch statt einer Bedämpfung auch eine Entdämpfung am Eingang eintreten kann. Die Röhrenschaltung neigt dann zum Schwingen und es tritt u. U. Selbsterregung ein.
Die zur Gitterwechselspannung senkrechte Stromkomponente ($I_C$) hat eine Kapazität zur Folge, die als *Raumladungskapazität* ($C_r$) bezeichnet wird und ihre Ursache in der bewegten Elektronenladung hat. Die Raumladungskapazität liegt parallel zur dynamischen Kapazität und beträgt etwa 0,5 . . . 3 pF. Sie ist ähnlich wie die dynamische Kapazität auch von der Röhrensteilheit abhängig.

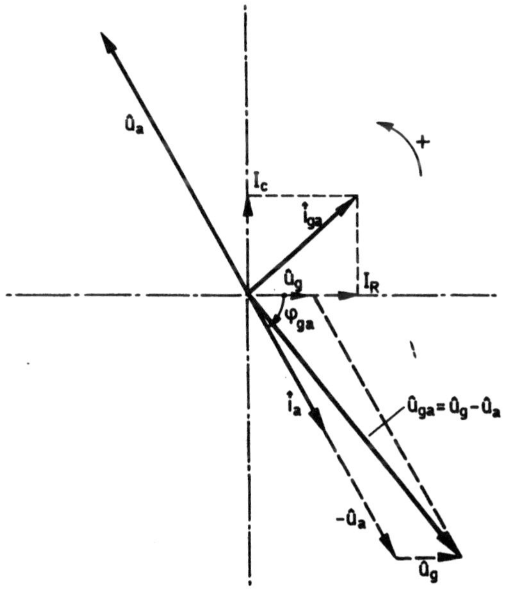


Bild 2.22
Zur Erklärung des Laufzeiteffektes bei Röhren

Der elektronische Eingangswiderstand ist um so größer, je kleiner die Elektronenlaufzeit wird. Der Laufzeiteffekt kann allerdings nicht durch äußere Schaltmaßnahmen kompensiert werden. Eine Verringerung der Laufzeit wird durch kleinere Elektrodenabstände und höhere Elektronengeschwindigkeiten, d. h. durch höhere Betriebsspannungen erzielt. Beide Maßnahmen können jedoch aus konstruktiven Gründen nicht beliebig weit gesteigert werden.

Von praktischer Bedeutung ist allerdings nur der gesamte *Eingangswirkwiderstand* $r_e$, der sich als Parallelschaltung der durch die Kathodeninduktivität und der durch die Laufzeit bedingten Komponente ergibt:

$$r_e = \frac{r_l r_z}{r_l + r_z} \tag{2.48}$$

Für die Berechnung des gesamten elektronischen Eingangswiderstandes einer Röhre gilt erfahrungsgemäß:

$$r_e = K \frac{\lambda^2}{S} \text{ k}\Omega \tag{2.48 a}$$

wenn $\lambda$ in m und $S$ in mA/V eingesetzt werden.

Er wächst also mit dem Quadrat der Wellenlänge $\lambda$ und ist der Steilheit $S$ umgekehrt proportional (vgl. auch Gleichung 2.47). Der Faktor $K$ ist für jeden Röhrentyp verschieden und berücksichtigt den Einfluß der Elektrodenabstände und Betriebsspannungen. Er liegt bei Kurzwellenröhren in der Größenordnung von 0,2 ... 0,5 $m^{-2}$ und bei UKW-Röhren beträgt er 2 ... 4 $m^{-2}$.

*Beispiel 2:* Wie groß ist der Faktor $K$ der UKW-Doppeltriode ECC 85 mit den Daten $S = 6{,}2$ mA/V und $r_e = 6$ kΩ bei $f = 100$ MHz und welchen Eingangswiderstand besitzt sie bei 200 MHz bzw. bei 400 MHz?

*Lösung:* Der Frequenz $f = 100$ MHz entspricht die Wellenlänge $\lambda = 3$ m. Damit gilt nach Gleichung (2.48 a):

$$K = \frac{r_e S}{\lambda^2} = \frac{6\,\text{k}\Omega\; 6{,}2\,\text{mA/V}}{(3\,\text{m})^2} = 4{,}13\,\text{m}^{-2}$$

Für $f = 200$ MHz geht $r_e$ auf $^1/_4$ des Wertes bei 100 MHz (1,5 kΩ) und bei $f = 400$ MHz auf $^1/_{16}$ (375 Ω) zurück.

Der Eingangswiderstand nimmt also rasch mit der Frequenz ab und wird schließlich so klein, daß er die Röhre kurzschließt. Die Röhrensteuerung erfolgt also bei höheren Frequenzen nicht mehr leistungslos.

Der *wirksame Außenwiderstand* $R_a'$ einer UKW-Verstärkerstufe ist als Parallelschaltung von Ausgangswiderstand ($R_i$), Außenwiderstand ($R_a$) und Eingangswiderstand ($r_e$) der nächsten Stufe zu bestimmen. Da $r_e$ viel kleiner als $R_i$ und $R_a$ ist, wird praktisch $R_a' \approx r_e$ sein, d. h. der Innenwiderstand der Röhre ist bei UKW-Verstärkern für die Verstärkung nicht maßgebend.

Die *UKW-Verstärkung* erhalten wir etwa zu:

$$v_{\text{UKW}} = S\,r_e = K\lambda^2 \tag{2.49}$$

Sie ist also unabhängig von $\mu$ und $S$ und proportional $1/f^2$.

Als *Grenzwellenlänge* (Grenzfrequenz) definiert man diejenige Wellenlänge (Frequenz) für welche die UKW-Verstärkung gleich eins wird:

$$\lambda_g^2 = \frac{1}{K} \tag{2.50}$$

Man ist bestrebt den Eingangswiderstand von UKW-Stufen möglichst groß zu halten und wendet oft Gegentaktschaltungen an, weil hier die Eingänge in Reihe liegen, so daß der Eingangswiderstand verdoppelt und die Eingangskapazität halbiert wird.

## 2.3. Mehrgitterröhren

### 2.3.1. Schirmgitterröhre (Tetrode)

Zur Erzielung einer hohen Spannungsverstärkung ist nach Gleichung (2.30) ein kleiner Durchgriff der Röhre erforderlich. Durch Einführung eines weiteren Gitters zwischen Anode und Steuergitter wird das letztere von der Anode abgeschirmt, die Anodenrückwirkung vermindert und der wirksame Anodendurchgriff sehr klein (0,1 %). Das Schirmgitter ist wechselstrommäßig auf Kathodenpotential und wirkt sich daher nur elektrostatisch aus (Bild 2.23).

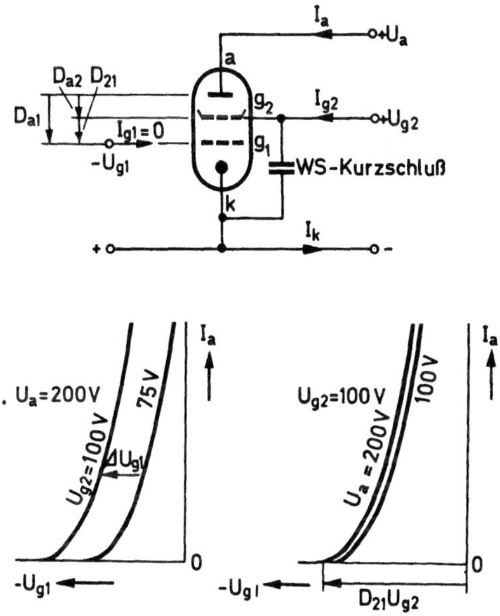


Bild 2.23
Wirkungsweise der Schirmgitterröhre (Tetrode, Vierpolröhre)

Für die Steuerspannung am Gitter 1 ($g1$) gilt jetzt:

$$U_{st1} = U_{g1} + D_{21} U_{st2}$$

und mit der Steuerspannung für Gitter 2 ($g2$)

$$U_{st2} = U_{g2} + D_{a2} U_a$$

erhalten wir weiter:

$$U_{st1} = U_{g1} + D_{21} (U_{g2} + D_{a2} U_a)$$

oder mit dem wirksamen Anodendurchgriff auf das Gitter 1

$$D_{a1} = D_{21} D_{a2} \tag{2.51}$$

gilt schließlich für die Gesamtsteuerspannung am Gitter 1:

$$U_{st1} = U_{g1} + D_{21} U_{g2} + D_{a1} U_a \tag{2.52}$$

Der resultierende Durchgriff $D_{a1}$ ist als Produkt kleiner Größen sehr klein (etwa $10^{-4}$), obwohl die Teildurchgriffe $D_{21}$ und $D_{a2}$ in der normalen Größenordnung liegen (etwa $10^{-2}$).

Die Lage der $I_a$-$U_{g1}$-Kennlinien wird durch die Schirmgitterspannung $U_{g2}$ bestimmt, während die Anodenspannung hierauf nur wenig Einfluß hat (Bild 2.23). Man deffiniert als *Schirmgitterdurchgriff* die Größe:

$$D_{g2} = \left(\frac{\Delta U_{g1}}{\Delta U_{g2}}\right) I_a = \text{konst} \tag{2.53}$$

Da das Schirmgitter positiv ist, wird ein Teil des Emissionstromes zu diesem Gitter fließen und bei negativem Gitter 1 ist:

$$I_k = I_a + I_{g2} \tag{2.54}$$

Die Verteilung des Kathodenstromes auf Anode und Schirmgitter hängt von der Größe der Spannungen $U_a$ und $U_{g2}$ ab. Der Schirmgitterstrom darf nicht zu groß werden, daher darf die Anodenzuleitung nie unterbrochen werden, wenn das Schirmgitter angeschlossen ist. Der gesamte Kathodenstrom fließt dann über das Schirmgitter, welches für diesen Strom nicht bemessen ist.

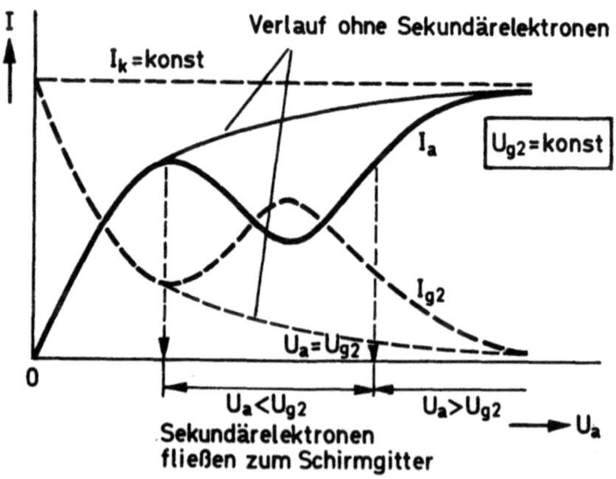


Bild 2.24 Stromverteilung einer Tetrode bei konstanter Schirmgitterspannung

Die auf die Anode aufprallenden Elektronen lösen dort Sekundärelektronen aus, die von dem positiven Schirmgitter angezogen werden, wenn die Anodenspannung gleich oder kleiner als die Schirmgitterspannung wird (Bild 2.24). Ist die Anodenspannung jedoch höher als die Schirmgitterspannung, so werden die Sekundärelektronen von der Anode wieder eingefangen. Man erhält bei Tetroden teilweise fallende Anodenstromkennlinien, die bei Verstärkerbetrieb zu Instabilitäten führen. Ähnliche Vorgänge spielen sich auch bei Trioden mit positivem Steuergitter ab (Dynatron).

### 2.3.2. Bremsgitterröhre (Pentode)

Die Sekundärelektronen können durch Einfügen eines dritten Gitters zwischen Schirmgitter und Anode, welches gleichstrommäßig auf Kathodenpotential liegt, unterdrückt werden (Bild 2.25). Durch das Bremsgitter wird die Geschwindigkeit der zur Anode fliegenden Elektronen kurz vor dem Aufprallen vermindert, so daß nur wenige Sekundärelektronen entstehen und diese nicht vom Bremsgitter angezogen, sondern von der Anode wieder eingefangen werden.

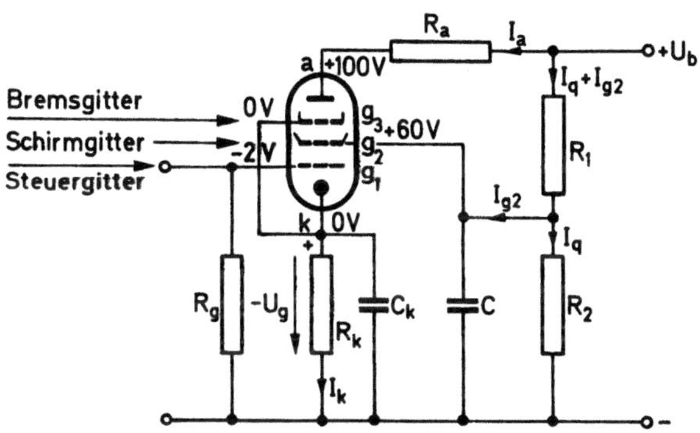


Bild 2.25 Pentodenschaltung mit Hilfsspannungen

Das Bremsgitter setzt den wirksamen Anodendurchgriff ebenfalls herab, so daß Pentoden einen außerordentlich kleinen Durchgriff (etwa 0,01 %) besitzen. Bei einer bestimmten Steilheit bedeutet dies entsprechend $D\,S\,R_i = 1$ einen sehr hohen Innenwiderstand. Die Anodenspannung hat praktisch keinen Einfluß auf den Anodenstrom. Die $I_a$-$U_a$-Kennlinien verlaufen fast horizontal (vgl. Bild 2.26) und die $I_a$-$U_{g1}$-Kennlinien werden von der Anodenspannung praktisch nicht beeinflußt.

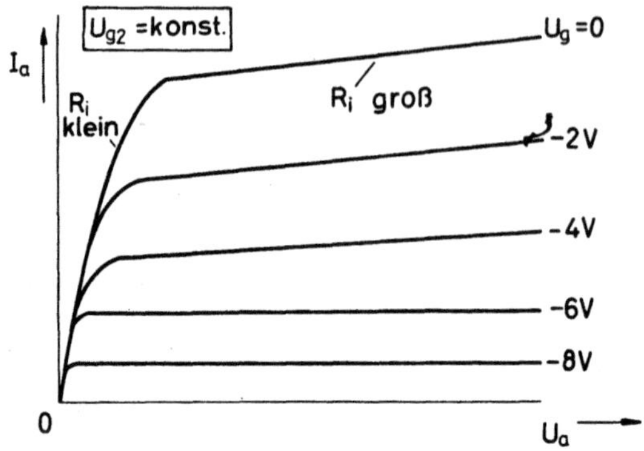


Bild 2.26
Das typische $I_a$-$U_a$-Kennlinienfeld einer Pentode (Fünfpolröhre) bei konstanter Schirmgitterspannung

Ein großer Vorteil der Pentode besteht auch darin, daß die Gitteranodenkapazität $c_{ga}$ durch das Schirmgitter und das Bremsgitter sehr verkleinert wird ($<$0,002 pF) und damit die Kopplung zwischen Gitter- und Anodenkreis bei hohen Frequenzen klein gehalten werden kann.

Die folgende Tabelle zeigt die Gegenüberstellung einer Triode (ECC 82) und einer HF-Pentode (EF 86):

| Röhre | $\mu$ | $D$ | $S$ | $R_i$ | $c_{ga}$ |
|---|---|---|---|---|---|
| ECC 82 | 17 | 0,06 | 2,2 mA/V | 7,7 kΩ | 1,5 pF |
| EF 86 | 5000 | 0,0002 | 2,0 mA/V | 2,5 MΩ | 0,05 pF |

Für den Anodenwechselstrom einer Pentode kann nach Gleichung (2.32) mit $D \approx 0$ geschrieben werden:

$$i_a \approx S\, u_g = -\frac{u_a}{R_a} \tag{2.55}$$

und daraus gilt für die Spannungsverstärkung unabhängig vom Innenwiderstand:

$$v = -\frac{u_a}{u_g} \approx S\, R_a \tag{2.56}$$

*Beispiel 1:* Die NF-Pentode EF 86 hat laut Datenliste der Herstellerfirmen eine Steilheit $S = 2$ mA/V, einen Innenwiderstand $R_i = 2{,}5$ MΩ und sie wird mit dem Außenwiderstand $R_a = 100$ kΩ betrieben. Ermittle die Spannungsverstärkung mit und ohne Berücksichtigung des Innenwiderstandes und gib die theoretisch maximale Verstärkung an.

*Lösung:* Nach Gleichung (2.30) erhalten wir bei Berücksichtigung des Innenwiderstandes für die Verstärkung den Wert

$$v = 2 \frac{2500 \cdot 100}{2500 + 100} = 192$$

Nach Gleichung (2.56) ist ohne Berücksichtigung des Innenwiderstandes näherungsweise:

$$v = 2 \cdot 100 = 200$$

Die beiden Werte sind also praktisch identisch. Die Näherung nach Gleichung (2.56) ist um so genauer, je höher $R_i$, d. h. je kleiner $D$ ist. Für die Leerlaufspannungsverstärkung erhalten wir schließlich nach Gleichung (2.30 a): $v_0 = S\,R_i = 5000$.

Mit Pentoden können also wesentlich höhere Verstärkungen erzielt werden als mit Trioden.

Zur *Einstellung des Arbeitspunktes* benötigt man mehrere Hilfsspannungen, die der Betriebsquelle entnommen werden können (Bild 2.25). Die negative *Gittervorspannung* wird in der Regel automatisch durch den Kathodenstrom der Röhre erzeugt. Hierzu wird in die Kathodenleitung ein Widerstand gelegt und so bemessen, daß an ihm die Gittervorspannung abfällt:

$$-U_g = R_k I_k \tag{2.57}$$

Der negative Pol dieser Spannung gelangt über den Gitterableitwiderstand $R_g$ an das Steuergitter. $R_g$ liegt in der Größenordnung von 0,5 ... 1 MΩ und hat die Aufgabe, die Aufladung des Gitters zu verhindern und damit dessen Steuerfähigkeit zu erhalten.

Für Wechselstrom ist der Kathodenwiderstand kapazitiv kurzgeschlossen, so daß Wechselspannungen nicht entstehen können. Hierzu muß bei der niedrigsten verwendeten Frequenz angestrebt werden:

$$R_k \gg \frac{1}{\omega C_k} \tag{2.58}$$

In der Regel reichen Widerstandsverhältnisse von 10 : 1 aus. Die Kathode liegt also wechselstrommäßig auf Bezugspotential (0).

Die *Schirmgitterspannung* entnimmt man einem Spannungsteiler. Der Teiler soll einerseits möglichst hochohmig sein, damit sein Querstrom $I_q$ die Betriebsspannungsquellen nicht zu stark belastet. Andererseits ist der Spannungsteiler um so steifer, d. h. hält die Spannung um so besser, je niederohmiger er ist. Man schließt hier einen Kompromiß und wählt den Querstrom $I_q$ etwa 2 ... 5fach so hoch wie den Schirmgitterstrom im Arbeitspunkt. Mit der Schirmgitterspannung $U_{g2}$ ergibt sich dann der Teilwiderstand $R_2$ zu

$$R_2 = \frac{U_{g2}}{I_q} \tag{2.59}$$

Den Vorwiderstand $R_1$ erhalten wir dann mit der Betriebsspannung $U_b$ und dem Schirmgitterstrom $I_{g2}$ im Arbeitspunkt zu:

$$R_1 = \frac{U_b - U_{g2}}{I_q + I_{g2}} \tag{2.59 a}$$

Wird $R_2$ in der Schaltung weggelassen ($R_2 \to \infty$) so erhält man eine über den Vorwiderstand $R_1$ mit den Schirmgitterstrom *gleitende Schirmgitterspannung*. Nimmt der Schirmgitterstrom bei der Aussteuerung z. B. ab, so steigt die Schirmgitterspannung an, weil am Widerstand $R_1$ ein kleinerer Spannungsabfall entsteht.

Der Schirmgitterkondensator $C$ beträgt je nach Betriebsfrequenz 0,01 ... 0,1 μF.

Die Betriebsspannung $U_b$ wird meist von einem Netzgleichrichter geliefert, wobei zur besseren Nutzung der zugeführten Wechselleistung die Gegentakt- oder Brückenschaltung mit zusätzlicher $LC$-Schiebung angewendet wird (vgl. auch S. 144).

*Beispiel 2:* Laut Datenliste hat die Pentode EF 86 folgende Betriebswerte:

$$U_a = 250\ \text{V} \quad U_{g3} = 0\ \text{V} \quad U_{g2} = 140\ \text{V} \quad U_{g1} = -2\ \text{V}$$

und

$$I_a = 3\ \text{mA} \qquad I_{g2} = 0{,}6\ \text{mA}$$

Dimensionierte die Schaltung nach Bild 2.25, wenn der Außenwiderstand $R_a = 100\ \text{k}\Omega$ beträgt.

*Lösung:* Den Kathodenwiderstand erhalten wir nach Gleichung (2.57) zu: $R_k = 2\ \text{V}/1{,}6\ \text{mA} = 555\ \Omega$. Die Betriebsspannung ergibt sich als $U_b = U_a + I_a R_a = 250\ \text{V} + 3 \cdot 100\ \text{V} = 550\ \text{V}$. Damit erhält man, wenn wir den Querstrom zu $I_q = 1\ \text{mA}$ wählen, für die Teilwiderstände $R_1 = 140\ \text{V}/1\ \text{mA} = 140\ \text{k}\Omega$ und $R_2 = (550 - 140)\ \text{V}/(1 + 0{,}6)\ \text{mA} = 193{,}5\ \text{k}\Omega \approx 200\ \text{k}\Omega$.

### 2.3.3. Doppelsteuerröhren

Für Sonderzwecke verwendet man auch Elektronenröhren mit mehr als fünf Elektroden. Fügt man der Tetrode ein weiteres Steuergitter und ein weiteres Schirmgitter hinzu, so erhält man die *Hexode* (Sechspolröhre) die zur Mischung zweier Signalspannungen verwendet werden kann (Bild 2.27).

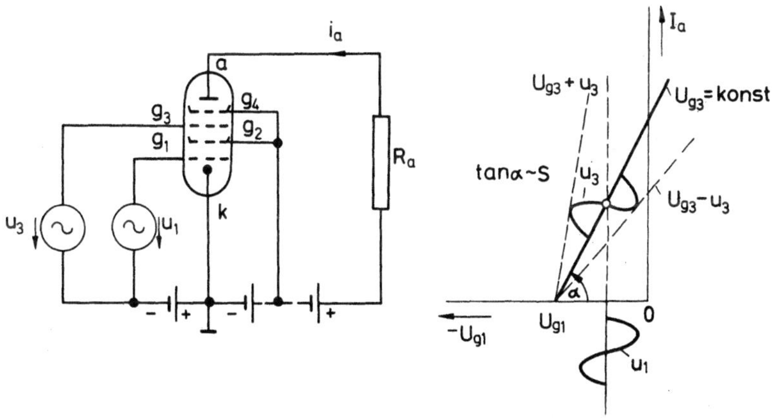


Bild 2.27 Prinzipschaltung einer Hexode (Sechspolröhre) und die Wirkungsweise der Doppelsteuerung

Das eine Signal ($u_1$) steuert den Anodenstrom in der üblichen Weise, indem die Raumladung beeinflußt wird. Das zweite Signal ($u_3$) beeinflußt die Stromverteilung zwischen Gitter $g_2$, $g_4$ und Anode. Je negativer Gitter $g_3$ wird, desto weniger Elektronen gelangen zur Anode, die $I_a$-$U_{g1}$-Kennlinie wird flacher und damit die Steilheit $S$ kleiner. Nun ist der Anodenstrom $i_a = S\,u_{st}$ und damit, weil $S$ eine Funktion von $u_3$ ist $S \sim f(u_3)$, gilt ganz allgemein für die *Doppelsteuerung:*

$$i_a \sim u_1 \cdot f(u_3) \qquad (2.60)$$

Die Doppelsteuerung führt also zu einer multiplikativen Verknüpfung (Mischung) der beiden Signale $u_1$ und $u_3$.

Die Stromverteilungssteuerung ist auch mit Tetroden und Pentoden möglich. Die beiden Schirmgitter der Hexode dienen nur zur Erhöhung des Innenwiderstandes. Da die Hexode ähnlich der Tetrode eine Sekundäremission aufweist, kann durch Einfügung eines Bremsgitters ähnlich wie bei der

Pentode dieser Austausch von Elektronen unterdrückt werden. Diese Röhre wird als *Heptode* (Siebenpolröhre) bezeichnet. Durch Einbau einer Hilfsanode erhält man schließlich die *Oktode* (Achtpolröhre).

Eine weitere Röhre für Sonderzwecke ist die *Enneode* (Neunpolröhre). Das Steuergitter ist mit der Kathode verbunden (Bild 2.28), so daß keine Raumladungssteuerung stattfindet. Die Kathode erzeugt mit den beiden Gittern

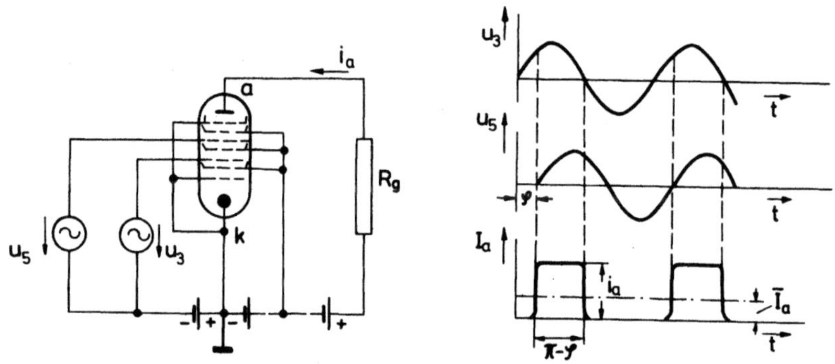


**Bild 2.28 Prinzipschaltung einer Enneode (Neunpolröhre) und die Wirkungsweise der phasenempfindlichen Steuerung**

$g_1$ und $g_2$ einen konstanten Strom mit Sättigungscharakter, der nur dann zur Anode gelangen kann, wenn die beiden Steuergitter $g_3$ und $g_5$ gleichzeitig positiv sind. Hierdurch entstehen Anodenstromimpulse, deren Dauer von der Phasenverschiebung der beiden Steuerspannungen $u_3$ und $u_5$ abhängt und die den Mittelwert liefern:

$$\overline{I}_a = \frac{\pi - \varphi}{2\pi}\, i_a \qquad (2.61)$$

Die Vorgänge sind unabhängig von den Amplituden der Steuerspannungen, so daß die Röhre für phasenempfindliche Steuerungen oder zur Prüfung der Koinzidenz (Zusammentreffen) zweier Signale verwendet werden kann.

### 2.3.4. Röhrenrauschen

In jeder Elektronenröhre zeigt der Elektronenstrom Unregelmäßigkeiten, deren Ursache thermische Schwankungen, zeitliche Änderungen der Austrittsarbeit (Funkeleffekt) und in der Hauptsache Schwankungen der Geschwindigkeitsverteilung (Schroteffekt) sind.

Die mit unterschiedlicher Geschwindigkeit aus der dünnen Kathodenschicht austretenden Elektronen verursachen ein *Diodenrauschen* (Schrotrauschen), das sich für den Sättigungsstrom aus statistischen Überlegungen zu

$$I_r^2 = 2\,e\,I\,\Delta f \qquad (2.62)$$

berechnet (vgl. auch Gleichung 1.4, S. 5). Der Faktor 2 erklärt sich hier aus der Tatsache, daß die austretenden Elektroden in der Kathodenschicht gleich große positive Ladungen influieren, die ebenso rauschen.

Das Rauschen im Anodenkreis einer Mehrgitterröhre denkt man sich durch entsprechende Steuergitterspannungsschwankungen an einem Widerstand $r_ä$ (äquivalenter Röhrenrauschwiderstand) verursacht.

Nach *Schottky* gilt bei Mehrgitterröhren für den äquivalenten *Röhrenrauschwiderstand* mit ausreichender Genauigkeit:

$$r_ä \approx \frac{2{,}5}{S}\,\frac{I_a}{I_{g2}+I_a} + 20\,\frac{I_a}{S^2}\,\frac{I_{g2}}{I_{g2}+I_a}\ \text{k}\Omega \qquad (2.63)$$

wenn die Röhrensteilheit $S$ in mA/V und der Anodenstrom $I_a$ bzw. der Schirmgitterstrom $I_{g2}$ in mA eingesetzt werden.

Bei Trioden ist $I_{g2} = 0$ und damit

$$r_ä \approx \frac{2{,}5}{S}\,\text{k}\Omega \qquad (2.63\,\text{a})$$

Trioden besitzen also einen kleineren Rauschwiderstand als Pentoden, weil das *Stromverteilungsrauschen* (Schirmgitterrauschen) entfällt.

Der äquivalente Röhrenrauschwiderstand $r_ä$ ist ersatzschaltungsmäßig in Reihe mit dem Steuergitter zu denken, weil beim Kurzschluß des Röhreneinganges keine Änderung des Rauschens erfolgt (Bild 2.29). Eine weitere Rauschquelle stellt auch der Laufzeiteffekt dar, welcher ein *Influenzrauschen* in der Röhre verursacht (vgl. Beispiel 2).

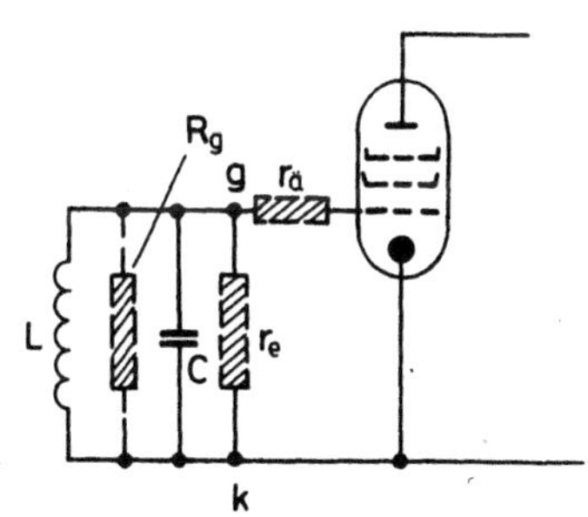


Bild 2.29
Rauschwiderstände einer Elektronenröhre im Kurzwellengebiet

*Beispiel 1:* Bestimme den äquivalenten Rauschwiderstand der HF-Pentode EF 80 mit den Daten: $S = 6{,}8\,\text{mA/V}$, $I_a = 10\,\text{mA}$ und $I_{g2} = 2{,}8\,\text{mA}$.

*Lösung:*

$$r_{\ddot{a}} \approx \frac{2{,}5}{6{,}8}\,\frac{10}{2{,}8+10} + 20\,\frac{10}{6{,}8^2}\,\frac{2{,}8}{2{,}8+10}\,\text{k}\Omega = 1{,}233\,\text{k}\Omega$$

Der berechnete Wert stimmt gut mit dem laut Datenlisten gemessenen Wert von 1,2 kΩ überein.

Durch die Einführung des äquivalenten Rauschwiderstandes $r_{\ddot{a}}$ wird das Röhrenrauschen auf ein *Widerstandsrauschen* zurückgeführt. Das Widerstandsrauschen ist nur durch das *Wärmerauschen* der Elektronen bedingt. Die thermische Rauschleistung beträgt nach *Nyquist:*

$$P_r = 4\,k\,T\,\Delta f \tag{2.64}$$

wobei $k$ die Boltzmann-Konstante, $T$ die absolute Temperatur und $\Delta f$ den untersuchten Frequenzbereich bedeuten.

Da die Rauschleistung eine Wirkleistung (Wärme!) bedeutet, können nur Wirkwiderstände rauschen. Spulen und Kondensatoren (Reaktanzen) rauschen nur mit ihren Verlustwiderständen.

Die Rauschleistung stellt gleichzeitig auch die gerade noch wahrnehmbare Nutzleistung dar, da kleinere Nutzleistungen im Rauschen untergehen. Um Schaltungen verschiedener Bandbreite $\Delta f$ miteinander vergleichen zu können, wählt man als *Vergleichsleistung* den Wert $k\,T_0 = 4\;10^{-21}$ Ws und gibt die Rauschleistung der Schaltung je Hertz Bandbreite (Empfindlichkeit) in Vielfachen dieses Wertes an ($k\,T_0$-Wert). Mit $k = 1{,}38\;10^{-23}$ Ws/°K erhalten wir für die Bezugstemperatur $T_0 = 290$ °K oder 17 °C.

Einem gegebenen Wirkwiderstand $R$ kann nach der Beziehung $P_r = U_r^2/R = I_r^2\,R$ eine effektive *Rauschspannung* oder ein effektiver *Rauschstrom* zugeordnet werden:

$$U_r^2 = 4\,k\,T\,R\,\Delta f \quad \text{oder} \quad I_r^2 = \frac{4\,k\,T\,\Delta f}{R} \tag{2.65}$$

Man ersetzt hierbei den rauschenden Widerstand durch Rauschquellen mit rauschfreien Innenwiderständen.

Bei *Reihenschaltungen von Rauschwiderständen* arbeitet man zweckmäßig mit Rauschspannungen, da sich dann das gesamte Rauschspannungsquadrat durch Addition der einzelnen Spannungsquadrate ergibt:

$$U_r^2 = U_{r1}^2 + U_{r2}^2 = 4\,k\,\Delta f\,(T_1 R_1 + T_2 R_2) \tag{2.66}$$

Bei gleichen Rauschtemperaturen ($T_1 = T_2$) können also die Rauschwiderstände unmittelbar addiert werden.

Bei *Parallelschaltungen von Rauschwiderständen* verwendet man dagegen zweckmäßiger Rauschströme, da jetzt die Stromquadrate zu addieren sind:

$$I_r^2 = I_{r1}^2 + I_{r2}^2 = 4\,k\,\Delta f\left(\frac{T_1}{R_1} + \frac{T_2}{R_2}\right) \tag{2.67}$$

Bei gleicher Rauschtemperatur können die Rauschleitwerte einfach addiert werden.

Schreiben wir $I_r^2 = U_r^2/R_p^2$, so gilt mit $R_p = R_1 R_2/(R_1 + R_2)$ für die Rauschspannung der Parallelschaltung:

$$U_r^2 = 4\,k\,\Delta f\left(\frac{R_1 R_2}{R_1 + R_2}\right)^2\left(\frac{T_1}{R_1} + \frac{T_2}{R_2}\right) \tag{2.67 a}$$

Ist der Rauschwiderstand frequenzabhängig, so zeigt auch das thermische Rauschen die gleiche Frequenzabhängigkeit. Schwingungskreise rauschen z. B. in der Nähe der Resonanz mit ihrem Resonanzwiderstand.

*Beispiel 2:* Wie groß sind die Rauschspannung und die Empfindlichkeit der HF-Pentode EF 80 im Kurzwellengebiet bei einer Bandbreite von 10 kHz, wenn der Resonanzwiderstand des Gitterschwingungskreises mit 10 kΩ angenommen wird?

*Lösung:* Einer Röhrendatentabelle entnehmen wir für den äquivalenten Röhrenrauschwiderstand und für den elektronischen Eingangswiderstand im Kurzwellengebiet die Werte $r_ä = 1{,}2$ kΩ und $r_e = 15$ kΩ.

Der Resonanzwiderstand $R_g$ und $r_ä$ rauschen mit Zimmertemperatur ($T_0 \approx 300$ °K). Der Eingangswiderstand $r_e$ (Laufzeiteffekt) verursacht ein *Influenzrauschen* mit Kathodentemperatur ($T_K \approx$ 1200 °K) oder etwa vierfacher Zimmertemperatur ($T_K \approx 4\,T_0$).

Die an der Parallelschaltung $R_g$, $r_e$ entstehende Rauscheinströmung berechnet sich nach Gleichung 2.67 a zu:

$$U_r'^2 = 4\,k\,\Delta f \left(\frac{r_e R_g}{r_e + R_g}\right)^2 \left(\frac{4\,T_0}{r_e} + \frac{T_0}{R_g}\right) = 2{,}25\ (\mu\mathrm{V})^2$$

wobei angenommen wurde, daß der Schwingungskreis innerhalb der Bandbreite etwa mit dem Resonanzwiderstand (Wirkwiderstand) rauscht. Der von $r_ä$ herrührende Rauschanteil beträgt:

$$U_r''^2 = 4\,k\,\Delta f\, T_0\, r_ä = 0{,}2\ (\mu\mathrm{V})^2$$

Damit erhalten wir für das Quadrat der gesamten Rauschspannung:

$$U_r^2 = U_r'^2 + U_r''^2 = (2{,}25 + 0{,}2)\ (\mu\mathrm{V})^2 = 2{,}45\ (\mu\mathrm{V})^2$$

Für die Empfindlichkeit der Schaltung (Bild 2.29) erhalten wir nach Seite 126:

$$\frac{U_r^2}{R\,\Delta f} = \frac{2{,}45\ (\mu\mathrm{V})}{7{,}2\,\mathrm{k\Omega}\ 10\,\mathrm{kHz}} = 3{,}4 \cdot 10^{-20}\,\mathrm{Ws} = 8{,}5\,k\,T_0$$

wobei

$$R = \frac{r_e R_g}{r_e + R_g} + r_ä = 6\,\mathrm{k\Omega} + 1{,}2\,\mathrm{k\Omega} = 7{,}2\,\mathrm{k\Omega}$$

den gesamten Rauschwiderstand der Kurzwellenstufe bedeutet.

Durch die Wahl geeigneter Röhren und durch entsprechende Dimensionierung der Schaltung läßt sich das Rauschen auf ein Minimum herabsetzen. Die Bemessung der ersten Verstärkerstufe ist besonders kritisch, weil die Rauschspannungen mit verstärkt werden.

## 2.4. Konstruktive Eigenschaften der Elektronenröhren

### 2.4.1. Heizung der Kathode

*Direkte Heizung:* Die als M-Draht ausgebildete Kathode (meist Wolframdraht mit Thorium) wird direkt vom Heizstrom durchflossen (Bild 2.30). Bei *Gleichstromheizung* wird der Heizfaden ungleichmäßig beansprucht, was u. U. zu Überlastungen führen kann. Mit Rücksicht auf den Anlaufstrom ist das negative Heizfadenende als Bezugspunkt (Kathode) zu wählen.

Die ungleichmäßige Beanspruchung des Heizfadens kann durch eine *Wechselstromheizung* mit symmetrischer Zuführung vermieden werden. Die direkte Wechselstromheizung hat den Nachteil eines mehr oder weniger

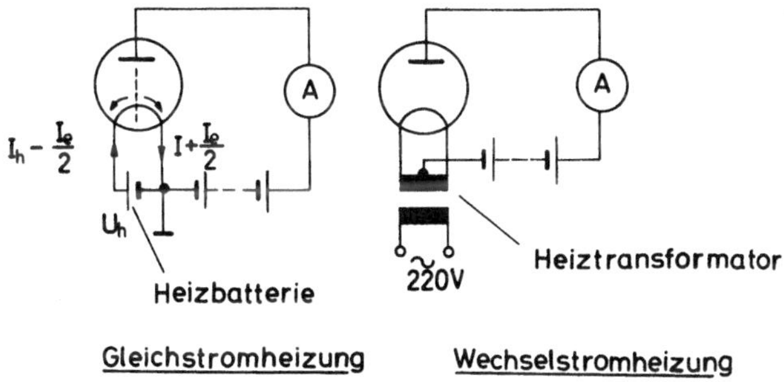


Bild 2.30 Direkte Röhrenheizung

starken Brummens. Da der Brummton mitverstärkt wird, ist diese Heizart nur für Endstufen brauchbar, die bereits hohe Signale verarbeiten und daher nicht so brummanfällig sind.

Für sehr *hohe Heizströme* (bis zu 2000 A) wie sie bei Senderöhren großer Leistung (300 kW) benötigt werden, sind die Heizfäden gestreckt ausgeführt, da sonst das starke Magnetfeld die Elektronen leicht zurückdrängen würde. Zur Schwächung der Magnetfelder sind die einzelnen Heizfadenstränge von entgegengesetzten Strömen durchflossen (vgl. Bild 2.32).

*Indirekte Heizung:* Diese Heizart beseitigt den Wechselstrombrumm, da die Kathodenschicht durch eine galvanisch getrennte bifilare Heizwendel erwärmt wird (Bild 2.31). Die indirekte Heizung hat allerdings den Nachteil, daß sie eine *Anheizzeit* von etwa 15 bis 20 s und eine hohe Heizleistung benötigt.

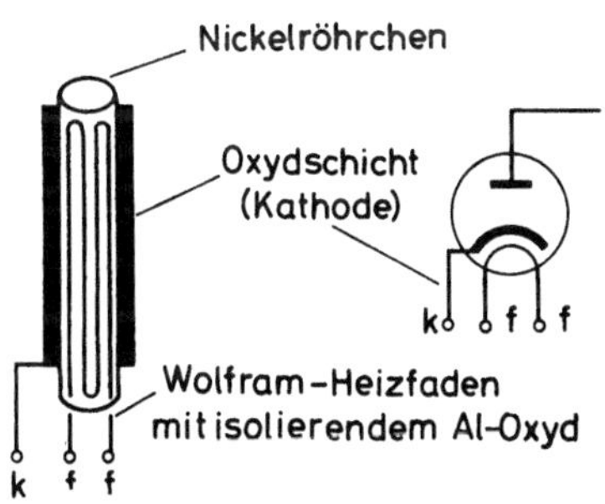


Bild 2.31
Schematischer Aufbau einer Schnellheizkathode für indirekte Heizung

Spezialröhren sind u. U. mit sogenannten *Vorratskathoden* ausgerüstet, bei welchen eine poröse Metallschicht als Schleuse für die Emission dient, so daß eine Verlängerung der Lebensdauer über 10 000 Betriebsstunden erzielt wird. Allerdings müssen Vorratskathoden mit höheren Temperaturen als Oxydkathoden betrieben werden.

Für das praktische Beurteilen der Ergiebigkeit einer Kathode verwendet man das wie folgt definierte *Heizmaß:*

$$H = \frac{I_{as}}{P_h} = \frac{\text{Anodensättigungsstrom}}{\text{Heizleistung}} \tag{2.68}$$

Die Heizdaten moderner Elektronenröhren sind in den beiden folgenden Tabellen zusammengestellt:

Tabelle 1. Heizwerte

| Heizart | Kathodenart | Temperatur | H-Maß |
|---|---|---|---|
| direkt | Wolfram | 2200 °C | 2 A/W |
| direkt | Oxyd | 600 ... 900 °C | 40 A/W |
| indirekt | Oxyd | 600 ... 900 °C | 10 A/W |

Die indirekte Heizung ist also in bezug auf das Heizmaß ungünstiger als die direkte Heizart.

Tabelle 2. Sättigungsströme

| Röhrenart | Heizleistung | Sättigungsstrom |
|---|---|---|
| Batterieröhren | 0,01 ... 0,03 W | 0,05 ... 10 mA |
| Vorröhren | 1,5 ... 5 W | 5 ... 20 mA |
| Endröhren | 4 ... 10 W | 20 ... 100 mA |
| Gleichrichter | 4 ... 8 W | 60 ... 200 mA |

Die genauen Heizdaten: Heizstrom bzw. Heizspannung sind den Röhrenlisten zu entnehmen. Eine wesentliche Abweichung von diesen Werten beeinträchtigt die Leistungsfähigkeit und Lebensdauer der Röhre. Diesen Listen sind auch die Daten über den maximal zulässigen äußeren Widerstand sowie über die maximal zulässige Spannung zwischen Heizfaden und Kathodenschicht zu entnehmen. Bei nichtbeachten dieser Grenzwerte können u. U. Brummstörungen auftreten, weil die Isolation zwischen Heizfaden und Kathodenröhrchen beeinträchtigt wird.

Die Isolation des Heizfadens verursacht eine *Kathoden-Heizfaden-Kapazität* $c_{kf}$, die bei Schaltungen mit hochliegender, d. h. nicht geerdeter Kathode (z. B. Gitter- oder Anodenbasisschaltung) und geerdetem Heizfadenende berücksichtigt werden muß. Sie liegt bei der Gitterbasisschaltung parallel zum Eingang und wird daher mit der Gitter-Kathoden-Kapazität $c_{gk}$ zusammengefaßt: $c_{gk} + c_{kf} = c_{gf}$. Bei der Anodenbasisschaltung erscheint sie am Schaltungsausgang und wird mit der Anoden-Kathoden-Kapazität $c_{ak}$ zusammengefaßt: $c_{ak} + c_{kf} = c_{af}$.

### 2.4.2. Kühlung der Anode

Die Anode besteht aus massivem Nickelblech oder aus einem Nickeldrahtnetz (Maschenanode). Die auf die Anode aufprallenden Elektronen geben ihre durch die Anodenspannung gewonnene kinetische Energie an die im Metall befindlichen Elektronen ab, was einer Temperaturerhöhung der Anode gleichkommt. Die hierdurch der Anode zugeführte Leistung (Anodenverlustleistung) ist:

$$P_a = U_a I_a \tag{2.69}$$

Die *Anodenverlustleistung* $P_a$ darf nicht überschritten werden, da zu hohe Erwärmung der Anode eine Sekundäremission zur Folge hätte, die Störungen der Elektronenströmung verursacht. $P_a$ wird als *Verlusthyperbel* in das $I_a$-$U_a$-Kennlinienfeld eingetragen und begrenzt die Aussteuerung der Röhre. Die für eine Röhre zulässige Anodenverlustleistung ist um so größer, je größer die Oberfläche der Anode, je besser deren Kühlung und je höher die zulässige Anodentemperatur ist. Je nach Röhrenleistung sind die in der folgenden Tabelle zusammengestellten *Kühlmaßnahmen* üblich:

Tabelle 3. Kühlmaßnahmen

| Röhrenart | Leistung | Kühlmaßnahmen |
|---|---|---|
| Verstärkerröhren kleiner und mittlerer Leistung | einige 100 W | Verbesserung der Wärmeabstrahlung durch Schwärzung der Anode |
| Senderöhren mittlerer Leistung | einige kW | Temperatursteigerung bis Rotglut bei Kohleanoden zulässig |
| Senderöhren großer Leistung | einige 10 kW | Kühlung mit fließendem Wasser oder strömender Luft |

Zur besseren Kühlung werden Senderöhren mit *Außenanoden* ausgeführt (Bild 2.32).

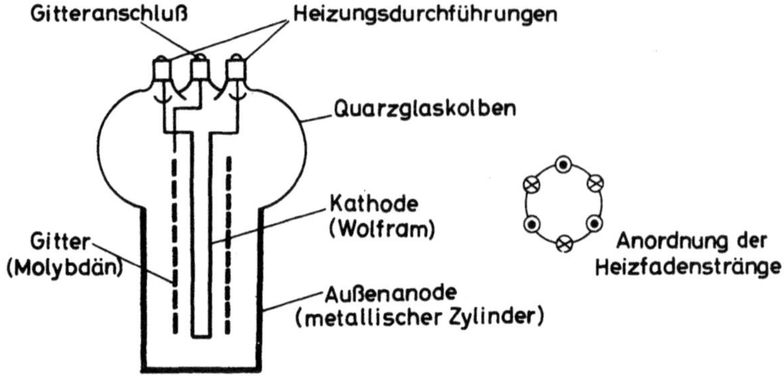


Bild 2.32 Schematischer Aufbau einer Senderöhre mit Außenanode

Da Kohle nur einen geringen Sekundäremissionskoeffizienten hat, bestreicht man die Glaswand des Röhrenkolbens mit einer Graphitmasse, so daß etwa streuende Elektronen keine nennenswerte Sekundäremission verursachen können.

Bei Mehrgitterröhren gelten für alle positiven Elektroden ähnliche Bedingungen wie für die Anode. So darf z. B. die maximale *Schirmgitterverlustleistung* $P_{g2} = I_{g2} U_{g2}$ im Betrieb nicht überschritten werden, was bei der Aussteuerung der Röhre berücksichtigt werden muß.

Bei Senderöhren fließt, um die Röhre besser zu nutzen, teilweise ein positiver Steuergitterstrom, so daß hier auch eine *Steuergitterverlustleistung* $P_{g1} = I_{g1} U_{g1}$ zu berücksichtigen ist.

## 2.4.3. Konstruktion des Gitters

Das Gitter wird als zylindrische oder ovalförmige Wendel ausgeführt. Die Steigung der Gitterwindungen beeinflußt in Verbindung mit dem Anodenabstand die Steilheit und den Durchgriff der Röhre (Bild 2.33). Größerer Windungsabstand bei gleicher Länge der Kathode (wenige Windungen) vergrößert den Durchgriff. Vergrößert man die Kathodenoberfläche und verlängert entsprechend die Gitterwendel bei gleichbleibendem Windungsabstand, so wird der Anodenstrom und damit die Steilheit bei gleichbleibendem Durchgriff größer. Kombiniert man beide Maßnahmen, so erhält man eine $I_a$-$U_g$-Kennlinie, deren Steilheit in weiten Grenzen veränderlich ist und mit

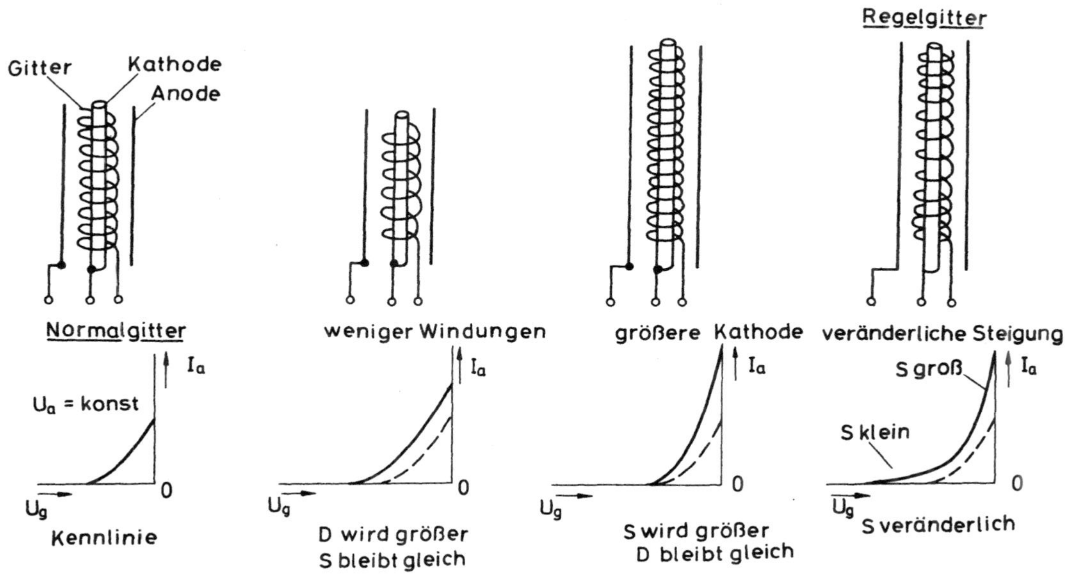


Bild 2.33 Einfluß der Gitterkonstruktion auf den Durchgriff und die Steilheit der Röhre bei gleichbleibendem Abstand Gitter-Kathode und Gitter-Anode

Hilfe der Gitterspannung geregelt werden kann (Regelgitter). Mit *Regelröhren* kann die Verstärkung in einfacher Weise in Abhängigkeit von der Steuerspannung beeinflußt werden (automatische Verstärkungsregelung). Als Regelgitter wird das Steuergitter einer Pentode (Regelpentode) oder einer Hexode ausgebildet.

Andererseits haben der Gitter-Anoden- und der Gitter-Kathodenabstand auch einen Einfluß auf die Kenndaten. Verkleinert man den Abstand Gitter-Anode, so wird naturgemäß der Durchgriff größer, weil die Kapazität zwischen Anode und Kathode größer wird (vgl. S. 90). Verringerung des Gitter-Kathodenabstandes steigert die Steilheit, weil bei gleicher Gitterspannungsänderung die elektrische Feldänderung zwischen Gitter und Kathode und damit auch die Anodenstromänderung größer werden.
Sehr kleine Gitter-Kathodenabstände (0,2 ... 0,05 mm) lassen sich mit einem *Spanngitter* erzielen, bei dem ein sehr dünner Gitterdraht ($\approx 10\ \mu m$) mit sehr kleinem Windungsabstand auf einen Rahmen straff gewickelt wird (Bild 2.34). Mit Spanngitterröhren erreicht man Steilheiten bis zu 50 mA/V.

Durch die kleine wirksame Anodenfläche und teilweise Abschirmung des Gitters, erhält man eine sehr kleine Gitter-Anodenkapazität (Neutrode).

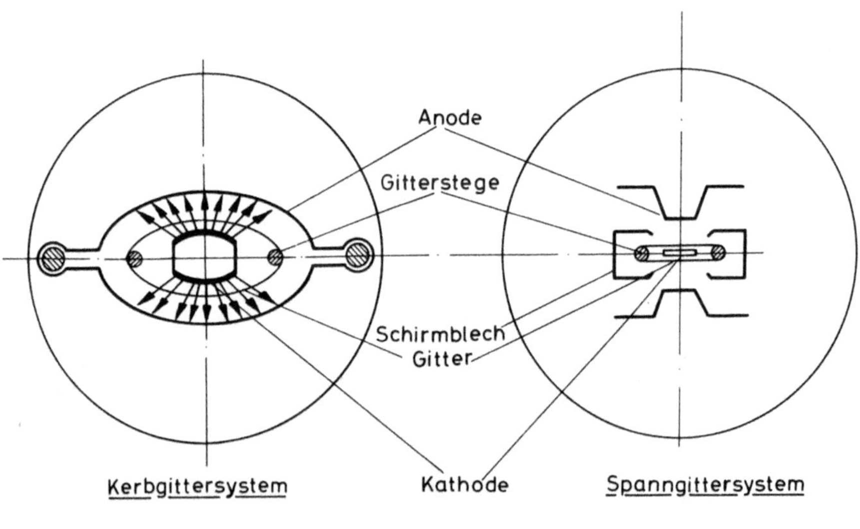


**Bild 2.34** Schematischer Querschnitt durch das Röhrensystem

Bei sehr hohen Frequenzen (etwa 5 GHz) müssen die Elektrodeninduktivitäten und die Elektrodenkapazitäten sehr klein gehalten werden. Hier verwendet man sogenannte *Scheibentrioden* mit ebenen Elektroden und ringförmigen Anschlüssen (Bild 2.35). Das Gitter liegt in der Öffnung einer

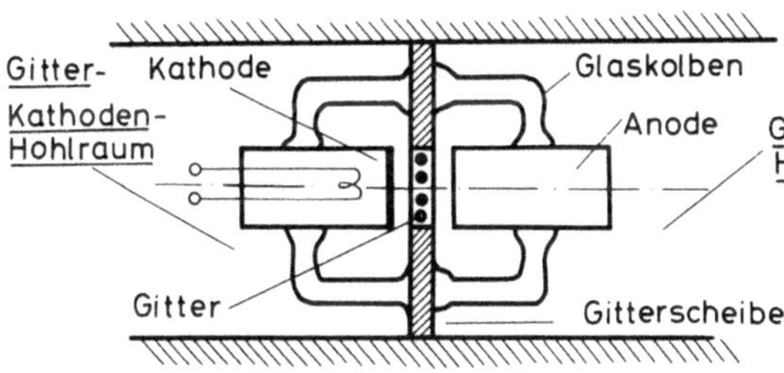


**Bild 2.35 Prinzipaufbau einer Scheibentriode**

metallischen Kreisscheibe und kann sehr engmaschig ausgeführt werden, so daß der Durchgriff sehr klein ist. Der Eingangs- und Ausgangskreis bestehen, wegen der hohen Betriebsfrequenzen, aus Hohlraumresonatoren. Die Scheibentrioden werden in Gitterbasisschaltung verwendet und gewährleisten eine sehr gute Entkopplung von Eingang und Ausgang.

Die Gitterwindungen werden mit den Gitterstegen (Nickel oder Kupfer) durch Schweißen oder Kerben verbunden. Als Material für die Gitterdrähte verwendet man in der Regel Molybdän, da dieses eine gute Wärmeleitfähigkeit besitzt und damit einer thermischen *Gitteremission* entgegenwirkt.
Durch Erwärmung von der Kathode oder einer anderen Elektrode kann das Steuergitter u. U. selbst Elektronen emittieren und dadurch positiver werden. Diese Elektronen werden zum Teil von der Kathode aufgenommen, verursachen einen *umgekehrten* oder *negativen Gitterstrom* (Bild 2.36 a) und rufen am Gitterableitwiderstand einen Spannungsabfall hervor, der die negative Gittervorspannung verkleinert, so daß es u. U. zu einer Überlastung der Röhre kommen kann. Aus diesem Grunde darf auch der Gitterableitwiderstand nicht beliebig hoch gewählt werden. Man trachtet daher das Gitter nicht über 300 °C zu erwärmen und bringt zu diesem Zweck an den Stegen *Kühlflügel* an.

Eine ähnliche Verschiebung des Arbeitspunktes zu positiven Gitterspannungen bewirken auch *Gitterfehlströme*, die als Folge einer schlechten Isolation des Gitters gegen die Kathode oder Anode entstehen (Bild 2.36 b).

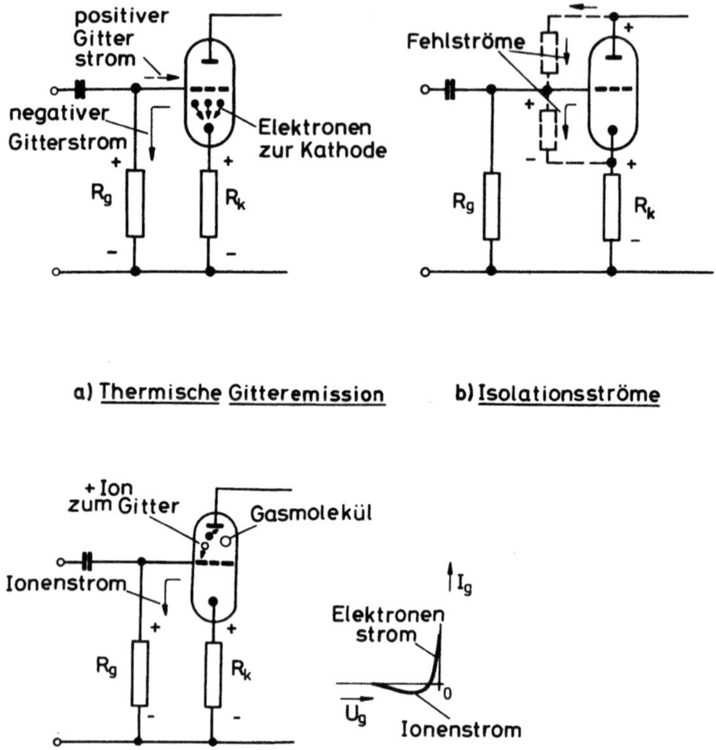


a) Thermische Gitteremission b) Isolationsströme

c) Vakuumgitterstrom

Bild 2.36
Negative Gitterströme
einer Elektronenröhre

## 2.4.4. Vakuum

Ein einwandfreies Arbeiten der Elektronenröhre erfordert ein hohes Vakuum von $10^{-5} \ldots 10^{-6}$ Torr (mmHg). Die Erzeugung dieses Vakuums ist nicht einfach, weil Metalle Gase absorbieren, die sie im erhitzten Zustand abgeben. Um die Metallelektroden von Gasresten zu befreien, werden diese während des Pumpens durch Wirbelstromerwärmung zum Glühen gebracht. Nachträglich im Betrieb austretende Gasreste, binden auf der Innenseite des Röhrenkolbens (Glas oder Metall) angebrachte *Getterstoffe* (Alkalimetalle).

Bei negativem Gitter bilden die Gasreste in der Röhre einen Ionenstrom der als negativer Gitterstrom zur Kathode fließt und den Arbeitspunkt zu positiven Gitterspannungen verschiebt. Für die *Güte des Vakuums* ist das Verhältnis $I_g/I_a$ maßgebend (Vakuumfaktor). Der *Vakuumfaktor* liegt in der Größenordnung von $10^{-3}$ und kann mit Hilfe des Spannungsabfalles am Gitterableitwiderstand gemessen werden. Bei kleinen negativen Gittervorspannungen geht der umgekehrte (negative) Gitterstrom (Ionen) in den Anlaufstrom (Elektronen) der Gitter-Kathodenstrecke über (vgl. Bild 2.36 c).

### 2.4.5. Aufbau und Kennzeichnung der Elektronenröhren

Der gegenseitige Abstand einzelner Elektroden (Kathode, ein oder mehrere Gitter und Anode) wird bei Röhren kleinerer Leistung durch Glimmerhaltescheiben und bei Röhren größerer Leistung durch solche aus Keramik sichergestellt. Das Elektrodensystem wird auf einen Preßglasteller gesetzt und durch Punktschweißung mit den eingeschmolzenen Zuführungen verbunden. Die aus dem Preßteller herausragenden Stifte (Sockelstifte) stellen über die Röhrenfassung die Verbindung mit der Schaltung her in der die Röhre verwendet wird. Dieser Aufbau wird in einen Glaskolben eingeschmolzen und über ein Pumpröhrchen evakuiert. Anschließend wird die Kathode durch einen starken Röhrenstrom aktiviert und auf volle Emission gebracht. Das sogenannte Einbrennen der Röhre schließt die Herstellung ab.

Moderne Verstärkerröhren werden als sogenannte *Pikoröhren* mit einem Glaskolbendurchmesser von etwa 22 mm und mit neun (Noval) oder zehn (Dekal) 7 mm langen Sockelstiften hergestellt oder aber in *Miniaturausführung* ($\varnothing$ 19 mm) und als *Subminiaturröhren* ($\varnothing$ 10 mm) gebaut. Eine weitere Verkleinerung der Röhrenabmessungen erzielen die sogenannten *Nuvistoren* (nueva vista – neue Ansicht), die einen Durchmesser von 10 mm und eine Höhe von nur 20 mm haben, somit nicht größer sind als ein Transistor vergleichbarer Leistung. So kleine Abmessungen hat man durch eine neuartige Technologie der Verbindung von Keramiksockel und Metallkolben erzielen können.

Oft werden mehrere getrennte Systeme in einem gemeinsamen Kolben untergebracht, z. B. Duodiode, Doppeltriode, Duodiode-Pentode usw. Die Vorteile dieser *Verbundröhren* sind Platzersparnis im Gerät, Verminderung der Typenzahl bei der Lagerung, Rohstoffersparnis, Herstellungserleichterungen usw.

Zur *Kennzeichnung* der Röhren werden Kennbuchstaben mit Ziffern benutzt, denen man die Heizart und Anwendungsmöglichkeit der Röhre entnehmen kann.

# 3. Schaltungstechnische Anwendungen

## 3.1. Diodengleichrichter

### 3.1.1. Einweg -und Zweiweggleichrichter

Die Sperrwirkung der Diode kann zu Gleichrichterzwecken genutzt werden. Die einfachste Schaltung eines Diodengleichrichters ist der *Einphasen-Einweggleichrichter* (Bild 3.1).

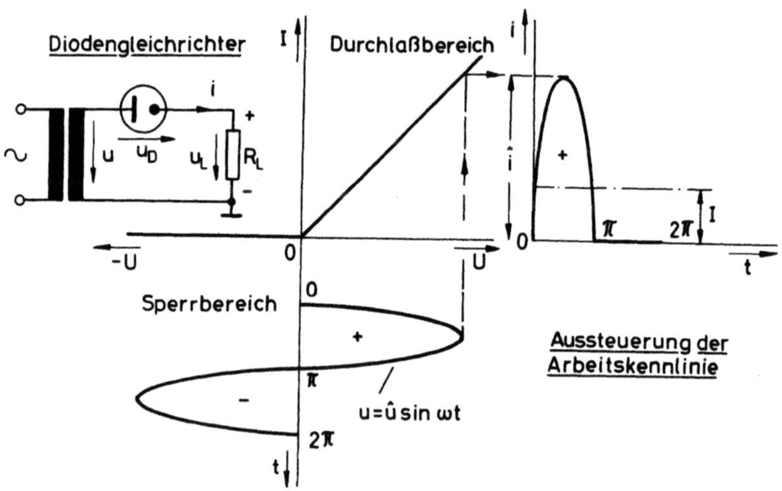


Bild 3.1 Wirkungsweise des Diodengleichrichters (Einwegschaltung)

Bezeichnen wir den Diodenwiderstand im Durchlaßbereich mit $R_D$, so gilt für den Spannungsabfall an der Diode: $u_D = i R_D$ und damit nach Bild 3.1:

$$u = u_D + u_L = i\,(R_D + R_L) = \hat{u} \sin \omega t$$

oder

$$i = \frac{\hat{u}}{R_D + R_L} \sin \omega t \;\; \text{für} \;\; 0 \leqq \omega t \leqq \pi \qquad (3.1)$$

bzw.

$$i = 0 \;\; \text{(Sperrbereich) für} \;\; \pi \leqq \omega t \leqq 2\pi$$

weil hier der Diodenwiderstand $R_D \to \infty$ wird.

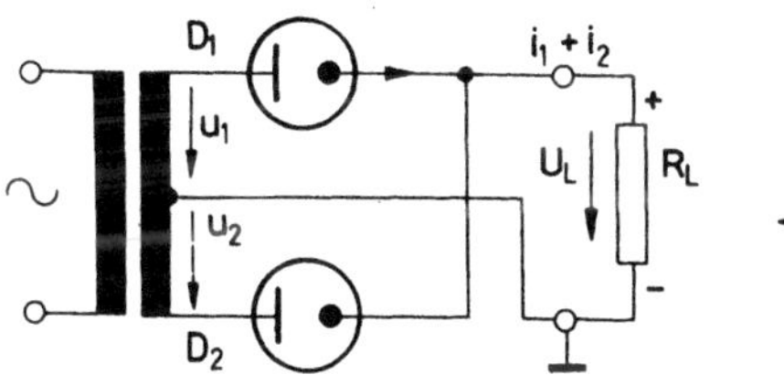


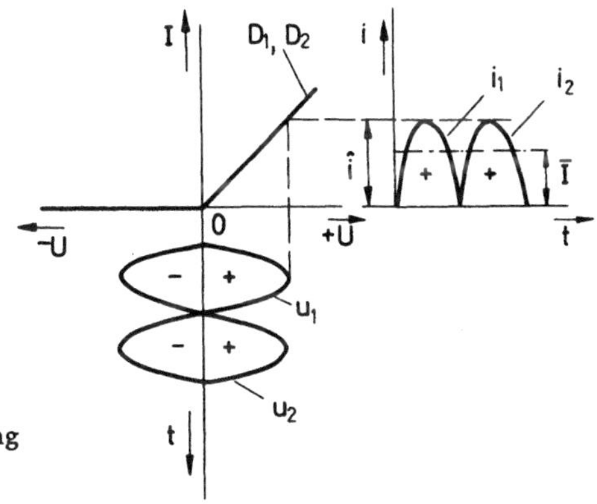


Bild 3.2
Wirkungsweise der Gegentaktschaltung (Zweiphasen-Einweggleichrichtung)

Für die *Gleichstromleistung* im Lastwiderstand erhalten wir mit dem Strommittelwert über die ganze Periode $\bar{I} = \hat{\imath}/\pi$:

$$\bar{P}_L = \bar{I}^2 R_L = \left(\frac{\hat{u}}{\pi}\right)^2 \frac{R_L}{(R_D + R_L)^2} \tag{3.2}$$

Mit der während einer halben Periode zugeführten Wechselstromleistung $\tilde{P} = \frac{1}{4}\,\hat{u}^2\,(R_D + R_L)$ ($\frac{1}{4}\,\hat{u}\,\hat{\imath}$ und nicht $\frac{1}{2}\,\hat{u}\,\hat{\imath}$ , weil während der negativen Halbwelle kein Strom fließt) erhalten wir für den *Umformungswirkungsgrad* von Wechselstrom in Gleichstrom:

$$\eta = \frac{\bar{P}_L}{\tilde{P}} = \frac{4\,R_L}{\pi^2\,(R_D + R_L)} = \frac{4}{\pi^2}\,\frac{1}{1 + R_D/R_L} \tag{3.3}$$

Der Wirkungsgrad hängt also vom Diodeninnenwiderstand ab. Für $R_D/R_L \ll 1$ ist $\eta \approx 40\,\%$.

Der überlagerte Wechselstrom verursacht eine Brummspannung, deren Maß der sogenannte *Brummfaktor* darstellt, der wie folgt definiert ist:

$$\beta = \frac{\sqrt{I^2 - \bar{I}^2}}{\bar{I}} = \sqrt{\left(\frac{I}{\bar{I}}\right)^2 - 1} \tag{3.4}$$

wobei $I$ den Effektivwert des Wechselstromes (Grundschwingung) und der Zähler $\sqrt{I^2 - \bar{I}^2}$ den Effektivwert aller Oberschwingungen darstellt. Mit $I^2 = \hat{\imath}^2/2$ und $\bar{I}^2 = \hat{\imath}^2/\pi^2$ gilt für $\beta$:

$$\beta = \sqrt{\frac{\pi^2}{2} - 1} = 2 \tag{3.4 a}$$

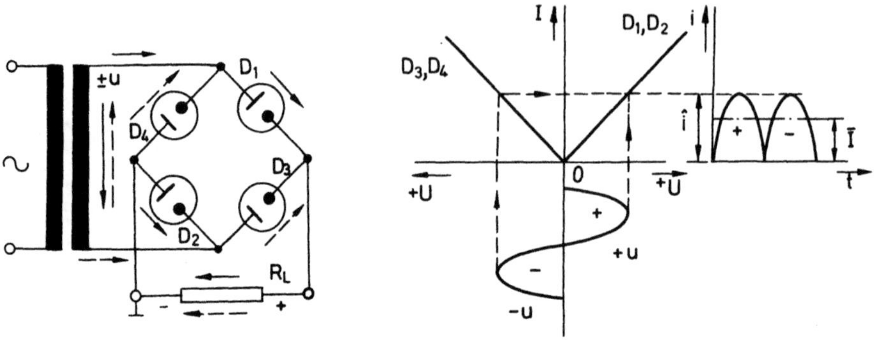


Bild 3.3 Wirkungsweise der Brückenschaltung (Doppelweggleichrichtung)

Eine Verbesserung des Wirkungsgrades und Verkleinerung der Brummspannung kann durch *Gegentaktschaltung* zweier Dioden (Bild 3.2) oder *Brückenschaltung* von vier Röhren erzielt werden (Bild 3.3). In beiden Schaltungen wird auch die negative Halbschwingung genutzt und damit der Wirkungsgrad auf das Doppelte verbessert (80 %), während der Brummfaktor auf den Wert $\beta = \sqrt{\pi^2/8 - 1} \approx 0{,}5$ zurückgeht. Eine weitere Anhebung des Strommittelwertes erfolgt durch *LC*-Siebglieder.

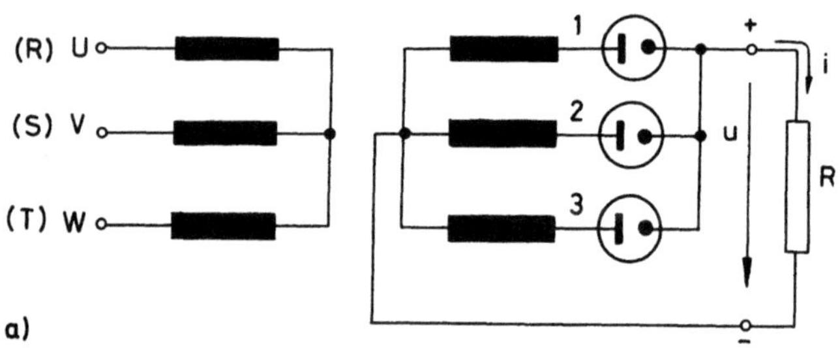


a)

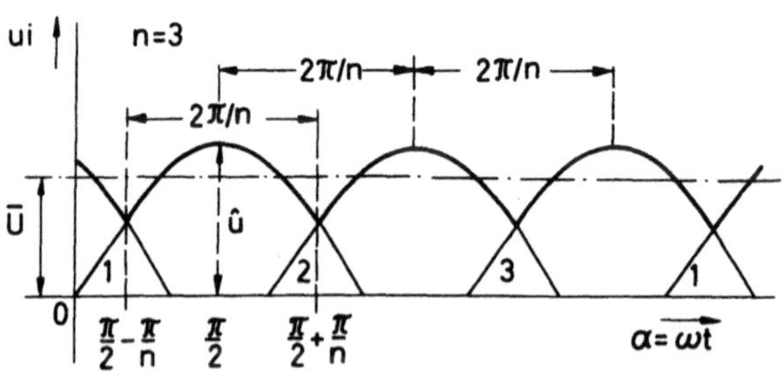


b)

Bild 3.4
Dreiphasiger Einweggleichrichter
a) Schaltung
b) Ausgangsspannung bzw. Strom durch den Belastungswiderstand

Die Brückenschaltung stellt einen echten *Doppelweg-*, *Vollweg-* oder *Zweiweggleichrichter* dar, d. h. es wird die negative Halbwelle durch die Schaltung tatsächlich nach oben geklappt. Bei der Gegentaktschaltung handelt es sich um eine *Zweiphasen-Einweggleichrichtung*, da der Einphasenwechselstrom durch die sekundäre Mittelanzapfung in zwei um 180° phasenverschobene Ströme transformiert wird, die in Einweggleichrichtung gleichgerichtet werden (vgl. Bild 3.2). Während der negativen Halbwellen läuft der Transformator leer und seine Leerlaufverluste verschlechtern den Wirkungsgrad. Ein gewisser Nachteil der Brückenschaltung besteht darin, daß man vier Elemente benötigt. Andererseits entfällt die Mittelanzapfung des Transformators.

Die besprochenen Gleichrichterschaltungen können auch an Mehrphasennetzen bei entsprechender Verkettung verwendet werden. Die drei Wechselspannungen eines dreiphasigen Netzes (Drehstrom) sind bekanntlich zeitlich und räumlich um 120° gegeneinander verschoben. Die Kurvenform des gewonnenen Gleichstromes ist hier naturgemäß gleichmäßiger und der Gleichstromanteil beträgt z. B. bei dreiphasiger Einweggleichrichtung etwa 80 % des Spitzenwertes (Bild 3.4).

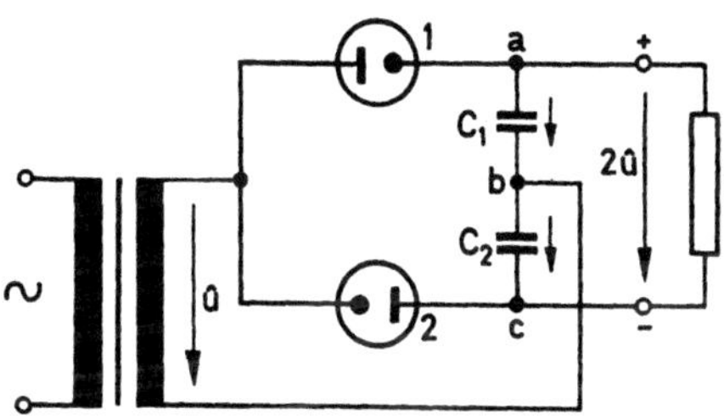


Bild 3.5
Spannungsverdopplung

Für den arithmetischen Mittelwert der Ausgangsspannung eines $n$-phasigen Gleichrichters kann nach Bild 3.4b allgemein geschrieben werden:

$$\overline{U} = \frac{1}{2\pi/n} \int_{-\pi/n}^{+\pi/n} \hat{u} \cos\alpha \, d\alpha = \frac{\hat{u}}{2\pi/n} \left| \sin\alpha \right|_{-\pi/n}^{+\pi/n}$$

oder

$$\overline{U} = \frac{\hat{u} \sin(\pi/n)}{\pi/n} \quad \text{für } n \geqq 2 \tag{3.5}$$

Damit erhalten wir für *Mehrphasengleichrichter* folgende Mittelwerte:

| $n$ | 2 | 3 | 6 | 12 |
|---|---|---|---|---|
| $\overline{U}/\hat{u}$ | 0,637 | 0,827 | 0,955 | 0,988 |

Dabei entspricht der sechsphasige Gleichrichter einer dreiphasigen und der zwölfphasige Gleichrichter einer sechsphasigen Zweiwegschaltung.

Von besonderem Interesse sind auch Diodenschaltungen zur *Gleichspannungsvervielfachung*. Man benötigt zum Aufbau solcher Schaltungen grundsätzlich unabhängige Gleichrichterstrecken, also Röhren mit getrennten Kathoden.

Bei der im Bild 3.5 dargestellten *Verdopplerschaltung* liegen die beiden Gleichrichterstrecken in Reihe mit dem Belastungswiderstand. Während der positiven Halbschwingung ist die Strecke 1 leitend und der Kondensator $C_1$

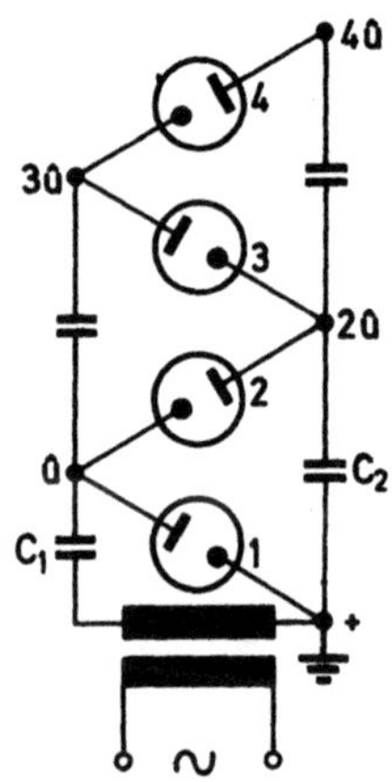


Bild 3.6
Spannungsvervielfachung

wird in der angedeuteten Richtung aufgeladen. Für die negative Halbschwingung wird die Strecke 2 leitend und der Kondensator $C_2$ wird aufgeladen. Die beiden Kondensatorspannungen addieren sich zum doppelten Spitzenwert der aufgedrückten Wechselspannung, so daß bei kleinen Innenwiderständen der Diodenstrecken und geringer Belastung die Gleichspannung von etwa $2\hat{u}$ zur Verfügung steht. Die Form der Ausgangsspannung entspricht der eines Zweiweggleichrichters. Je nachdem ob man Punkt a, b oder c erdet, kann die Gleichspannung negativ, symmetrisch oder positiv gegen

Erde abgenommen werden. *Kaskadenschaltungen* mit Diodenstrecken ermöglichen eine beliebige Spannungsvervielfachung (Bild 3.6). Während der positiven Halbschwingung wird der Kondensator $C_1$ in Verbindung mit der Diode 1 auf den Spitzenwert der Wechselspannung aufgeladen. Während der negativen Halbschwingung wird die Ladung über den bereits geladenen Kondensator $C_1$ zur Diode 2 fließen und den Kondensator $C_2$ auf den doppelten Spitzenwert aufladen. Weitere Verdopplerkaskaden erhöhen die Gleichspannung jeweils auf ein gerades Vielfaches der Spitzenspannung. Aus Isolationsgründen geht man selten über 1 MV hinaus. Die Kaskadenschaltung hat den Nachteil, daß die abgegebene Gleichspannung, ähnlich der Einweggleichrichtung, stark belastungsabhängig ist. Einen gewissen schaltungstechnischen Vorteil bietet die Möglichkeit, einen Pol der Transformatorwicklung und der Gleichspannung gemeinsam zu erden.

Wie sämtlichen Schaltbildern entnommen werden kann, bildet die Kathode stets den positiven Pol der Gleichrichterschaltung. Dies ist ohne weiteres verständlich, wenn man bedenkt, daß die emittierten Elektronen die Kathode positiver machen.

Statt Vakuumröhren können in allen Gleichrichterschaltungen auch *Trockengleichrichter* (Kupferoxydul- oder Selenelemente) sowie Kristalldioden als Ventile verwendet werden.

### 3.1.2. Gleichrichter mit Ladekondensator

Eine wesentliche Verbesserung des Gleichrichterwirkungsgrades erzielt man mit Hilfe eines sogenannten Lade- oder Pufferkondensators, der sich gleichzeitig mit der leitenden Röhre auflädt und in den stromlosen Zeiten über den Belastungswiderstand entladen wird (Bild 3.7). Da der Strom durch die Gleichrichterröhre nur während der positiven Spannungsspitzen fließt, bezeichnet man diese Gleichrichterart auch als *Spitzengleichrichtung*. Die so verbesserte Gleichspannung eines Zweiweggleichrichters kann näherungsweise, wie Bild 3.7 b zeigt, durch einen gebrochenen Linienzug dargestellt werden.

Damit gilt also für die Gleichspannung:

$$U = \hat{u} - \Delta u \qquad (3.6)$$

wobei $\Delta u$ die Amplitude der überlagerten Brummspannung bedeutet. Ist die Ladezeit sehr kurz, so kann näherungsweise angenommen werden, daß

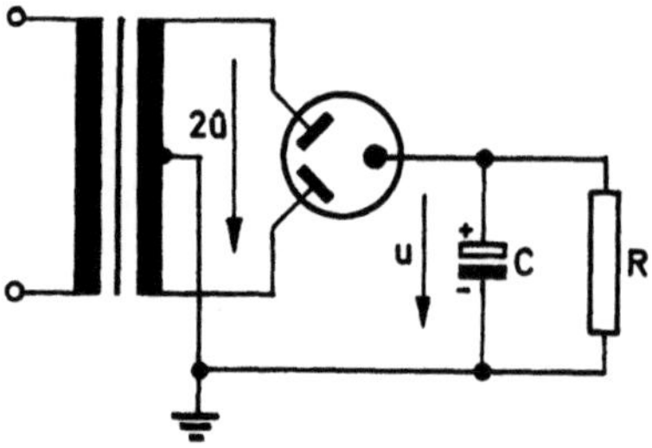


a)

Bild 3.7
Zweiweggleichrichter mit Ladekapazität

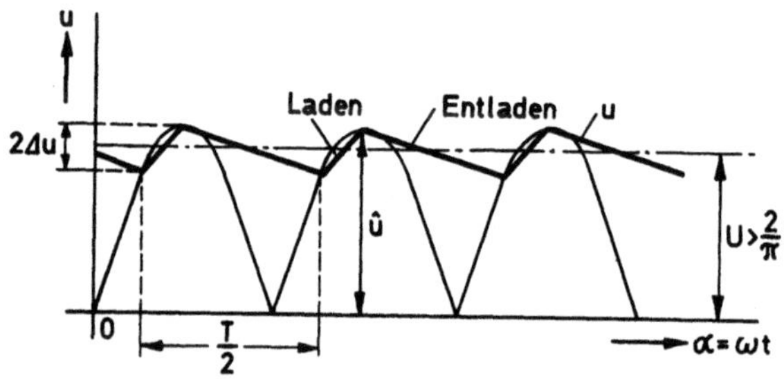


b)

sich der Kondensator während der ganzen Halbperiode $\pi$ mit dem Gleichstrom $I = U/R$ entlädt. Die aufgenommene Ladung $2\,\Delta u\,C$ wird etwa während der Zeit $T/2 = 1/2f$ abfließen und wir erhalten:

$$2\,\Delta u\,C \approx \frac{I}{2f} \tag{3.7}$$

oder

$$\Delta u \approx \frac{I}{4fC} = \frac{U}{4fCR} \tag{3.7 a}$$

Daraus definieren wir die *Welligkeit* der Gleichspannung zu:

$$\frac{\Delta u}{U} = \frac{1}{4fCR} = \frac{\pi}{2\omega CR} \tag{3.8}$$

Die Brummspannung $\Delta u$ nimmt also proportional mit dem Belastungsstrom $I$ zu und umgekehrt proportional mit der Ladekapazität $C$ ab (vgl. Bild 3.8).

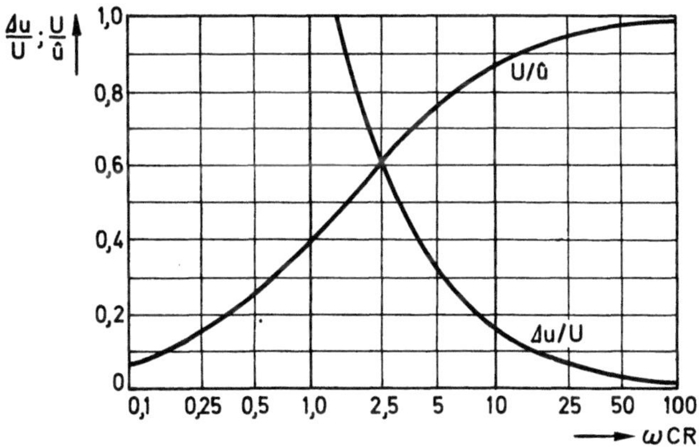


Bild 3.8 Belastungsabhängigkeit eines Zweiweggleichrichters mit Ladekapazität

Für die Gleichspannung gilt nun näherungsweise:

$$U = \hat{u} - \frac{U}{4fCR} \tag{3.6 a}$$

bzw.

$$\frac{U}{\hat{u}} = \frac{1}{1 + \frac{1}{4fCR}} = \frac{1}{1 + \frac{\pi}{2\omega CR}} \tag{3.6 b}$$

oder

$$\frac{U}{\hat{u}} = \frac{2\omega CR}{\pi + 2\omega CR} \tag{3.9}$$

Die Dimensionierung des Ladekondensators kann in der Regel genügend genau mit Hilfe der im Bild 3.8 grafisch dargestellten Beziehung (3.9) erfolgen. Die Ladekapazität kann jedoch nicht beliebig groß gewählt werden, da zu große Werte beim Einschalten hohe Stromstöße verursachen und die Gleichrichter u. U. gefährden.

*Beispiel:* Wie groß muß der Ladekondensator eines Zweiweggleichrichters bemessen werden, wenn die Welligkeit 10 % betragen darf und der Belastungswiderstand einen Wert von 5 kΩ besitzt?

*Lösung:* Für $\Delta u/U = 0{,}1$ ist $U/\hat{u} = 0{,}9$ und damit nach Bild 3.8 $\omega CR =$ 14,8 und daraus:

$$C = \frac{14{,}8}{\omega R} = \frac{14{,}8}{2\pi\, 50\,\mathrm{Hz} \cdot 5\,\mathrm{k\Omega}} = 9{,}42\,\mu\mathrm{F} \approx 10\,\mu\mathrm{F}$$

Den Spannungsabfall am Gleichrichterelement $\Delta\hat{u} = R_D\,\hat{\imath}$ muß die Sekundärspannung des Transformators decken. Dieser *Spannungsverlust* kann durch Röhren mit sehr geringem Anodenabstand oder durch Quecksilberdampf-Gleichrichterröhren klein gehalten werden, weil in beiden Fällen die Raumladung zwischen Kathode und Anode abgebaut wird und die Röhre einen kleineren Widerstand besitzt, d. h. bei gleicher Spannung an der Röhre fließt ein höherer Anodenstrom.

Besonders geringe Durchlaßwiderstände (0,002 Ωcm) und hohe Sperrspannungen (600 V) weisen *Siliciumgleichrichterzellen* auf. Diese Halbleitergleichrichter können bei geeigneter Kühlung mit Stromdichten bis zu 150 A/$\mathrm{cm}^2$ belastet werden. Ihre Sperrwirkung bleibt auch bei Betriebstemperaturen um 100 °C voll erhalten.

Wegen des hohen Verhältnisses Vor- zu Rückstrom der Siliciumzellen können Siliciumgleichrichter mit sehr hohem Wirkungsgrad (99 %) gebaut werden. Sie zeichnen sich durch lange Lebensdauer, geringe Abmessungen und kleines Gewicht aus.

### 3.1.3. Gleichrichter mit Drosseleingang

Bei hohen Belastungsströmen oder bei stark schwankender Belastung ist es zweckmäßiger den Gleichrichter mit einer Seriendrossel zu versehen, welche den Einschaltstoß dämpft und damit die Ventile schont (Bild 3.9).

Bei sehr großer Induktivität ist der Strom durch den Gleichrichter und den Belastungswiderstand nahezu konstant, weil die Drossel jeder Stromänderung entgegenwirkt. Im allgemeinen wird die Drosselinduktivität nicht beliebig groß gemacht werden können, so daß immer mit einem geringen Brumm gerechnet werden muß.

Die gelieferte Spannung eines Doppelweggleichrichters kann durch die folgende Fourier-Reihe dargestellt werden:

$$u = \frac{2}{\pi}\,\hat{u}\left(1 + \frac{2}{3}\cos 2\,\omega t - \frac{2}{15}\cos 4\,\omega t + \frac{2}{25}\cos 6\,\omega t - \dots\right)$$

wobei es meist genügt die ersten beiden Glieder der Reihe zu berücksichtigen.

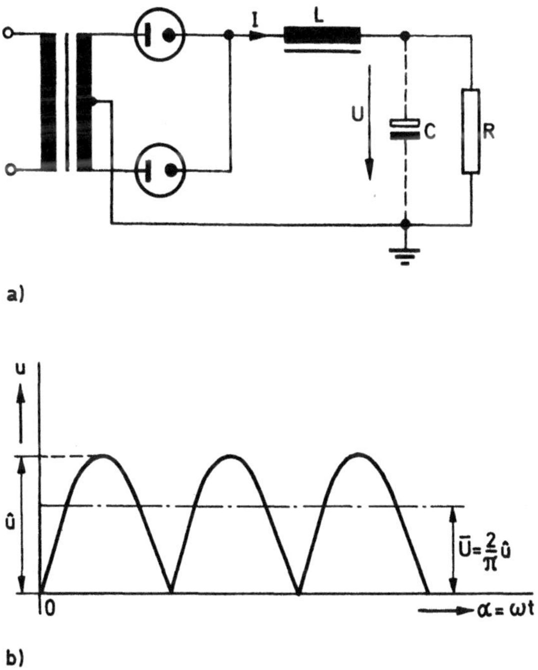


Bild 3.9
Zweiweggleichrichter mit Eingangsdrossel

Der Gleichstrom durch die Induktivität beträgt damit:

$$I = \frac{2}{\pi}\frac{\hat{u}}{R} = \frac{U}{R}$$

Der ohmsche Widerstand der Drossel ist hierbei vernachlässigt worden. Für die Amplitude der zweiten Harmonischen erhalten wir aus

$$u_L = L\frac{di_2}{dt} = \frac{4\hat{u}}{3\pi}\cos 2\omega t$$

oder

$$\frac{di_2}{dt} = \frac{4}{3\pi}\frac{\hat{u}}{L}\cos 2\omega t$$

Nach durchgeführter Integration gilt:

$$i_2 = \frac{2}{3\pi}\frac{\hat{u}}{\omega L}\sin 2\omega t$$

und damit ist schließlich:

$$\hat{\imath}_2 = \frac{2}{3\pi}\frac{\hat{u}}{\omega L} = \frac{U}{3\,\omega L} = \frac{I R}{3\,\omega L}$$

Soll nun $\hat{\imath}_2 \ll I$ sein (gute Glättung), so muß $R \ll 3\,\omega L$ gemacht werden. Als Dimensionierungsregel gilt also für $f = 50$ Hz:

$$\frac{L}{R} \geqq \frac{1}{3\,\omega} = \frac{1}{3 \cdot 2\pi\, 50\,\text{Hz}} \approx \frac{1}{940}\,\text{s} \tag{3.10}$$

oder mit $R = U/I$ gilt auch

$$L \geqq \frac{U}{I}\,\frac{1}{940\ \text{s}^{-1}} \tag{3.10 a}$$

Da die Drossel durch den Gleichstrom vormagnetisiert wird, ist $L$ eine dynamische Induktivität und damit wesentlich geringer als der statische Wert.

Zur Verbesserung der Brummsiebung wird parallel zum Belastungswiderstand ein großer Kondensator geschaltet, wobei $\omega C \gg 1/R$ sein soll. Die Kapazität wirkt gleichzeitig stabilisierend auf die Gleichspannung, die damit unabhängig vom Laststrom ist.

Die zweite Harmonische des Stromes $\hat{\imath}_2$ verursacht am Lastwiderstand die Brummspannung

$$\hat{u}_2 = \hat{\imath}_2 \sqrt{R^2 + \left(\frac{1}{2\,\omega C}\right)^2} \approx \frac{\hat{\imath}_2}{2\,\omega C} = \frac{U}{6\,\omega^2 L C}$$

oder

$$\frac{\hat{u}_2}{U} = \frac{1}{6\,\omega^2 L C} \tag{3.11}$$

Bei gegebenem $L$ nach Gleichung (3.10) und zulässigem Brumm $\hat{u}_2/U$ kann das erforderliche $C$ aus der Gleichung (3.11) berechnet werden.

Die Gleichrichterschaltung mit Drosseleingang hat den Nachteil, daß die abgegebene Gleichspannung kleiner ist als bei Schaltungen mit Kondensatoreingang. Von Vorteil ist jedoch, daß die Gleichspannung weitgehend belastungsunabhängig ist. Im Leerlauf steigt allerdings die Spannung am Kondensator auf den Spitzenwert an. Man wird daher in der Regel diesen Betriebszustand meiden und den Gleichrichter gegebenenfalls mit einem geeigneten Widerstand vorbelasten, so daß stets $I \geqq U/L \cdot 1/940\ \text{s}^{-1}$ ist.

### 3.1.4. Brummsiebung

Soll die Brummspannung kleiner als 1 % der Gleichspannung betragen, so ist es zweckmäßig dem Belastungswiderstand ein *LC*-Siebglied vorzuschalten (Bild 3.10).

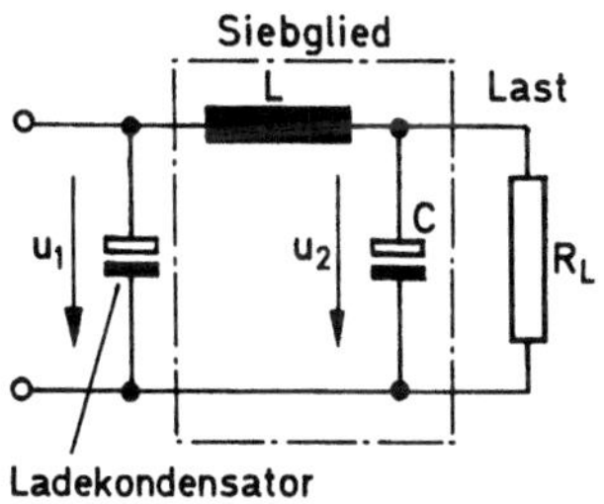


Bild 3.10
*LC*-Siebglied eines Gleichrichters

Für das Verhältnis der Brummspannungen am Eingang und Ausgang des Siebgliedes gilt, wenn $R_L \gg 1/\omega C$ gemacht wird:

$$\frac{u_1}{u_2} \approx \frac{\omega L - \dfrac{1}{\omega C}}{-\dfrac{1}{\omega C}} = 1 - \omega^2 L C$$

Da das Verhältnis $u_1/u_2$ stets groß gegen 1 ist, kann für die Amplituden (Beträge) annähernd geschrieben werden:

$$\frac{\hat{u}_1}{\hat{u}_2} \approx \omega^2 L C \quad \text{oder} \quad L C \approx \frac{1}{\omega^2} \frac{\hat{u}_1}{\hat{u}_2} \tag{3.12}$$

Die Brummfrequenz $\omega = 2\pi f$ beträgt bei Zweiweggleichrichtung $f = 100$ Hz. Die prozentuale Ausgangsbrummspannung $\hat{u}_2/U$ als Funktion des *LC*-Produktes bei verschiedenen prozentualen Brummspannungen $\hat{u}_1/U$ am Eingang des Siebgliedes zeigt Bild 3.11.

Aus dem ermittelten *LC*-Produkt ist zur Vermeidung von Resonanzerscheinungen die Siebinduktivität wie folgt zu dimensionieren:

$$L > \frac{1}{\omega^2 C} \tag{3.13}$$

*Beispiel:* Die Welligkeit am Ladekondensator von 10 % soll am Lastwiderstand nur noch 0,5 % betragen. Ermittle die *L*- und *C*-Werte des Siebgliedes bei Zweiweggleichrichtung.

*Lösung:* Der Schnittpunkt der 0,5%-Geraden mit der Parametergeraden für 10% liefert das $LC$-Produkt von 50 (vgl. Bild 3.11).

Wählen wir nun $C = 5\,\mu F$, so ist $L = 10\,H$. Da der $L$-Wert viel größer ist als $1/\omega^2 C = 0{,}5\,H$, tritt bei der Brummfrequenz keine Resonanz zwischen den Siebgliedern auf.

Auch die Werte $C = 10\,\mu F$ und $L = 5\,H$ liefern die gleiche Siebwirkung, wobei der kleinere $L$-Wert entsprechend der geringeren Windungszahl einen kleineren Spannungsverlust an der Siebdrossel bedingt und u. U. vorzuziehen ist.

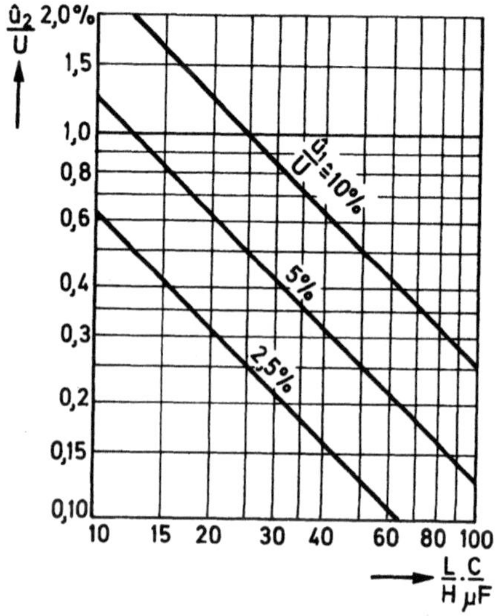


Bild 3.11
Nomogramm zur $LC$-Siebung bei Zweiweggleichrichtung

Die Brummsiebung ist von besonderer Bedeutung bei elektroakustischen Verstärkeranlagen, weil der Netzbrumm mitverstärkt wird und die Wiedergabe beeinträchtigt. In solchen Anlagen ist man bestrebt die Brummspannung kleiner als 0,1% zu halten. Zu diesem Zweck werden auch mehrere Siebglieder in Kette geschaltet, wodurch sich die Siebwirkung vervielfacht.

### 3.1.5. Hochfrequenzgleichrichtung (Demodulation)

Steuert man eine Diode mit einer amplitudenmodulierten Hochfrequenzspannung symmetrisch zum Spannungsnullpunkt aus, so fließt ein Strom nur bei positiven Spannungen und die negative Hälfte der Schwingung wird

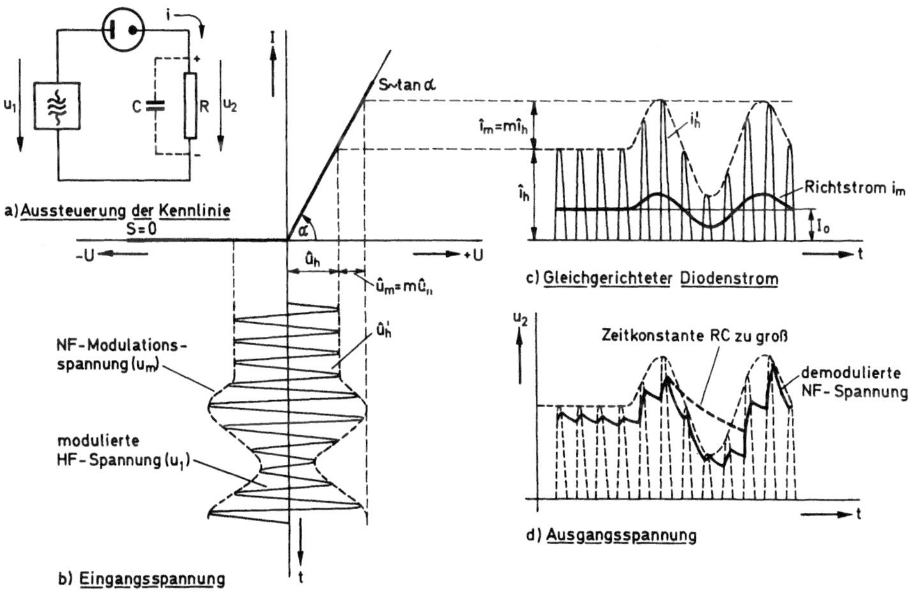


Bild 3.12 Wirkungsweise eines Hochfrequenzgleichrichters

praktisch abgeschnitten (Bild 3.12). Für die im Takte der niederfrequenten Modulationsspannung $u_m = \hat{u}_m \sin \omega_m t$ schwankende Amplitude der Hochfrequenzspannung kann geschrieben werden:

$$\hat{u}_h{}' = \hat{u}_h + \hat{u}_m \sin \omega_m t = \hat{u}_h (1 + m \sin \omega_m t) \tag{3.14}$$

wenn mit $m = \hat{u}_m / \hat{u}_h \leqq 1$ der *Modulationsgrad* bezeichnet wird. Bei linearer Gleichrichterkennlinie ist der Diodenstrom proportional der angelegten Spannung und es gilt entsprechend der Steilheit $S$ der Arbeitskennlinie:

$$\hat{\imath}_h{}' = \hat{u}_h S \, (1 + m \sin \omega_m t) \equiv \hat{\imath}_h \, (1 + m \sin \omega_m t) \tag{3.15}$$

wobei $\hat{u}_h S = \hat{\imath}_h$ gesetzt wurde.

Der wirksame Niederfrequenzstrom ist durch den arithmetischen Mittelwert der Sinushalbschwingungen gegeben. Dieser Mittelwert wird als *Richtstrom* $\Delta i$ bezeichnet:

$$\Delta i = \frac{\hat{u}_h S}{\pi} (1 + m \sin \omega_m t) = \frac{\hat{\imath}_h}{\pi} (1 + m \sin \omega_m t) \tag{3.16}$$

Dem Richtstrom ist der restliche Hochfrequenzstrom überlagert.

Der durch die Diode und den Lastwiderstand fließende *Mischstrom* besteht also aus drei Komponenten:

*Gleichstromanteil* (Richtgleichstrom)

$$I_0 = \frac{\hat{u}_h S}{\pi} \tag{3.17}$$

ist der unmodulierten HF-Spannungsamplitude und der Steilheit der Arbeitskennlinie proportional;

*Niederfrequenzstrom* (Richtwechselstrom)

$$i_m = \frac{m \hat{u}_h S}{\pi} \sin \omega_m t \tag{3.18}$$

der Modulationsfrequenz $\omega_m$ stellt die demodulierte Hochfrequenzschwingung dar;

*Hochfrequenzstrom* $i_h$ ist die restliche Hochfrequenzschwingung, welche infolge des relativ großen Frequenzabstandes von der Modulationsfrequenz leicht ausgesiebt werden kann.

Die drei Stromkomponenten $I_0$, $i_m$, $i_h$ erzeugen am Lastwiderstand $R$ die proportionalen Spannungsabfälle $U_0$, $u_m$ und $u_h$. Schaltet man parallel zum Belastungswiderstand $R$ einen Kondensator $C$, so wird dieser die restliche Hochfrequenzspannung praktisch kurzschließen. Man verbessert dadurch gleichzeitig auch den Gleichrichterwirkungsgrad, da nun die volle Hochfrequenzspannung an der Diode wirksam ist und einen höheren Durchlaßstrom erzeugt. Der Kondensator hat weiter eine ähnliche Aufgabe wie die *Ladekapazität* eines Netzgleichrichters. Er darf allerdings keinesfalls zu groß sein, damit die Niederfrequenzspannung nicht wesentlich verfälscht wird (vgl. Bild 3.12 d). Er hängt auch von der Größe des Lastwiderstandes ab, da dieser die Entladung beeinflußt. Im allgemeinen soll $T_h \ll RC \approx 100 \ldots 300\ \mu s \ll T_m$ sein, was relativ einfach zu erzielen ist, da die Periode (Schwingungsdauer) der HF-Schwingung $T_h$ viel kleiner als die Periode der NF-Modulationsschwingung $T_m$ ist.
Die Trennung der Niederfrequenzspannung vom Gleichspannungsabfall kann z. B. durch einen genügend großen NF-Kopplungskondensator erfolgen.

Die *Richtgleichspannung* $U_0$ spannt den Gleichrichter soweit negativ vor, daß praktisch nur die Spitzen der positiven Halbschwingungen der Hochfrequenzspannung einen Diodenstrom hervorrufen (Bild 3.13). Jetzt findet eine sogenannte *Spitzengleichrichtung* statt und die negativen Halbschwingungen werden nicht mehr einfach abgeschnitten. Sie bilden vielmehr die

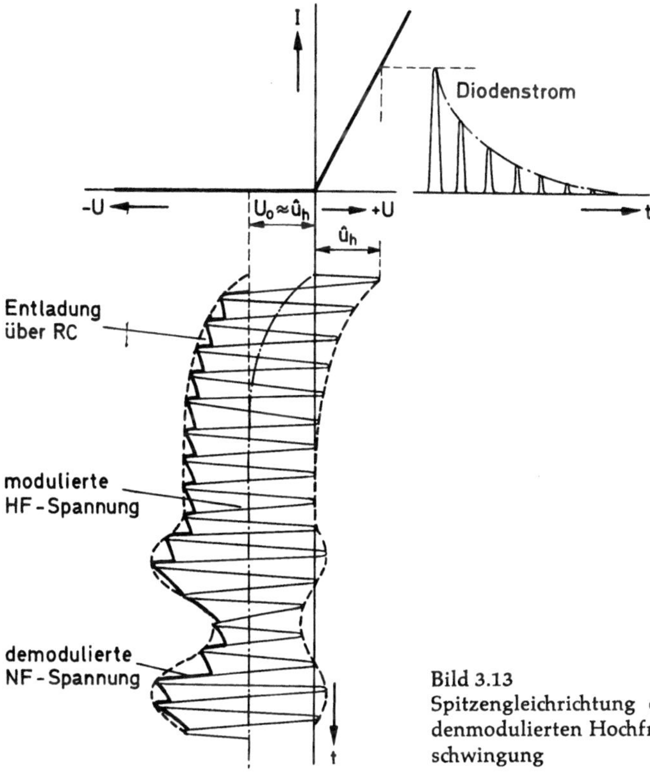


Bild 3.13
Spitzengleichrichtung einer amplitudenmodulierten Hochfrequenzschwingung

demodulierte Spannung (vgl. auch S. 191). Die Diodenstrecke wirkt lediglich als Ventil ohne wesentlichen Spannungsverbrauch, so daß die Richtgleichspannung $U_0$ praktisch gleich der Hochfrequenzamplitude $\hat{u}_h$ ist (vgl. Bild 3.13). Die Gleichspannung $U_0$ kann daher als *Regelspannung* für eine automatische, der Hochfrequenzamplitude proportionale Regelung verwendet werden.

Bei linearer Gleichrichterkennlinie erfolgt die Demodulation weitgehend verzerrungsfrei, da der Mischstrom keine Oberschwingungen der Modulationsfrequenz enthält (lineare Gleichrichtung). Hat der verwendete Gleichrichter eine quadratische oder exponentielle Kennlinie, so treten im Richtwechselstrom außer der gewünschten Modulationsfrequenz $\omega_m$ auch die unerwünschten Oberschwingungen $2\,\omega_m$ auf (vgl. S. 7), welche *Demodulationsverzerrungen* bewirken (quadratische Gleichrichtung).

## 3.2. Verstärker und Oszillatoren

### 3.2.1. Betriebsarten

Die Steuerkennlinie (Arbeitskennlinie) wird im allgemeinen durch eine Gleichspannung (Vorspannung) $U$ und durch eine überlagerte (sinusförmige) Wechselspannung der Amplitude $\hat{u}$ ausgesteuert. Dabei können grundsätzlich drei Lagen des Arbeitspunktes A auf der Steuerkennlinie unterschieden werden (Bild 3.14).

Bei *A-Betrieb* liegt der von der Steuerwechselspannung überstrichene Kennlinienteil völlig im Durchlaßbereich, d. h. der Ausgangsstrom fließt während der ganzen Schwingungsdauer der Wechselspannung. Man definiert als Maß hierfür den sogenannten *Stromflußwinkel* $\Theta$, welcher der halben Stromflußzeit entspricht. Im A-Betrieb ist also $\Theta = 180°$. Bei kleinen Steuerspannungen $u$ sind die Verzerrungen durch die Nichtlinearität der Kennlinie gering. Der A-Betrieb hat einen relativ schlechten Wirkungsgrad von etwa 25 % bei Vollaussteuerung und eignet sich nur zur Vorverstärkung kleiner Signale oder für Endverstärker kleinerer Leistung.

Beim *B-Betrieb* überstreicht nur eine Halbschwingung der Wechselspannung den Durchlaßbereich, so daß der Stromflußwinkel hier 90° beträgt. Die Betriebsart B zeichnet sich durch einen guten Wirkungsgrad, von etwa 50 % aus, weil beim fehlenden Eingangssignal kein Ausgangsruhestrom fließt. Der impulsförmige Ausgangsstrom hat große *Verzerrungen* zur Folge, so daß der B-Betrieb zur Wiedergabeverstärkung nur in *Gegentaktschaltungen* angewendet werden kann. Er eignet sich jedoch gut zur Verarbeitung von Impulsen. Die erforderliche Spannung zur Vollaussteuerung ist relativ groß.

Beim *C-Betrieb* liegt weniger als eine Halbschwingung der Wechselspannung im Durchlaßbereich. Der Stromflußwinkel ist kleiner als 90°. Aus Bild 3.14 c folgt für den Stromflußwinkel $\Theta$ als Funktion der Steuerwechselspannung ($\hat{u}_{st}$) und der Kennlinieneigenschaft ($U_{st}$):

$$-\frac{U_{st}}{\hat{u}_{st}} = \sin(90° - \Theta)$$

und daraus

$$\cos\Theta = -\frac{U_{st}}{\hat{u}_{st}} = -\frac{U_g + D\,U_a}{\hat{u}_g - D\,\hat{u}_a} \tag{3.19}$$

wobei $U_{st}$ die Verschiebung des Arbeitspunktes gegenüber Null bedeutet. Für $U_{st} = 0$ ist $\Theta = 90°$ (B-Betrieb).

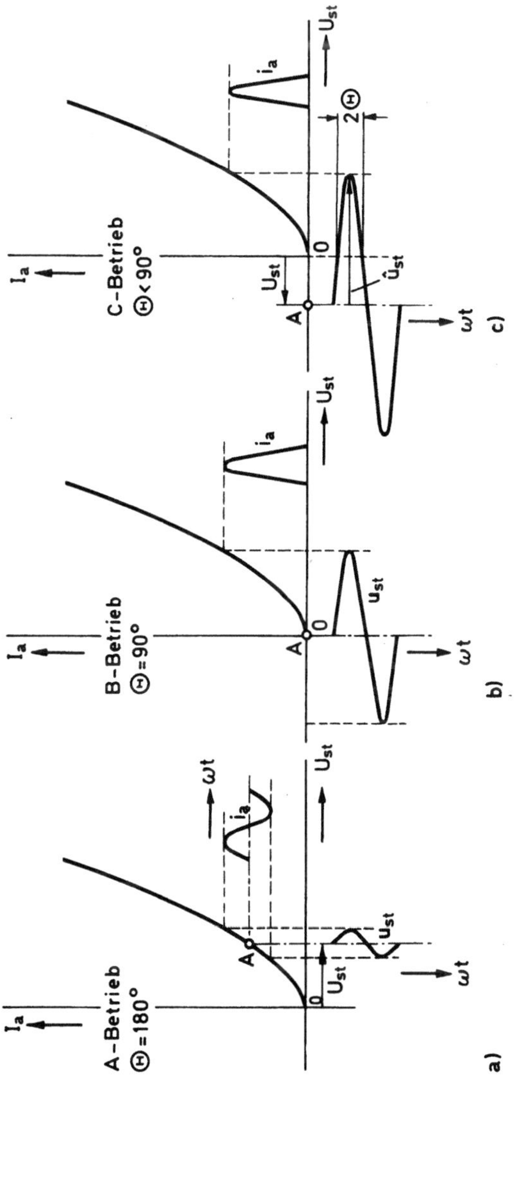


Bild 3.14 Wahl des Arbeitspunktes bei verschiedenen Betriebsarten

Der C-Betrieb hat einen sehr guten Wirkungsgrad von rund 90 %, so daß sich diese Betriebsart zur Verstärkung sehr großer Leistungen eignet und bei Senderverstärkern angewendet wird. Die großen Verzerrungen sind hierbei insofern nicht störend, da die Oberschwingungen durch die Resonanzwirkung des Schwingungskreises kurzgeschlossen werden. Man kann aber den Schwingungskreis auch auf eine höhere Harmonische abstimmen und hierdurch eine *Frequenzvervielfachung* erzielen. Für den C-Betrieb werden allerdings große Steueramplituden benötigt.

Eine weitere Betriebsart, der sogenannte *AB-Betrieb*, ist eine Kombination von A- und B-Betrieb. Der Arbeitspunkt liegt hier etwas tiefer als beim normalen A-Betrieb und rutscht bei größerer Aussteuerung in den B-Betrieb über. Die Betriebsart eignet sich für die Gegentaktschaltungen bei Wiedergabeverstärkern.

Bei A-Betrieb ist die richtige Einstellung des Arbeitspunktes besonders wichtig (Bild 3.15).

Wird die Aussteuerung infolge ungünstiger Vorspannung im gekrümmten Kennlinienteil vorgenommen oder ist die Steuerspannung zu hoch, so daß eine *Übersteuerung* eintritt (Gitter zeitweise positiv), entsteht eine *Verzerrung* des Ausgangsstromes und damit auch der Ausgangsspannung.

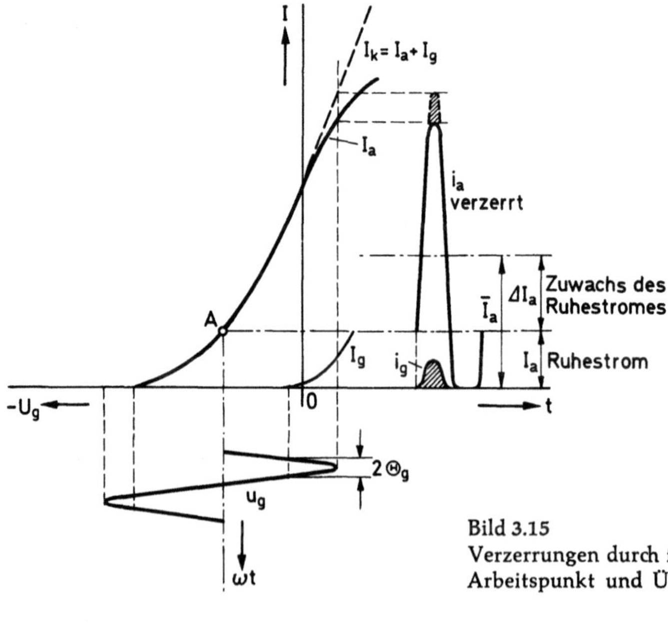


Bild 3.15
Verzerrungen durch falschen Arbeitspunkt und Übersteuerung

Durch Auftreten des Gitterstromes und Aussteuerung in den Sperrbereich der Röhre erfolgt auch ein Beschneiden der Amplitude, d. h. eine *Amplitudenbegrenzung* oder auch eine teilweise *Gleichrichtung*, die ein Ansteigen des Ruhestromes zur Folge hat.

### 3.2.2. Nichtlineare Verzerrungen (Klirrfaktor)

Die Arbeitskennlinie ist praktisch keine Gerade, da der ungleichmäßige Kennlinienabstand Durchgriffsverzerrungen und die Neigung der Widerstandsgeraden Steilheitsänderungen bewirken.

Die Aussteuerung der Röhre in den gekrümmten Kennlinienteil hat nichtlineare Verzerrungen (Oberschwingungen) zur Folge. Ein Maß für den Oberwellengehalt ist der wie folgt deffinierte *Klirrfaktor:*

$$k = \frac{\sqrt{\hat{\imath}_2^2 + \hat{\imath}_3^2 + \ldots}}{\sqrt{\hat{\imath}_1^2 + \hat{\imath}_2^2 + \hat{\imath}_3^2 + \ldots}} \approx \frac{\sqrt{\hat{\imath}_2^2 + \hat{\imath}_3^2 + \ldots}}{\hat{\imath}_1} \quad (3.20)$$

wobei $\hat{\imath}_1$ die Amplitude der Grundschwingung (1. Harmonische) und $\hat{\imath}_2$, $\hat{\imath}_3$ usw. Amplituden der Oberschwingungen (höhere Harmonische) bedeuten. Die Näherung gilt nur bei kleinen Verzerrungen ($< 5\,\%$) und kann oft zur überschlägigen Berechnung verwendet werden.

Hat die Steuerkennlinie eine quadratische Form, so folgt der Anodenstrom bei kurzgeschlossenem Ausgang ($u_a = 0$) der Gleichung:

$$i_a = S\,(u_g + D\,U_a)^2 \quad (3.21)$$

Mit $S = 1$ mA/V, $D\,U_a = 10$ V und $u_g = (-\,5 + 4\sin\omega t)$ V erhalten wir z. B. für den Augenblickswert des Stromes:

$$i_a = 1\,\text{mA/V} \cdot (-\,5 + 4\sin\omega t + 10)^2\,\text{V} = (5 + 4\sin\omega t)^2\,\text{mA}$$

oder

$$i_a = (25 + 40\sin\omega t + 16\sin^2\omega t)\,\text{mA}$$

Mit $\sin\omega t = x$ kann auch allgemein geschrieben werden:

$$i_a = a + b\,x + c\,x^2. \quad (3.22)$$

Berücksichtigen wir weiter, daß $\sin^2\omega t = \frac{1}{2} - \frac{1}{2}\cos 2\,\omega t$ ist, so erhält man:

$$i_a = a + b\sin\omega t + \frac{c}{2} - \frac{c}{2}\cos 2\,\omega t$$

oder

$$i_a = \left(a + \frac{c}{2}\right) + b\sin\omega t - \frac{c}{2}\cos 2\,\omega t \quad (3.23)$$

Setzt man hierin $\bar{I}_a = a + c/2$, $\hat{\imath}_{a1} = b$ und $\hat{\imath}_{a2} = c/2$, so ist schließlich:

$$i_a = \bar{I}_a + \hat{\imath}_{a1} \sin \omega t - \hat{\imath}_{a2} \cos 2\,\omega t \tag{3.23 a}$$

Mit den Zahlenwerten $\hat{\imath}_{a1} = 40$ mA und $\hat{\imath}_{a2} = 8$ mA erhalten wir für den Klirrfaktor:

$$k = \frac{8}{\sqrt{1600 + 64}} = \frac{8}{40{,}8} = 0{,}196 = 19{,}6\,\%$$

Die Näherung liefert in guter Übereinstimmung den Wert $k = 8/40 = 0{,}2$.

Bei komplizierteren Arbeitskennlinien (Parabeln höheren Grades) entstehen entsprechend dem Grad der Gleichung Harmonische höherer Ordnungszahl.

Oft ist es zweckmäßiger die Krümmung der vorliegenden Arbeitskennlinie grafisch auszuwerten. Die praktisch häufigsten Formen der Steuerkennlinien zeigt Bild 3.16. Die in etwa quadratische Kennlinienform tritt in der Regel bei Trioden und Transistoren auf. Die S-Kennlinienform (Gleichung 4. Grades) weisen belastete Pentoden auf.

Zur grafischen Ermittlung des Klirrfaktors wird der Aussteuerbereich in zwei bzw. vier gleiche Teile unterteilt. Für den etwa quadratischen Kennlinienverlauf erhalten wir mit der Näherung

$$i = a + b\,x + c\,x^2 \tag{3.24}$$

wobei $x$ zwischen den Grenzen $+1$ und $-1$ schwankt, die drei Bestimmungsgleichungen mit den Wertepaaren ($x = 0$, $i = i_c$), ($x = +1$, $i = i_e$) und ($x = -1$, $i = i_a$):

$$i_c = a\,, \quad i_e = a + b + c \quad \text{und} \quad i_a = a - b + c$$

Daraus ergeben sich die Konstanten $a$, $b$ und $c$ zu:

$$a = i_c\,, \quad b = \frac{i_e - i_a}{2} \quad \text{und} \quad c = \frac{i_e + i_a}{2} - i_c$$

Damit gilt für die 1. und 2. Harmonische, weil $\hat{\imath}_{a1} = b$ und $\hat{\imath}_{a2} = c/2$ ist (vgl. die Ausführungen weiter oben):

$$\hat{\imath}_{a1} = \frac{i_e - i_a}{2} \quad \text{und} \quad \hat{\imath}_{a2} = \frac{i_e + i_a}{4} - \frac{i_c}{2} \tag{3.25}$$

Für den mittleren Gleichstrom erhalten wir mit $\bar{I}_a = a + c/2$:

$$\bar{I}_a = \frac{i_e + i_a}{4} + \frac{i_c}{2} \tag{3.26}$$

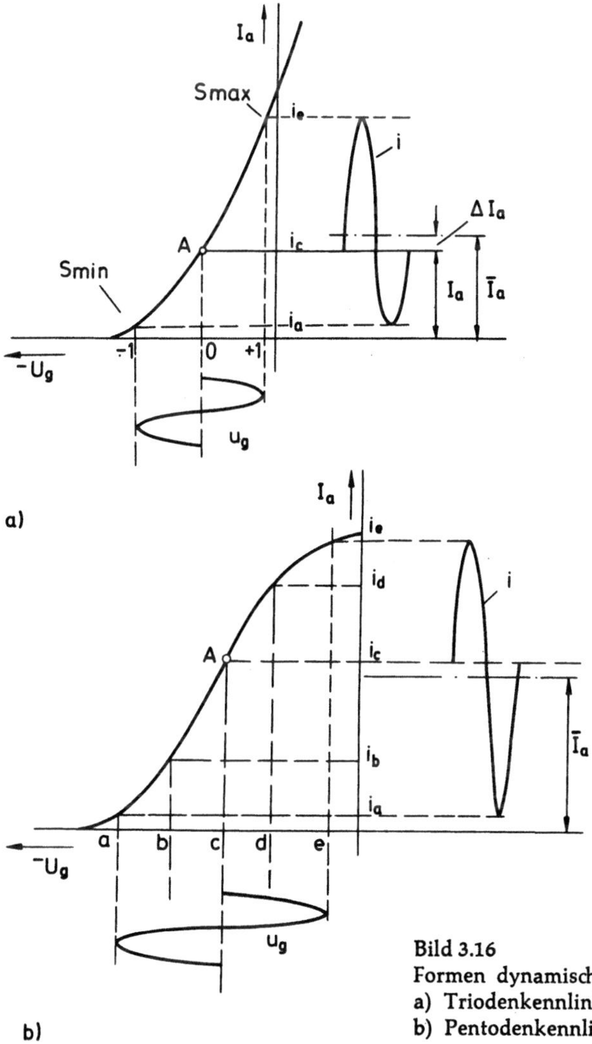


Bild 3.16
Formen dynamischer Steuerkennlinien
a) Triodenkennlinie
b) Pentodenkennlinie

Damit kann der Klirrfaktor näherungsweise zu $k = \hat{\imath}_{a2}/\hat{\imath}_{a1}$ berechnet werden.

Ähnlich erhalten wir für die S-Kennlinie aus dem Ansatz (vgl. auch S. 6 und 7):

$$i = a + b\,x + c\,x^2 + dx^3 + e\,x^4 \tag{3.27}$$

wobei $x = \sin \omega t$ die Werte $\pm 0{,}5$ und $\pm 1$ annimmt, die Amplituden der einzelnen Harmonischen und den mittleren Gleichstromanteil zu:

$$
\begin{aligned}
\hat{\imath}_{a1} &= \frac{i_e - i_a}{3} + \frac{i_d - i_b}{3} \\
\hat{\imath}_{a2} &= \frac{i_e + i_a}{4} - \frac{i_c}{2} \\
\hat{\imath}_{a3} &= \frac{i_e - i_a}{6} - \frac{i_d - i_b}{3} \\
\hat{\imath}_{a4} &= \frac{i_e + i_a}{12} - \frac{i_d + i_b}{3} + \frac{i_c}{2} \\
\overline{I}_a &= \frac{i_a + i_e}{6} + \frac{i_d + i_b}{3}
\end{aligned}
\qquad (3.28)
$$

Dabei kann meist die vierte Harmonische gegen die übrigen Werte vernachlässigt werden.

Für den verzerrten Stromverlauf gilt nun:

$$i_a = \overline{I}_a + \hat{\imath}_{a1} \sin \omega t - \hat{\imath}_{a2} \cos 2\,\omega t - \hat{\imath}_{a3} \sin 3\,\omega t + \hat{\imath}_{a4} \cos 4\,\omega t \qquad (3.29)$$

wobei die Amplituden der Harmonischen mit steigender Ordnungszahl abnehmen.

Ein geeignetes Maß für die Krümmung einer Kennlinie ist auch der sogenannte *Modulationsfaktor,* der wie folgt definiert ist:

$$m = \frac{S_{\max} - S_{\min}}{S_{\max} + S_{\min}} \qquad (3.30)$$

wobei $S_{\max}$ und $S_{\min}$ die Extremwerte der Kennliniensteilheit im Aussteuerbereich der Arbeitskennlinie bedeuten (vgl. Bild 3.16 a). Bei linearer Kennlinie, d. h. bei konstanter Steilheit ist also $m = 0$. Ein Modulationsfaktor von z. B. 20 % entspricht einem Klirrfaktor von etwa 3 ... 5 %.

### 3.2.3. Maximale Wechselstromleistung bei A-Betrieb

Die Leistungsabgabe wird im wesentlichen durch die Abnahme des Ausgangsstromes bei kleinen Spannungen begrenzt (Bild 3.17). Es muß also die *Restspannung* $u_r$ möglichst klein sein, d. h. die Widerstandsgerade des inneren Leistungswiderstandes $R_{iL}$ sehr steil bzw. $R_{iL} = u_r / i_{a\,\max}$ (Restwiderstand) sehr klein sein. Meist ist $u_r \approx 0{,}1\, U_a$, d. h. man kann mit einer 90 %igen *Spannungsausnutzung* rechnen.

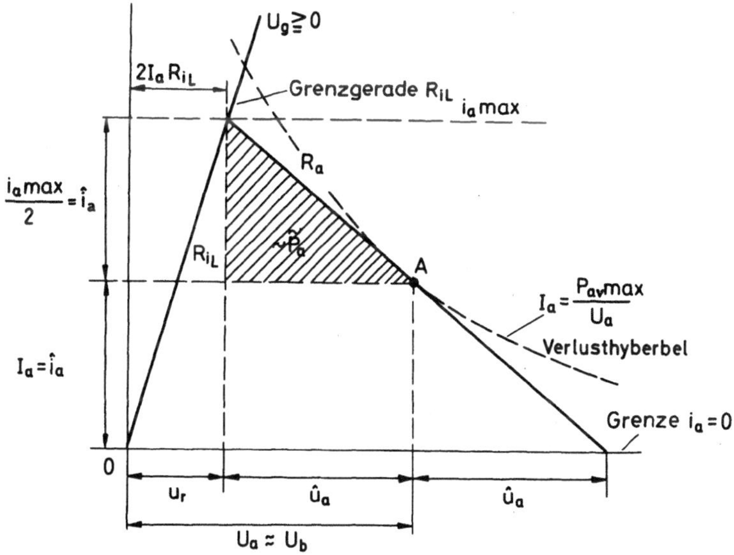


Bild 3.17 Aussteuerungsverhältnisse im Ausgangskennlinienfeld bei sehr großen Strom- und Spannungsamplituden im A-Betrieb

Die *Grenzen der Aussteuerung* ergeben sich also aus den Bedingungen $u_a = R_{iL}\,i_a$ und $i_a = 0$, wobei $u_a$, $i_a$ Augenblickswerte bedeuten.

Der Arbeitspunkt A und die dynamische Widerstandsgerade $R_a$ sind so zu wählen, daß maximale Wechselstromleistung entsteht (schraffiertes Dreieck möglichst groß) und Punkt A die Widerstandsgerade halbiert (Symmetriebedingung für A-Betrieb). Dann folgt aus Bild 3.17 für Vollaussteuerung mit dem höchstzulässigen Anodenstrom ohne Rücksicht auf Verzerrungen:

$$u_r = 2\,I_a R_{iL} = U_a - \hat{u}_a = U_a - R_a \hat{\imath}_a = U_a - R_a I_a$$

und daraus der dynamische *Außenwiderstand*

$$R_a = \frac{U_a}{I_a} - 2\,R_{iL} \tag{3.31}$$

Für $R_{iL} \approx 0$ (Pentoden) ist $R_a \approx U_a/I_a$.

Für die abgegebene *Wechselstromleistung* kann also geschrieben werden:

$$\tilde{P}_a = \frac{1}{2}\,\hat{\imath}_a^2 R_a = \frac{1}{2}\,I_a^2 R_a$$

oder mit Ausdruck (3.31)

$$\tilde{P}_a = \frac{1}{2} I_a (U_a - 2 I_a R_{iL}) \tag{3.32}$$

Das Maximum der Wechselstromleistung ergibt sich aus $d\tilde{P}_a/dI_a = 0$ zu:

$$\frac{1}{2} (U_a - 2 I_a R_{iL}) - I_a R_{iL} = 0$$

daraus

$$I_{a\,\text{opt}} = \frac{1}{4} \frac{U_a}{R_{iL}} \tag{3.33}$$

und damit schließlich

$$\tilde{P}_{a\,\max} = \frac{1}{16} \frac{U_a^2}{R_{iL}} \tag{3.34}$$

Die Anodenspannung der Röhre $U_a \leqq U_{a\,\max}$ ist durch die Spannungsfestigkeit begrenzt und $R_{iL}$ ist ebenfalls durch die Röhre gegeben, so daß die abgegebene Wechselstromleistung nicht beliebig hoch sein kann.

Der *optimale Außenwiderstand* ergibt sich mit Gleichung (3.33) zu:

$$R_{a\,\text{opt}} = \frac{U_a}{I_{a\,\text{opt}}} - 2 R_{iL} = 4 R_{iL} - 2 R_{iL}$$

oder

$$R_{a\,\text{opt}} = 2 R_{iL} \tag{3.35}$$

Es muß allerdings auch bei der optimalen Dimensionierung die Bedingung $P_a = U_a I_a \leqq P_{av\,\max}$ erfüllt sein, d. h. die maximal zulässige Verlustleistung darf nicht überschritten werden. Ist $U_a/4 R_{iL} > P_{av\,\max}/U_a$, so muß der Arbeitspunkt A tiefer gelegt werden (vgl. Bild 3.17) und $\tilde{P}_{a\,\max}$ ist nicht erreichbar. Dann ist vielmehr $I_a = P_{av\,\max}/U_a$ zu wählen und $R_a$ aus Gleichung (3.31) zu berechnen.

Da $I_a < I_{a\,\text{opt}}$ ist, muß der Außenwiderstand $R_a$ größer gewählt werden (Widerstandsgerade wird flacher), d. h. es wird $R_a > 2 R_{iL}$. Dies ist praktisch bei Pentoden immer der Fall.

Für den *Wirkungsgrad* erhalten wir:

$$\eta = \frac{\tilde{P}_a}{P_a} = \frac{\tilde{P}_a}{U_a I_a} = \frac{1}{2} \frac{\hat{u}_a}{U_a} \frac{\hat{\imath}_a}{I_a} = \frac{1}{2} k_u k_i \tag{3.36}$$

wobei die Verhältnisse $\hat{u}_a/U_a$ und $\hat{\imath}_a/I_a$ als *Spannungs-* bzw. *Stromausnutzung* bezeichnet werden.

Andererseits ist mit Gleichung (3.32) und mit $I_a/U_a$ aus Gleichung (3.31):

$$\eta = \frac{1}{2} - \frac{I_a}{U_a} R_{iL} = \frac{1}{2} - \frac{R_{iL}}{R_a + 2\,R_{iL}} \tag{3.36 a}$$

Für $R_{iL} = 0$ erhalten wir den maximalen und für $R_a = 2\,R_{iL}$ (Leistungsmaximum) den optimalen Wirkungsgrad zu:

$$\eta_{\max} = \frac{1}{2} \text{ und } \eta_{\text{opt}} = \frac{1}{4} \tag{3.36 b}$$

Bei Vollaussteuerung ist $\hat{u}_a/U_a = 0{,}9$ und $\hat{\imath}_a/I_a = 1$ und damit nach Beziehung (3.36) $\eta = 0{,}45$.

Um die Anodenspannung besser auszunutzen wird man oft *positive Gitterspannungen* zulassen. Es darf aber der höchste Augenblickswert der Gitterwechselspannung $u_{g\,\max}$ nicht größer als der tiefste Anodenwechselspannungswert $u_{a\,\min}$ werden (Bild 3.18), weil wenn das Gitter positiver als die

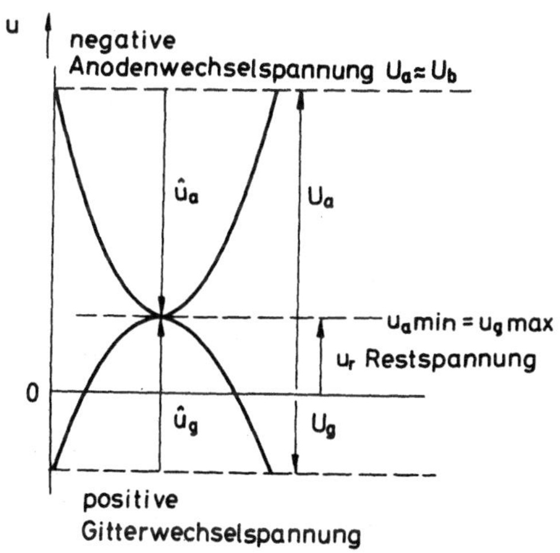


Bild 3.18
Grenze zwischen dem unter- und überspannten Betriebszustand

Anode wird, der gesamte Kathodenstrom zum Gitter fließt. Das Gitter nimmt einen großen Teil der Leistung auf und die Anodenwechselstromleistung wird kleiner (überspannter Zustand). Ist andererseits $u_{g\,\max} < u_{a\,\min}$, so wird die Spannungsausnutzung nicht optimal sein (unterspannter Zustand).

Die beste Leistungsausbeute ergibt sich für den *Grenzzustand* oder leicht unterspannten Zustand $u_{g\,max} \leqq u_{a\,min}$ bzw. nach Bild 3.18 für:

$$U_g + \hat{u}_g \leqq U_a - \hat{u}_a \tag{3.37}$$

Bei Schirmgitterröhren (Tetroden und Pentoden) ist darauf zu achten, daß die Schirmgitterspannung höher als die jeweilige Spannung am Steuergitter bleibt: $U_{g2} > u_{g\,max}$. Im Gegensatz zu Trioden kann bei Schirmgitterröhren der überspannte Zustand auch bei kleinen Steuergitterströmen eintreten, weil der Schirmgitterstrom groß wird.

Zur *Erhöhung des Wirkungsgrades* muß auch die Stromausnutzung erhöht werden. Der Faktor $\hat{\imath}_a/I_a$ wird größer, wenn $I_a$ kleiner gemacht wird, weil die Stromamplitude $\hat{\imath}_a$ durch den maximal zulässigen Strom $i_{a\,max}$ auf $2\,\hat{\imath}_a = i_{a\,max}$ begrenzt ist. Man geht zum B- bzw. C-Betrieb über und steuert die Kennlinien auch im Sperrbereich durch (Betrieb mit verzerrten Strömen).

Die *Leistungsbilanz* ergibt sich mit den Augenblickswerten

$$i_a = I_a + \hat{\imath}_a \sin \omega t$$

und

$$u_a = U_a - \hat{u}_a \sin \omega t$$

zu

$$P_{av} = \frac{1}{T}\int_0^T u_a\, i_a\, dt = \frac{1}{T}\int_0^T [U_a I_a + (U_a \hat{\imath}_a - \hat{u}_a I_a) \sin \omega t - \hat{u}_a \hat{\imath}_a \sin^2 \omega t]\, dt$$

oder

$$P_{av} = U_a I_a - \frac{1}{2}\hat{u}_a \hat{\imath}_a = P_a - \widetilde{P}_a \tag{3.38}$$

Die in der Röhre in Wärme umgesetzte Leistung (Verlustleistung) $P_{av}$ ergibt sich aus der im Ruhezustand ($\hat{\imath}_a = 0$) herrschenden Anodenverlustleistung $P_a = U_a I_a$ vermindert um die an den Außenwiderstand abgegebene Wechselstromleistung $\widetilde{P}_a = \hat{u}_a \hat{\imath}_a/2$.

Die *Verlustleistung* wird also bei Aussteuerung mit Wechselstrom gegenüber dem statischen Betrieb kleiner.

Die obigen Ausführungen gelten ganz allgemein für steuerbare Elemente jeder Art. Man kann die Zusammenhänge auch auf Transistoren anwenden, wenn wir berücksichtigen, daß deren Verlustleistung von der Wärmeabfuhr und damit von der Montage abhängt. Beim Transistor ist ähnlich, wie bei

Pentoden, der innere Leistungswiderstand $R_{iL} \approx 0$, d. h. sie werden, wie bereits auf S. 61 festgestellt, zur Erzielung einer möglichst großen Wechselstromleistung praktisch im Kurzschluß betrieben.

*Beispiel:* *Leistungsverstärker im A-Betrieb.* Eine Endpentode mit den folgenden Daten arbeitet auf einen niederohmigen Lautsprecher (Bild 3.19):

| | | |
|---|---|---|
| Anodenverlustleistung (max) | $P_{av\,\text{max}}$ | = 18 W |
| Arbeitswiderstand (opt) | $R_a$ | = 3,5 kΩ |
| Gitterwechselspannung (max, $k < 10\,\%$) | $U_{g1\,\text{eff}}$ | = 9 V |
| Primärwiderstand des Übertragers | $r_a$ | = 700 Ω |
| Wirkungsgrad des Übertragers | $\eta_ü$ | = 0,8 |
| Lautsprecherwiderstand | $R_L$ | = 5 Ω |
| Betriebsspannung | $U_b$ | = 300 V |

Ermittle das Betriebsverhalten der Röhre.

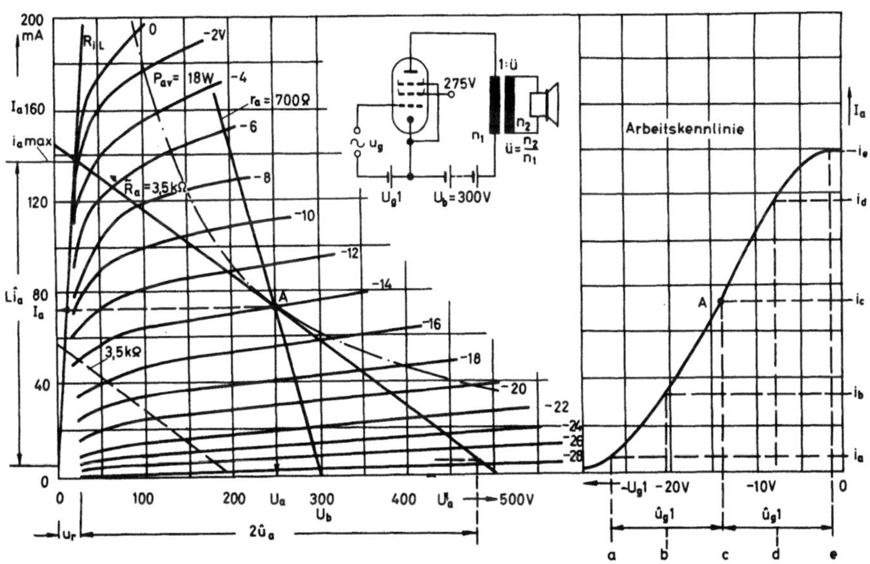


Bild 3.19 **Auswertung des Ausgangskennlinienfeldes einer Leistungspentode**

*Lösung:* Zur Erzielung einer übersichtlichen Konstruktion und Berechnung empfiehlt es sich wie folgt vorzugehen (vgl. Bild 3.19).

1. Verlusthyperbel $I_a = P_{av\,\max}/U_a$ zeichnen.

2. Widerstandsgerade für $r_a = 700\ \Omega$ aus $U_b = 300$ V eintragen.

3. Im Schnittpunkt dieser Geraden mit der Verlusthyperbel liegt der Arbeitspunkt A. Damit erhalten wir für die Gittervorspannung $U_{g1} = -14$ V sowie die Betriebswerte $I_a = 72$ mA und $U_a = 250$ V.

4. Widerstandsgerade des dynamischen Arbeitswiderstandes $R_a = 3{,}5\ \text{k}\Omega$ eintragen. Zunächst wird meist mit beliebigen Werten (z. B. $u = 200$ V und entsprechend $i = u/R_a = 57{,}1$ mA) die Gerade unten links im Kennlinienfeld vorbereitet und dann parallel durch den Arbeitspunkt A gezogen (vgl. Bild 3.19).

5. Bei Vollaussteuerung mit der Gitterwechselspannungsamplitude $\hat{u}_g = 9\sqrt{2}\ \text{V} = 12{,}75$ V entsteht entlang der dynamischen Widerstandsgeraden eine Anodenwechselspannung von $\hat{u}_a = 225$ V. Bei abnehmendem Anodenstrom steigt die Anodenspannung entlang der dynamischen Widerstandsgeraden auf etwa den doppelten Wert des mittleren Spannungswertes ohne Aussteuerung und beträgt rund 500 V. Die Spannungsverstärkung ergibt sich zu $v_u = \hat{u}_a/\hat{u}_g = 228/12{,}75 = 17{,}8 \approx 18$fach.

6. Die Ermittlung der Arbeitskennlinie erfolgt durch Übertragung der Schnittpunkte der dynamischen Widerstandsgeraden mit den einzelnen Kennlinien $U_{g1} =$ konst in das $I_a$-$U_{g1}$-Kennlinienfeld. Die typische S-Kennlinie liefert bei Vollaussteuerung die Stromwerte:

$i_a = 6$ mA ; $i_b = 33$ mA ; $i_c = 72$ mA ;
$i_d = 117$ mA ; $i_e = 138$ mA

Für die einzelnen Harmonischen des Anodenwechselstromes gilt nach Gleichung (3.28):

$$\hat{\imath}_{a1} = \frac{138 - 6}{3} + \frac{117 - 33}{3} = 72 \text{ mA}$$

$$\hat{\imath}_{a2} = \frac{138 + 6}{4} - \frac{72}{2} = 0$$

$$\hat{\imath}_{a3} = \frac{138 - 6}{6} - \frac{117 - 33}{3} = -6 \text{ mA}$$

und für den Mittelwert erhalten wir

$$\bar{I}_a = \frac{138 + 6}{6} + \frac{117 + 33}{3} = 74 \text{ mA}$$

Der Klirrfaktor berechnet sich damit zu:

$$k = \frac{6}{72} 100\,\% = 8{,}35\,\%$$

Der relativ günstige Klirrfaktor erklärt sich aus dem Fehlen der zweiten Harmonischen $\hat{\imath}_{a2}$. Dies ist auf die günstige Lage der Widerstandsgeraden zurückzuführen, deren Neigung möglichst so gewählt wird, daß sie die einzelnen Kennlinien $U_{g1}$ = konst in gleichmäßigen Abständen schneidet und damit eine weitgehend symmetrische Arbeitskennlinie (S-Kennlinie) liefert.

7. Die Wechselstromleistung der Grundschwingung erhalten wir zu:

$$\tilde{P}_{a1} = \frac{\hat{\imath}_{a1}^2}{2} R_a = \frac{72^2}{2} 3{,}5 \text{ mW} = 9{,}05 \text{ W} \approx 9 \text{ W}$$

Mit dem inneren Leistungswiderstand $R_{iL} = u_r / i_{a\,\max} = 25\,\text{V}/138\,\text{mA}$ oder $R_{iL} = 180\ \Omega$ gilt nach Gleichung 3.32):

$$\tilde{P}_{a\,\text{ges}} = \frac{1}{2} 72 \text{ mA } (250 - 2 \cdot 72 \cdot 10^{-3}\, 180) \text{ V} =$$

$$= (9 - 0{,}932) \text{ W} = 8{,}068 \text{ W} \approx 8 \text{ W}$$

Der geringere Wert erklärt sich aus den Verzerrungen des Anodenwechselstromes und der Anodenwechselspannung

(Abflachung durch die dritte Harmonische). Aus dem großen Leistungsdreieck (Bild 3.19) entnehmen wir näherungsweise

$$\widetilde{P}_{a\,\text{ges}} = \frac{2\,\hat{\imath}_a\,2\,\hat{u}_a}{8} = \frac{132\ \text{mA} \cdot 455\ \text{V}}{8} = 7{,}5\ \text{W}$$

Die Abweichungen spielen praktisch keine Rolle, da die Röhre in der Regel nicht mit einer einzigen Schwingung, sondern mit einem Schwingungsgemisch ausgesteuert wird und die Angabe von $\widetilde{P}_{a\,\text{ges}}$ ausreichend ist.

8. Mit der bei Vollaussteuerung zugeführten Gleichstromleistung $\overline{P}_a = \overline{I}_a U_a = 74\ \text{mA}\ 250\ \text{V} = 18{,}5\ \text{W}$ erhalten wir für die Anodenverlustleistung:

$$P_{av} = \overline{P}_a - \widetilde{P}_{a\,\text{ges}} = (18{,}5 - 7{,}5)\ \text{W} = 11\ \text{W}$$

also kleiner als $P_{av\,\max} = 18\ \text{W}$.

9. Der Umformungswirkungsgrad ergibt sich damit zu:

$$\eta = \frac{\widetilde{P}_{a\,\text{ges}}}{\overline{P}_a} = \frac{7{,}5}{18{,}5} = 0{,}405 = 40\,\%$$

Mit der Lautsprecherleistung

$$\widetilde{P}_L = \widetilde{P}_{a\,\text{ges}}\,\eta_{ü} = 7{,}5 \cdot 0{,}8 = 6\ \text{W}$$

erhalten wir für den Gesamtwirkungsgrad

$$\eta_{\text{ges}} = \frac{\widetilde{P}_L}{\overline{I}_a U_b} = \frac{6\ \text{W}}{74\,\text{mA}\ 300\ \text{V}} = 0{,}27 = 27\,\%$$

10. Das Übersetzungsverhältnis des Übertragers ergibt sich zu:

$$\frac{1}{ü} = \sqrt{\frac{R_a}{R_L}} = \sqrt{\frac{3500}{5}} = 26{,}4$$

Der Strom im Lautsprecher beträgt bei vernachlässigbarem Widerstand der Sekundärwicklung:

$$\hat{\imath}_L = \sqrt{\frac{2\,\widetilde{P}_L}{R_L}} = \sqrt{\frac{2 \cdot 6\ \text{W}}{5}} = 1{,}55\ \text{A}$$

Damit sind die Daten des Anpassungsübertragers in bezug auf die Leistungsverhältnisse bestimmt.

Für den *Entwurf des Ausgangsübertragers* (Leistungsübertrager) gelten etwa folgende Grundsätze:

Die *Flußdichte* (Induktion) $\hat{B}$ im Eisen soll mit Rücksicht auf möglichst geringe nichtlineare Verzerrungen etwa 4000 ... 5000 G betragen. Die *Windungszahlen* $n_1$ und $n_2$ ermittelt man aus den beiden Beziehungen $n_2/n_1 = ü$ und $L_1 = n_1^2 A_L$, wobei der $A_L$-Wert stets durch Messung der Induktivität bei bekannter Windungszahl ermittelt werden kann. Die *Primärinduktivität* $L_1$ ist durch die untere Grenzfrequenz $\omega_u$ bestimmt und aus $\omega_u L_1 = R_a$ erhalten wir $L_1 = R_a/\omega_u$.

Unter Zugrundelegung einer Flußdichte von $\hat{B} = 5000$ G, eines Verstärkungsrückganges bei der Grenzfrequenz ($f_u$) auf 70% und für Dynamoblech IV gilt die folgende Erfahrungsformel für das erforderliche *Kerngewicht* $G$ bei der Leistung $\tilde{P}_a$

$$G = 7{,}5\ \frac{\tilde{P}_a}{f_u}\,\text{kp}$$

wenn $\tilde{P}_a$ in W und $f_u$ in Hz eingesetzt werden. Für $f_u =$ 100 Hz und $\tilde{P}_a = 8$ W erhalten wir z. B. ein Kerngewicht von $G = 0{,}6$ kp.
Einer Transformatorentabelle kann anhand des Kerngewichtes die Kerntype entnommen werden.

Der *Drahtquerschnitt* ist entsprechend den fließenden Strömen zu wählen (Stromdichte $\leq 2{,}5$ A/mm²) und der Wickelraum so aufzuteilen, daß für jede Wicklung etwa die Hälfte zur Verfügung steht.

Beim gleichstromdurchflossenen Übertrager ist die *Gleichstromvormagnetisierung* zu berücksichtigen, da sie den $A_L$-Wert des Kernes und somit auch $L_1$ verringert. Kleineres $L_1$ bedeutet aber ein größeres $f_u$, d. h. eine Einengung des Frequenzbereiches. Durch einen Luftspalt von 0,2 ... 0,1 mm kann der *$A_L$-Wert* linearisiert werden, so daß die Induktivität unabhängig von der Vormagnetisierung etwa konstant bleibt. Der Luftspalt erhöht allerdings die Streuung und setzt damit die obere Grenzfrequenz herab.

### 3.2.4. Betrieb mit verzerrten Strömen

Die verwickelten Verhältnisse beim Betrieb mit verzerrten Anodenströmen (B- und C-Betrieb) können durch Annahme idealisierter Kennlinien vereinfacht und die Berechnung mit praktisch ausreichender Näherung durchgeführt werden (Bild 3.20).

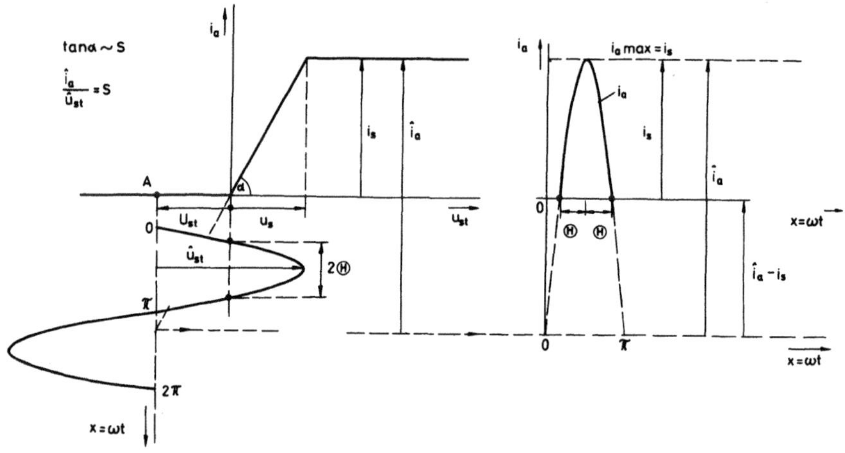


Bild 3.20 Aussteuerungsverhältnisse beim Betrieb mit verzerrten Strömen

Mit der Gleich- und Wechselsteuerspannung

$$U_{st} = U_g + D\,U_a \text{ bzw. } \hat{u}_{st} = \hat{u}_g - D\,\hat{u}_a$$

erhalten wir für den *Stromflußwinkel* bei **geradlinig-geknickter** Strom-Spannungskennlinie und den im Bild 3.20 eingetragenen Zählpfeilen:

$$\cos\Theta = -\frac{U_{st}}{\hat{u}_{st}} = -\frac{U_g + D\,U_a}{\hat{u}_g - D\,\hat{u}_a} \qquad (3.39)$$

Das Minuszeichen im Nenner der obigen Gleichung rührt von der Gegenphasigkeit der Gitter- und Anodenwechselspannung her. Der Durchgriff $D$ wirkt also als innere Gegenkopplung auf das Steuergitter.

Der Anodenstrom hängt von der Kennliniensteilheit $S$ ab:

$$\frac{\hat{i}_a}{\hat{u}_{st}} = S \qquad (3.40)$$

oder

$$\hat{\imath}_a = S\,\hat{u}_{st} = S\,(\hat{u}_g - D\,\hat{u}_a) \tag{3.40 a}$$

Der positive Spitzenwert der Steuerwechselspannung berechnet sich mit den Zählpfeilen nach Bild 3.20 zu:

$$u_{st\,\max} = u_s = \hat{u}_{st} + U_{st} = \hat{u}_g - D\,\hat{u}_a + U_g + D\,U_a$$

oder

$$u_s = U_g + \hat{u}_g + D\,(U_a - \hat{u}_a)$$

Im Grenzzustand ist $U_g + \hat{u}_g = U_a - \hat{u}_a$ (vgl. Bild 3.18 und S. 164) und damit:

$$u_s = (1 + D)\,(U_g + \hat{u}_g)$$

oder auch (3.41)

$$u_s = (1 + D)\,(U_a - \hat{u}_a)$$

Bei kleinem Durchgriff $D$ ist also $u_s \approx U_a - \hat{u}_a = u_r$ (Restspannung). Aus den obigen Beziehungen gilt für den *Gitterwechselspannungsbedarf:*

$$\hat{u}_g = \frac{u_s}{1 + D} - U_g \tag{3.41 a}$$

und die *Anodenwechselspannung* ergibt sich zu:

$$\hat{u}_a = U_a - \frac{u_s}{1 + D} \tag{3.41 b}$$

Für die Restspannung $u_r = R_{iL}\,i_{a\,\max}$ erhalten wir mit $i_{a\,\max} = i_s$ aus der zweiten Gleichung (3.41):

$$u_r = U_a - \hat{u}_a = \frac{u_s}{1 + D} = R_{iL}\,i_s$$

Der für die maximale Leistungsabgabe maßgebende innere *Leistungswiderstand* (Restwiderstand) $R_{iL}$ berechnet sich also zu:

$$R_{iL} = \frac{1}{1 + D}\,\frac{u_s}{i_s} = \frac{1}{S\,(1 + D)} \tag{3.42}$$

wobei $S = i_s/u_s$ die Steilheit der Kennlinie bedeutet (vgl. Bild 3.20). Für kleines $D$ ist also $R_{iL} \approx 1/S$.

Für die Anodenwechselspannung kann unter Berücksichtigung der Gleichung (3.42) auch geschrieben werden:

$$\hat{u}_a = U_a - R_{iL}\,i_s \tag{3.43}$$

Die obige Beziehung liefert den wichtigen Zusammenhang zwischen dem inneren Leistungswiderstand $R_{iL}$, dem maximal zulässigen Spitzenstrom $i_s$ und der erzielbaren Anodenwechselspannung $\hat{u}_a$ einer Röhre bei Aussteuerung im Grenzzustand.

Für den Augenblickswert des Anodenstromimpulses $i_a$ gilt nach Bild 3.20:

$$i_a = \hat{i}_a \sin x - (\hat{i}_a - i_s)$$

wobei $x = \omega t$ ist und $i_s$ einen Sättigungswert oder einen maximal zulässigen *Anodenspitzenstrom* darstellt, welcher nicht überschritten werden darf.

Mit

$$\hat{i}_a - i_s = \hat{i}_a \sin (90^\circ - \Theta) = \hat{i}_a \cos \Theta$$

ist

$$i_a = \hat{i}_a (\sin x - \cos \Theta) \tag{3.44}$$

Für $x = \omega t = 90^\circ$ ist $\sin x = 1$ und $i_a = i_s$ also

$$\hat{i}_a = \frac{i_s}{1 - \cos \Theta} \tag{3.44 a}$$

Die stark verzerrten Anodenströme können in eine sinusförmige Grundschwingung ($\hat{i}_{a1}$) mit Gleichstromanteil ($I_a$) und eine Anzahl von Oberschwingungen ($\hat{i}_{an}$) zerlegt werden.

Die Fourier-Analyse der Stromimpulse liefert für den Gleichstromanteil und die Amplituden der Harmonischen mit den Ordnungszahlen $n = 1, 2, 3, 4$ usw.:

$$I_a = \frac{1}{2\pi} \int_0^{2\pi} i_a \, dx$$

$$\hat{i}_{an} = \frac{1}{\pi} \int_0^{2\pi} i_a \sin n x \, dx \quad \text{für ungerade } n \tag{3.45}$$

$$\hat{i}_{an} = \frac{1}{\pi} \int_0^{2\pi} i_a \cos n x \, dx \quad \text{für gerade } n$$

Den *Gleichstromanteil* erhalten wir, da der Strom nur im Intervall von $90^\circ - \Theta$ bis $90^\circ + \Theta$ fließt, zu:

$$I_a = \frac{1}{2\pi} \int_{90^\circ - \Theta}^{90^\circ + \Theta} \hat{i}_a (\sin x - \cos \Theta) \, dx$$

und mit

$$\int\limits_{90^\circ-\Theta}^{90^\circ+\Theta} \sin x \, dx = \Big| -\cos x \Big|_{90^\circ-\Theta}^{90^\circ+\Theta} = -\cos(90^\circ+\Theta) - [-\cos(90^\circ-\Theta)] = \\ = \sin\Theta - (-\sin\Theta) = 2\sin\Theta$$

sowie

$$\int\limits_{90^\circ-\Theta}^{90^\circ+\Theta} \cos\Theta \, dx = \cos\Theta \int\limits_{90^\circ-\Theta}^{90^\circ+\Theta} dx = \cos\Theta\,(90^\circ+\Theta-90^\circ+\Theta) = 2\,\Theta\cos\Theta$$

gilt schließlich mit Gleichung (3.44 a):

$$I_a = \hat{i}_s \frac{\sin\Theta - \Theta\cos\Theta}{\pi\,(1-\cos\Theta)} \tag{3.46}$$

Für $\Theta = 90^\circ$ (B-Betrieb) ist z. B. $I_a = \hat{i}_s/\pi$ und bei $\Theta = 180^\circ$ (A-Betrieb) erhalten wir $I_a = \hat{i}_s/2$ (vgl. auch Bild 3.17).

Für die *Grundschwingung* (1. Harmonische) gilt mit $n = 1$:

$$\hat{i}_{a1} = \frac{1}{\pi} \int\limits_{90^\circ-\Theta}^{90^\circ+\Theta} \hat{i}_a\,(\sin x - \cos\Theta)\sin x \, dx$$

und mit

$$\int\limits_{90^\circ-\Theta}^{90^\circ+\Theta} \sin^2 x \, dx = \left| \frac{x}{2} - \frac{\sin 2x}{4} \right|_{90^\circ-\Theta}^{90^\circ+\Theta} = \Theta + \frac{1}{2}\sin 2\,\Theta = \Theta + \sin\Theta\cos\Theta$$

sowie

$$\int\limits_{90^\circ-\Theta}^{90^\circ+\Theta} \cos\Theta \sin x \, dx = \cos\Theta\cos x \Big|_{90^\circ-\Theta}^{90^\circ+\Theta} = 2\sin\Theta\cos\Theta$$

ist also schließlich mit Gleichung (3.44 a):

$$\hat{i}_{a1} = \hat{i}_s \frac{\Theta - \sin\Theta\cos\Theta}{\pi\,(1-\cos\Theta)} \tag{3.47}$$

Für $\Theta = 90^\circ$ (B-Betrieb) ist z. B. $\hat{i}_{a1} = \hat{i}_s/2$ und auch bei $\Theta = 180^\circ$ (A-Betrieb) erhalten wir den gleichen Wert. A- und B-Betrieb haben also den gleichen Grundschwingungsgehalt, wobei der B-Betrieb eine kleinere Gleichkomponente besitzt und damit einen besseren Wirkungsgrad liefert.

Den Verlauf der *Stromflußwinkelfunktionen*

$$f_0(\Theta) = \frac{I_a}{i_s} = \frac{\sin\Theta - \Theta\cos\Theta}{\pi(1-\cos\Theta)}$$

und (3.48)

$$f_1(\Theta) = \frac{\hat{\imath}_{a1}}{i_s} = \frac{\Theta - \sin\Theta\cos\Theta}{\pi(1-\cos\Theta)}$$

sowie der 2. und 3. Harmonischen $f_2(\Theta) = \hat{\imath}_{a2}/i_s$ und $f_3(\Theta) = \hat{\imath}_{a3}/i_s$ zeigt Bild 3.21. Die Stromflußwinkelfunktionen der höheren Harmonischen haben

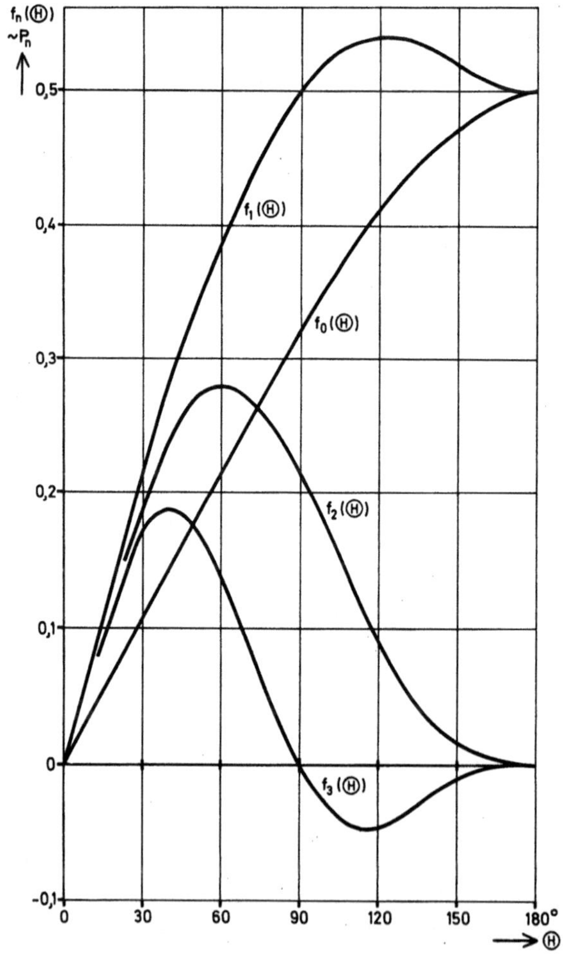


Bild 3.21
Stromflußwinkelfunktionen

kleinere Werte als die der Grundschwingung. Die negativen Funktionswerte besagen, daß bei diesen Stromflußwinkeln die Harmonische eine entgegengesetzte Phase besitzt.

Die erzielte *Wechselstromleistung* der einzelnen Harmonischen beträgt:

$$\tilde{P}_{an} = \frac{1}{2}\,\hat{u}_{an}\,\hat{\imath}_{an} = \frac{\hat{u}_{an}\,i_s}{2}\,f_n\,(\Theta) \tag{3.49}$$

Sie ist also proportional der Funktion $f_n\,(\Theta)$.

Mit der aufgenommenen Gleichstromleistung $P_a = U_a I_a$ gilt für den *Wirkungsgrad*

$$\eta_u = \frac{\tilde{P}_{an}}{U_a I_a} = \frac{1}{2}\,\frac{\hat{u}_{an}}{U_a}\,\frac{\hat{\imath}_{an}}{I_a} = \frac{1}{2}\,k_u\,\frac{f_n\,(\Theta)}{f_0\,(\Theta)} \tag{3.50}$$

wobei $k_u = \hat{u}_{an}/U_a$ die Spannungsausnutzung bedeutet.

Die Stromflußwinkelfunktionen $f_n\,(\Theta)/f_0\,(\Theta)$ für $n = 1$, 2 und 3 zeigt Bild 3.22. Die Kurven sind dem Wirkungsgrad $\eta$ bzw. der Stromausnutzung $k_i = \hat{\imath}_{an}/I_a$ proportional.

Bei kleinen Stromflußwinkeln beträgt die Stromausnutzung $k_i = \hat{\imath}_{an}/I_a$ etwa 2, so daß bei einer Spannungsausnutzung von $k_u = \hat{u}_{an}/U_a = 0{,}9$ ein Wirkungsgrad von $\eta = 90\,\%$ erzielt werden kann.

Die Wechselstromleistung der Grundschwingung hat bei $\Theta \approx 120^\circ$ ein Maximum (vgl. Bild 3.21). Meist wird jedoch auf diese Leistung zu Gunsten des Wirkungsgrades verzichtet und mit $\Theta \leqq 90^\circ$ gearbeitet. Die zweite Harmonische hat ihr Leistungsmaximum bei $\Theta = 60^\circ$ und es ist mit $k_u = 0{,}9$:

$$\eta_2 = \frac{1}{2}\,k_u\,\frac{f_2\,(60^\circ)}{f_0\,(60^\circ)} = \frac{1}{2}\;0{,}9\;\frac{0{,}276}{0{,}216} = 0{,}57 \approx 0{,}6$$

Ähnlich erhalten wir für die dritte Harmonische bei $\Theta = 40^\circ$:

$$\eta_3 = \frac{1}{2}\,k_u\,\frac{f_3\,(40^\circ)}{f_0\,(40^\circ)} = \frac{1}{2}\;0{,}9\;\frac{0{,}185}{0{,}148} = 0{,}56 \approx 0{,}6$$

Der Betrieb mit verzerrten Strömen eignet sich also auch zur Frequenzvervielfachung der ursprünglichen Wechselspannung, wobei allerdings die abgegebene Leistung wesentlich kleiner ist als bei Grundwellenbetrieb.

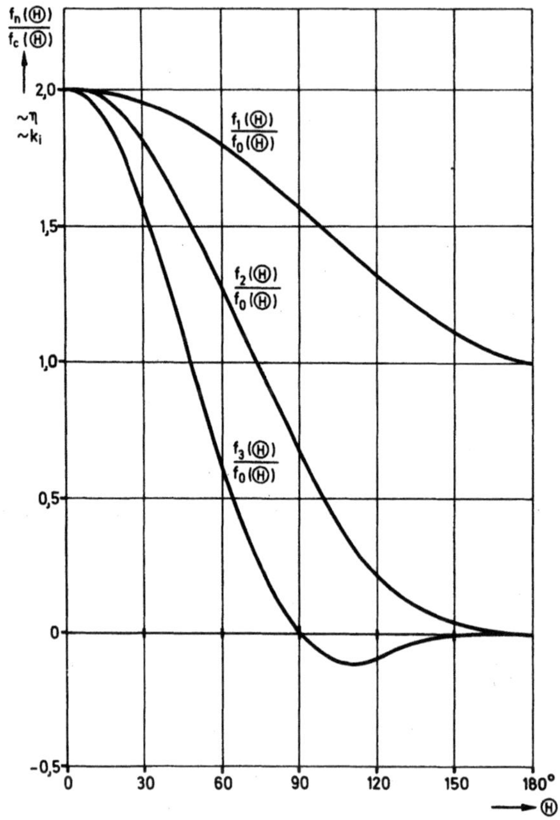


Bild 3.22
Wirkungsgrad der Harmonischen als Funktion des Stromflußwinkels

Zur *Frequenzvervielfachung* wird in die Anodenleitung der Röhre ein auf die gewünschte Harmonische abgestimmter Schwingungskreis geschaltet (Bild 3.23). Alle übrigen Schwingungen werden durch die Resonanzwirkung des Anodenschwingungskreises kurzgeschlossen. Die Anodenwechselspannung ist also stets sinusförmig und bei ohmischer Belastung (Resonanzfall) gegenphasig zum Anodenwechselstrom.

Schreiben wir mit $i_s = \hat{\imath}_{an}/f_n(\Theta)$ nach Gleichung (3.43) für die Anodenwechselspannung bei Aussteuerung im Grenzzustand:

$$\hat{u}_a = U_a - \frac{R_{iL}}{f_n(\Theta)}\,\hat{\imath}_{an} \tag{3.51}$$

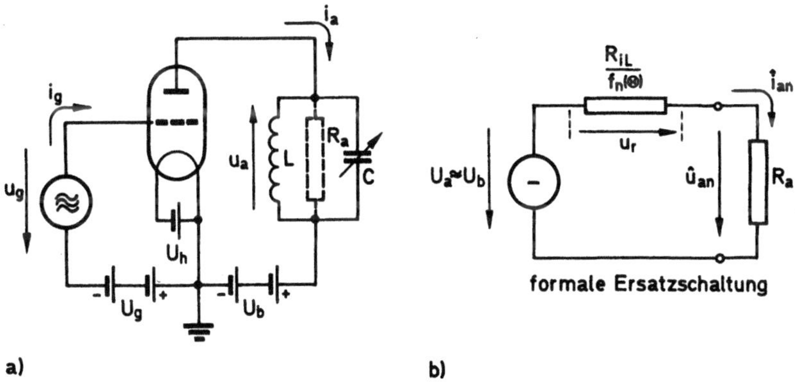


Bild 3.23 Röhrenschaltung beim Betrieb mit verzerrten Strömen

so kann der obigen Gleichung die im Bild 3.23 b dargestellte formale *Ersatzschaltung* des Leistungsverstärkers zugeordnet werden. Die Urspannung $U_a$ liefert über den Innenwiderstand $R_{iL}/f_n\ (\Theta)$ die Klemmenspannung $\hat{u}_a$ und den Klemmenstrom $\hat{\imath}_{an}$ an den Verbraucher $R_a$.

Durch geeignete Wahl der *Schwingungselemente* $L$ und $C$ kann man bei einer bestimmten Resonanzfrequenz verschiedene Resonanzwiderstände herstellen:

$$R_a = \frac{\hat{u}_a}{\hat{\imath}_a} = \frac{1}{d}\sqrt{\frac{L}{C}} = Q\sqrt{\frac{L}{C}} = \frac{Q}{\omega_r C} \tag{3.52}$$

wobei die Kreisdämpfung $d$ aus der Resonanzkurve als relative Bandbreite bestimmbar ist. Die resultierende Güte $Q = 1/d$, d. h. das Verhältnis der Blindleistung des Kreises $\widetilde{P}_k$ zur abgegebenen Wirkleistung $\widetilde{P}_a$, berechnet sich zu:

$$Q = \frac{\widetilde{P}_k}{\widetilde{P}_a} = \frac{\omega_r C\,(\hat{u}_a/\sqrt{2})^2}{\widetilde{P}_a} = \omega_r C R_a = R_a\sqrt{\frac{C}{L}} \tag{3.53}$$

Da der Widerstand $R_a$ aus Anpassungsgründen an die Röhre gegeben ist, hängt die Kreisgüte $Q$ von der Wahl des $L/C$-Verhältnisses ab.

Mit Rücksicht auf eine wirkungsvolle *Oberwellenunterdrückung* des Anodenstromes darf die Kreiskapazität

$$C = \frac{Q}{\omega_r R_a} = \frac{Q}{\omega_r}\frac{\hat{\imath}_a}{\hat{u}_a} = \frac{2\,Q\,\widetilde{P}_a}{\omega_r\,\hat{u}_a^2} \tag{3.54}$$

einen bestimmten Wert nicht unterschreiten. Andererseits hat eine große Kreiskapazität den Nachteil, daß die resultierende Dämpfung und damit die *Kreisverluste* steigen. Aus diesem Grunde schließt man zwischen den beiden Forderungen einen Kompromiß und wählt die Kreisgüte in der Größenordnung $Q = 10 \ldots 20$. Praktisch brauchbare Kapazitätswerte können Bild 3.24 entnommen werden. Die Kreisinduktivität errechnet sich dann zu $L = 1/\omega_r^2 C$.

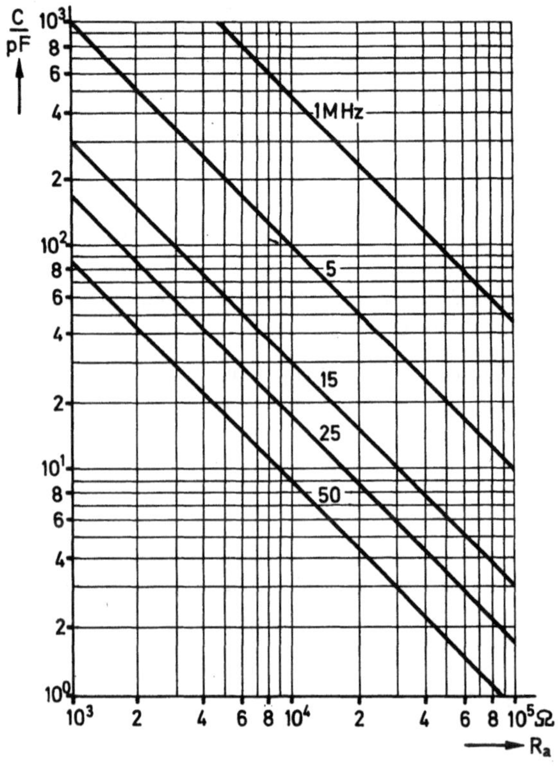


Bild 3.24
Dimensionierung der Kreiskapazität

Das grundsätzliche Betriebsverhalten bei verschiedenen Außenwiderständen $R_a$ zeigt Bild 3.25. Ist der Außenwiderstand so groß, daß überspannter Zustand eintritt, so nimmt die abgegebene Wechselstromleistung ab und die Gitterleistung entsprechend zu.

Die Aussteuerung in das Gebiet positiver Gitterspannungen hat einen *Gitterstrom* und somit auch eine *Steuerleistung* zur Folge.

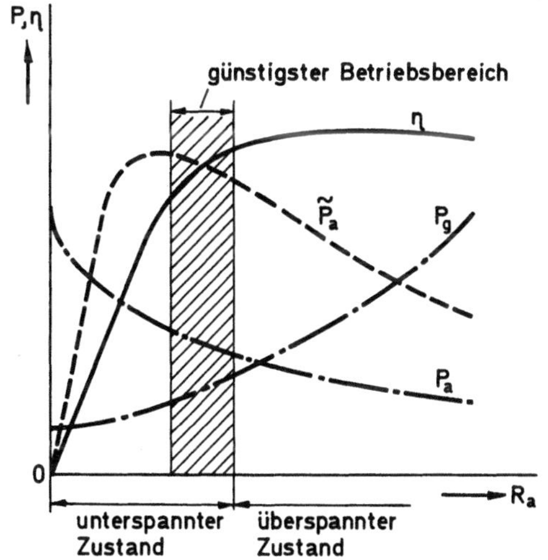


Bild 3.25 Betriebsverhalten in Abhängigkeit vom Außenwiderstand

Der Gitterstromflußwinkel $\Theta_g$ ist stets viel kleiner als der Anodenstromflußwinkel $\Theta_a$, so daß für die Gleichstromkomponente näherungsweise gesetzt werden kann:

$$I_g \approx (0{,}1 \ldots 0{,}15)\, I_a \tag{3.55}$$

Für die Grundschwingung gilt bei kleinem Stromflußwinkel $\Theta_g$:

$$\hat{\imath}_{g1} \approx 2\, I_g \tag{3.56}$$

Die gesamte Steuerleistung $\tilde{P}_g = P_{gv} + P_g$ wird im Gitterkreis verbraucht. Ein Teil erwärmt das Steuergitter (Gitterverlustleistung $P_{gv}$), der Rest wird der Vorspannungsquelle zugeführt ($P_g$).

Für die Gitterverlustleistung, die einen bestimmten Wert nicht übersteigen darf, erhalten wir:

$$P_{gv} = \tilde{P}_g - P_g = \frac{\hat{u}_{g1}\,\hat{\imath}_{g1}}{2} - U_g I_g \approx (\hat{u}_g - U_g)\, I_g \tag{3.57}$$

wobei die Gleichung (3.56) berücksichtigt wurde und für die Spannungen und Ströme stets die Beträge einzusetzen sind.

Die Steuerleistung $\tilde{P}_g$ beträgt rund 15 ... 20 % der Ausgangsleistung $\tilde{P}_a$.

*Beispiel 1: Leistungsverstärker im C-Betrieb (Senderverstärker)*

Mit der BBC-Sendetriode ATL 2–1 ist ein Leistungsverstärker zu berechnen. Die Rechnung wird zweckmäßig anhand der *Konstantstrom-Kennlinien* $U_g = f(U_a)$ für $I_a =$ konst durchgeführt (Bild 3.26), weil die hierdurch erzielten Rechenergebnisse den wirklichen Betriebsverhältnissen sehr nahe kommen. Im $U_g$-$U_a$-Kennlinienfeld ergibt sich die Arbeitskennlinie als Gerade, weil die Aussteuerungsspannungen $u_g$ und $u_a$ sinusförmig sind. Deren Neigung ist ein direktes Maß für die Spannungsverstärkung der Röhre.

Die Sendetriode ATL 2–1 hat laut Datenliste die folgenden Höchstwerte bzw. Kenndaten:

| | |
|---|---|
| Anodengleichspannung | $U_a = 5$ kV |
| Anodengleichstrom | $I_a = 1$ A |
| Anodenverlustleistung | $P_{av} = 2$ kW |
| Gittergleichspannung | $U_g = -500$ V |
| Gittergleichstrom | $I_g = 0{,}25$ A |
| Gitterverlustleistung | $P_{gv} = 100$ W |
| Steilheit (1,5 A; 2 kV) | $S = 10$ mA/V |
| Durchgriff | $D = 0{,}04$ |

Die Berechnung ist etwa wie folgt durchzuführen:

a) Ermittle die erforderliche Gitterwechselspannung aus dem $U_g$-$U_a$-Kennlinienfeld für die Aussteuerung im Grenzzustand, wenn der Arbeitspunkt bei $U_g = -350$ V und $U_a = 5$ kV liegt.

b) Trage die entsprechende Arbeitsgerade in das $U_g$-$U_a$-Kennlinienfeld ein, ermittle die Stromflußwinkel des Anoden- und des Gitterstromes und prüfe, ob die maximal zulässigen Gleichströme überschritten werden.

c) Ermittle die erzielbare Wechselstromleistung, gib die Strom-Spannungs- und Leistungsverstärkung an und prüfe ob die maximalen Verlustleistungen überschritten werden.

d) Dimensioniere den Anodenschwingungskreis für Grundwellenbetrieb mit der Frequenz $f = 1$ MHz bei einer Kreisgüte von $Q = 20$.

e) Ermittle den Anodenwiderstand und das Betriebsverhalten bei Frequenzverdoppelung.

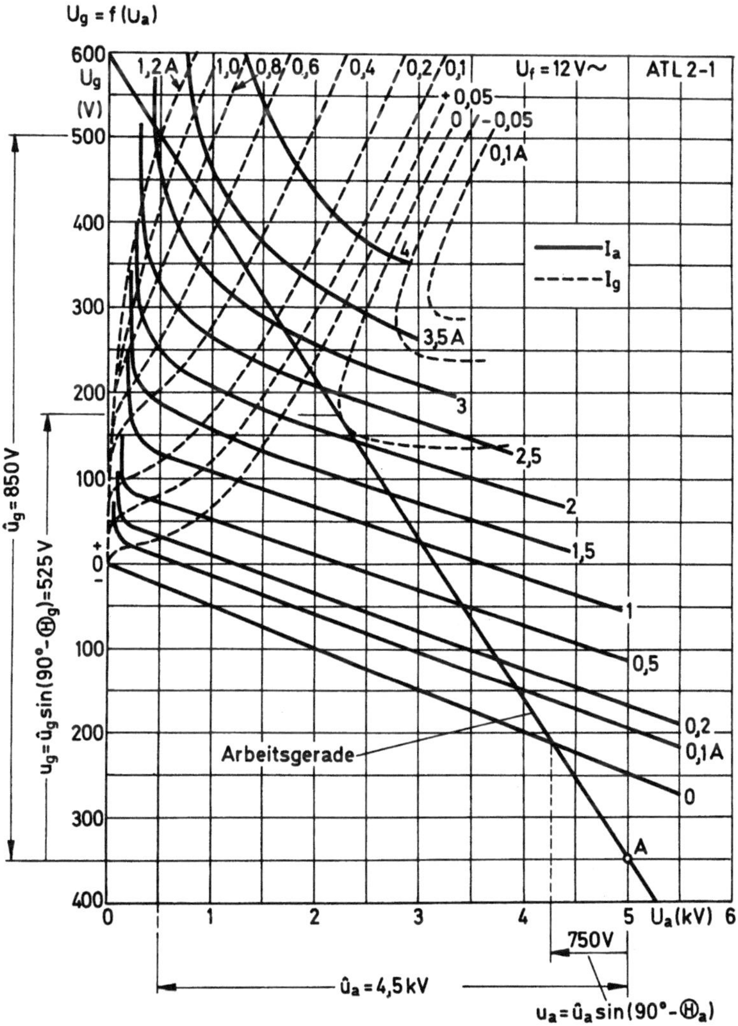


Bild 3.26 $U_g$-$U_a$-Kennlinenfeld einer Sendetriode (Konstant-Strom-Kennlinien)

*Lösung:* a) Legen wir eine 90 %ige Spannungsausnutzung der Röhre zugrunde, so ist im Grenzzustand $u_{a\,\min} = u_{g\,\max} = 500$ V und damit aus dem Kennlinienfeld (vgl. Bild 3.26) die Gitterwechselspannung $\hat{u}_g = 850$ V.

b) Verbinden wir die beiden Betriebspunkte $U_g = -350$ V, $U_a = 5$ kV und $U_g = 500$ V, $U_a = 500$ V durch eine Gerade miteinander, so ergeben die Schnittpunkte mit den Kennlinien $I_a = 0$ und $I_g = 0$ den Einsatz des Anodenstromes und des Gitterstromes.

Aus $u_a/\hat{u}_a = \sin(90° - \Theta_a) = \cos\Theta_a = 750/4500 = 0{,}1665$ erhalten wir für den Anodenstromflußwinkel $\Theta_a = 80°$. Auch aus Gleichung (3.39) folgt in guter Übereinstimmung:

$$\cos\Theta_a = -\frac{-350 + 0{,}04 \cdot 5000}{850 - 0{,}04 \cdot 4500} = 0{,}224$$

oder

$$\Theta_a = 77° \approx 80°$$

Ähnlich erhalten wir für den Gitterstromflußwinkel aus dem Kennlinienfeld: $u_g/\hat{u}_g = \cos\Theta_g = 525/850 = 0{,}618$ oder $\Theta_g = 52°$.

Den Stromflußwinkelfunktionen im Bild 3.21 entnehmen wir die Werte $f_0(\Theta_a) = 0{,}282$ bzw. $f_0(\Theta_g) = 0{,}182$, so daß mit den Stromspitzenwerten aus dem Kennlinienfeld $i_{as} = 3$ A und $i_{gs} = 1{,}2$ A für die bei Vollaussteuerung auftretenden Gleichstromwerte gilt:

$$I_a = f_0(\Theta_a)\, i_{as} = 0{,}282 \cdot 3\ \text{A} = 0{,}85\ \text{A} < 1\ \text{A}$$

und

$$I_g = f_0(\Theta_g)\, i_{gs} = 0{,}182 \cdot 1{,}2\ \text{A} = 0{,}22\ \text{A} < 0{,}25\ \text{A}$$

Die zulässigen Höchstwerte werden also nicht überschritten.

c) Mit der Spannungsausnutzung $k_u = \hat{u}_a/U_a = 0{,}9$ ist die Anodenspannungsamplitude $\hat{u}_a = 0{,}9 \cdot 5$ kV $= 4{,}5$ kV. Die Stromamplitude der Grundschwingung erhalten wir aus $f_1(\Theta_a) = \hat{\imath}_{a1}/i_{as} = 0{,}464$ mit $i_{as} = 3$ A zu: $\hat{\imath}_{a1} = 0{,}464 \cdot 3\ \text{A} = 1{,}39$ A. Damit gilt für den Resonanzwiderstand des Anodenschwingungskreises $R_a = \hat{u}_a/\hat{\imath}_{a1} = 4{,}5\ \text{kV}/1{,}39\ \text{A} = 3{,}24\ \text{k}\Omega$.

Die Wechselstromleistung berechnet sich zu:

$$\widetilde{P}_a = \frac{1}{2} \hat{u}_a \hat{\imath}_{a1} = \frac{1}{2} 4{,}5\ \text{kV} \cdot 1{,}4\ \text{A} = 3{,}14\ \text{kW}$$

Mit der zugeführten Gleichstromleistung bei Vollaussteuerung $P_a = U_a I_a = 5\ \text{kV} \cdot 0{,}85\ \text{A} = 4{,}25\ \text{kW}$ erhalten wir für die Verlustleistung:

$$P_{av} = P_a - \widetilde{P}_a = (4{,}25 - 3{,}14)\ \text{kW}$$

oder

$$P_{av} = 1{,}11\ \text{kW} < 2\ \text{kW}$$

Die maximal zulässige Anodenverlustleistung wird also nicht überschritten.

Der Wirkungsgrad der Leistungsumsetzung im Anodenkreis beträgt:

$$\eta = \frac{1}{2} k_u k_i = \frac{1}{2} 0{,}9 \frac{1{,}39}{0{,}85} = 0{,}74$$

Mit der Gitterstromamplitude $\hat{\imath}_{g1} = f_1(\Theta_g)\, i_{gs} = 0{,}343 \cdot 1{,}2\ \text{A} = 0{,}41\ \text{A}$ erhalten wir für die Gitterverlustleistung nach Gleichung (3.57):

$$P_{gv} = \frac{850\ \text{V} \cdot 0{,}41\ \text{A}}{2} - 350\ \text{V} \cdot 0{,}22\ \text{A}$$

oder

$$P_{gv} = (175 - 77)\ \text{W} = 98\ \text{W} < 100\ \text{W}$$

Die Gitterverlustleistung bleibt bei Vollaussteuerung unterhalb des maximal zulässigen Wertes.

Die Steuerleistung $\widetilde{P}_g$ muß von der vorhergehenden Verstärkerstufe geliefert werden (Treiberstufe), wobei der Wechselstromwiderstand $R_g = \hat{u}_g/\hat{\imath}_{g1} = 850\ \text{V}/0{,}41\ \text{A} = 2\ \text{k}\Omega$ als Belastung auftritt.

Mit der Spannungsverstärkung $\hat{u}_a/\hat{u}_g = 4500/850 = 5{,}3$ und der Stromverstärkung $\hat{\imath}_{a1}/\hat{\imath}_{g1} = 1{,}4/0{,}41 = 3{,}4$ erhalten wir für die Leistungsverstärkung:

$$\frac{\widetilde{P}_a}{\widetilde{P}_g} = \frac{\hat{u}_a}{\hat{u}_g} \frac{\hat{\imath}_{a1}}{\hat{\imath}_{g1}} = 5{,}3 \cdot 3{,}4 = 18$$

d) Für die Kreiskapazität gilt nach Gleichung (3.54):

$$C = \frac{20}{2\pi\, 10^6\,\text{Hz}}\;\frac{1{,}39\ \text{A}}{4{,}5\ \text{kV}} = 980\ \text{pF}$$

Wir wählen den runden Wert von 1000 pF. Die erforderliche Kreisinduktivität ergibt sich zu:

$$L = \frac{1}{(2\pi\, 10^6\,\text{Hz})^2\, 1000\ \text{pF}} \approx 25\ \mu\text{H}$$

Die Blindleistung im Schwingungskreis beträgt: $\widetilde{P}_k = Q\,\widetilde{P}_a = 20 \cdot 3{,}12\ \text{kW} = 62{,}5\ \text{kW}$.

Bei einem Spulengütefaktor $Q_L = 250$ und einem Gütefaktor des Kondensators $Q_C = 2000$ treten in der Spule und im Kondensator folgende Verlustleistungen auf:

$$P_{vL} = \frac{P_k}{Q_L} = \frac{62{,}5\ \text{kW}}{250} = 250\ \text{W} \quad \text{und}$$

$$P_{vC} = \frac{P_k}{Q_C} = \frac{62{,}5\ \text{kW}}{2000} = 31{,}2\ \text{W}$$

Die gesamte als Wärme freiwerdende Verlustleistung beträgt also: $P_v = P_{vL} + P_{vC} = 281{,}2\ \text{W} \approx 300\ \text{W}$.

Bei großer Blindleistung, d. h. bei größerer Kreisgüte wachsen auch die Kreisverluste an und die Beanspruchung des Kondensators und der Spule wird größer.

e) Die Berechnung des Frequenzvervielfachers erfolgt ähnlich wie der Grundwellenbetrieb. Für die Amplitude der zweiten Harmonischen $i_{a2}$ erhalten wir aus $\hat{\imath}_{a2}/i_{as} = f_2\,(\Theta_a) = 0{,}243$ den Wert: $\hat{\imath}_{a2} = 0{,}243 \cdot 3\ \text{A} = 0{,}73\ \text{A}$. Bei 90%iger Spannungsausnutzung beträgt der Resonanzwiderstand des Anodenschwingkreises $R_{a2} = \hat{u}_a/\hat{\imath}_{a2} = 4{,}5\ \text{kV}/0{,}73\ \text{A} = 6{,}15\ \text{k}\Omega$. Mit der Wechselstromleistung $\widetilde{P}_{a2} = \hat{u}_a\,\hat{\imath}_{a2}/2 = 1{,}64\ \text{kW}$ wird $P_{av} = 2{,}61\ \text{kW}$ und der Höchstwert von 2 kW überschritten. Es muß also durch ein kleineres $\Theta_a$ der Anodenstrom $I_a$ verringert werden.

*Beispiel 2: Leistungsgenerator (Industrieoszillator)*

Mit der Sendetriode ATL 2-1 ist ein HF-Generator für induktive Erwärmung bei einer Betriebsfrequenz von 1 MHz zu dimensionieren. Die Schaltung eines solchen Industrieoszillators zeigt Bild 3.27. Es handelt sich hierbei um einen Leistungsverstärker

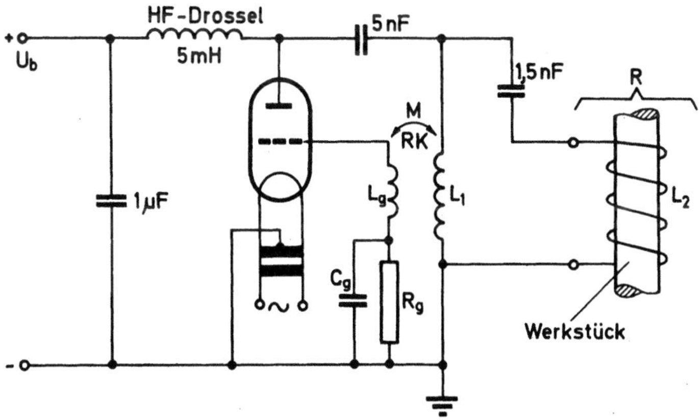


Bild 3.27 Schaltung eines Leistungsgenerators für induktive Erwärmung

dessen Eingangsleistung (Steuerleistung) dem eigenen Ausgang entnommen wird, d. h. ein Teil der Ausgangsleistung wird auf den Eingang rückgekoppelt (selbsterregter oder rückgekoppelter Verstärker). Dabei muß darauf geachtet werden, daß die Phasenverschiebung zwischen der Anodenwechsel- und der Gitterwechselspannung von 180° erhalten bleibt. Dies wird durch eine entsprechende Polung der Rückkopplungsspule im Gitterkreis erzielt.

Der *Rückkopplungsfaktor* ist gleich dem Kehrwert der Röhrenverstärkung, denn aus $-\hat{u}_a = v\hat{u}_g$ folgt:

$$-\frac{\hat{u}_g}{\hat{u}_a} = \frac{1}{v} = k \quad \text{oder} \quad k\,v = 1 \tag{3.58}$$

Bei hoher Röhrenverstärkung reicht zur Selbsterregung bereits ein sehr kleiner Rückkopplungsfaktor aus.

Die Betriebsgleichspannung liegt parallel zur Anode (Parallelspeisung). Sie ist durch einen Kondensator (5 nF) vom Anodenkreis ferngehalten, so daß am Werkstück keine hohen Gleichspannungen liegen. Die HF-Drossel verhindert das Abfließen der HF-Energie nach Masse. Die Gleichstromquelle ist hochfrequenzmäßig kurzgeschlossen (1 μF), so daß HF- und Gleichstromkreis getrennt sind. Die Parallelspeisung hat keinen weiteren Einfluß auf die Wirkungsweise der Schaltung. Die Gittervorspannung wird hier automatisch durch den Spannungsabfall des Gitterstromes an der *RC*-Kombination im Gitterkreis erzeugt, da die Gitter-Kathodenstrecke bei positiven Gitterspannungen als Gleichrichter wirkt und den Kondensator auflädt (vgl. auch S. 143). Die Gittervorspannung ist um so größer, je größer die Anodenwechselspannung und damit die rückgekoppelte Spannung wird. Der Arbeitspunkt wandert hierdurch soweit ins negative Gebiet mit kleinerer Steilheit, bis sich die Gitter- und Anodenwechselspannung gegenseitig stabilisiert haben. Diese Amplitudenbilanz ist für $kv = 1$ erreicht. Praktisch wird dieser Zustand durch Annäherung der Gitter- und Anodenspule realisiert.

Bei entsprechender Ausführung des Schwingkreiskondensators als Plattenkondensator mit einem Behandlungszwischenraum für Isolierstoffe, kann der Generator auch für dielektrische Erwärmung verwendet werden.

Mit den Röhrendaten auf Seite 180 und dem Kennlinienfeld im Bild 3.26 ergibt sich folgender Rechnungsgang:

Zur Sicherung gegen Überlastungen wählen wir den Anodenstrom bei Vollast mit dem *Sicherheitsfaktor* von 25 % zu $I_a = 0{,}75$ A und zur Erzielung eines guten Wirkungsgrades arbeiten wir im C-Betrieb mit einem *Stromflußwinkel* von $\Theta_a = 70°$.

Laut Stromflußfunktionen ist $f_1\,(70°)/f_0\,(70°) = 1{,}72$ und damit gilt bei 90%iger Spannungsausnutzung für den *Wirkungsgrad* $\eta = 0{,}45 \cdot 1{,}72$ oder $\eta = 0{,}775 \approx 0{,}8 \mathrel{\hat{=}} 80\,\%$.

Mit der zugeführten *Anodengleichstromleistung* $P_a = U_a I_a = 5\ \text{kV} \cdot 0{,}75\ \text{A} = 3{,}75\ \text{kW}$ erhalten wir für die *Wechselstromleistung* $\tilde{P}_a = \eta P_a = 0{,}8 \cdot 3{,}75\ \text{kW} = 3\ \text{kW}$. Damit ergibt sich für die *Anodenverlustleistung* $P_{av} = P_a - \tilde{P}_a = (3{,}75 - 3)\ \text{kW} = 0{,}75\ \text{kW} < 2\ \text{kW}$.

Der *Anodenspitzenstrom* beträgt $i_{as} = I_a/f_0\,(70°) = 0{,}75$ A/0,25 = 3 A. Damit erhalten wir aus dem $U_g$-$U_a$-Kennlinienfeld für die *Restspannung* $u_{a\,\min} = 500$ V den Spitzenwert der Gitterwechselspannung $u_{g\,\max} = 450$ V. Es ist also $u_{a\,\min} > u_{g\,\max}$, d. h. der überspannte Zustand wird vermieden. Die Amplitude der *Anodenwechselspannung* beträgt $\hat{u}_a = U_a - u_{a\,\min} = (5 - 0{,}5)$ kV = 4,5 kV.

Der *Spitzenwert des Gitterstromes* bei Vollaussteuerung (bis $u_{a\,\min}$) ergibt sich aus dem Kennlinienfeld zu $i_{gs} = 1{,}1\text{ A} \approx 1$ A. Die *Gittervorspannung* ermitteln wir aus der Bedingung

$$\cos\Theta_a = -\frac{U_g + D\,U_a}{\hat{u}_g - D\,\hat{u}_a}$$

mit $\hat{u}_g = -U_g + u_{g\,\max}$ zu:

$$\cos\Theta_a\,(-U_g + u_{g\,\max} - D\,\hat{u}_a) = -U_g - D\,U_a$$

und daraus

$$U_g = -\frac{\cos\Theta_a\,(u_{g\,\max} - D\,\hat{u}_a) + D\,U_a}{1 - \cos\Theta_a}$$

also

$$U_g = -\frac{0{,}342\,(450 - 0{,}04 \cdot 4500) + 0{,}04 \cdot 5000}{1 - 0{,}342}\,\text{V}$$

oder

$$U_g = -450\text{ V}$$

Die *Amplitude der Gitterwechselspannung* beträgt also: $\hat{u}_g = -U_g + u_{g\,\max} = (450 + 450)\text{ V} = 900$ V.

Für den *Gitterstromflußwinkel* $\Theta_g$ erhalten wir aus den Kennlinien: $\hat{u}_g \sin(90° - \Theta_g) = 625$ V und daraus $\cos\Theta_g = 625/900 = 0{,}695$ oder $\Theta_g = 46°$. Mit diesem Wert berechnen wir den *Gittergleichstrom* und die *Grundschwingung des Gitterwechselstromes* zu:

$f_0\,(46°) = I_g/i_{gs} = 0{,}162$ also $I_g = 1{,}1 \cdot 0{,}162\text{ A} = 0{,}18\text{ A} < 0{,}25$ A und $f_1\,(46°) = \hat{\imath}_{g1}/i_{gs} = 0{,}312$ also $\hat{\imath}_{g1} = 1{,}1 \cdot 0{,}312\text{ A} = 0{,}34$ A.

Für den Gitterwiderstand erhalten wir damit den Wert: $R_g = -U_g/I_g = 450\text{ V}/0{,}18\text{ A} = 2{,}5\text{ k}\Omega$.

*Kontrolle der Gitterverlustleistung:* Mit der Leistung im Gitterwiderstand $P_g = 450\,\mathrm{V} \cdot 0{,}18\,\mathrm{A} = 81\,\mathrm{W}$ und der zugeführten Steuerleistung $\widetilde{P}_g = \hat{u}_g \hat{\imath}_{g1}/2 = 900\,\mathrm{V} \cdot 0{,}34\,\mathrm{A}/2 = 153\,\mathrm{W}$ ergibt sich für die Gitterverlustleistung $P_{gv} = \widetilde{P}_g - P_g = (153 - 81)\,\mathrm{W} = 72\,\mathrm{W} < 100\,\mathrm{W}$. Damit ist eine etwa 25%ige Sicherheit gegen Gitterüberlastungen gegeben.

Für den *Außenwiderstand* erhalten wir mit der Amplitude des Anodenstromes $\hat{\imath}_{a1} = f_1\,(70^\circ)\, i_{as} = 0{,}43 \cdot 3\,\mathrm{A} = 1{,}29\,\mathrm{A}$: $R_a = \hat{u}_a/\hat{\imath}_{a1} = 4{,}5\,\mathrm{kV}/1{,}29\,\mathrm{A} = 3{,}5\,\mathrm{k\Omega}$.

Die tatsächliche an der Anode der Röhre zur Verfügung stehende *Ausgangsleistung* beträgt:

$$\widetilde{P}_a' = \widetilde{P}_a - \widetilde{P}_g - \widetilde{P}_v = (3 - 0{,}15 - 0{,}3)\,\mathrm{kW} = 2{,}65\,\mathrm{kW}$$

wobei die Kreisverluste mit $\widetilde{P}_v \approx 0{,}1\,\widetilde{P}_a$ angenommen wurden.

Die *Dimensionierung des Arbeitskreises* liefert mit $\omega = 1/\sqrt{LC}$ und $C = 1500\,\mathrm{pF}$, gewählt mit Rücksicht auf den Kurzschluß von Oberschwingungen (vgl. Bild 3.24):

$$L = \frac{1}{\omega^2 C} = \frac{1}{(2\pi)^2\, 10^{12}\, 1500 \cdot 10^{-12}} = 16{,}6\,\mu\mathrm{H}$$

Die Kreisinduktivität $L$ besteht aus der Anodenspule $L_1$ und dem Induktor $L_2$, in welchen das zu behandelnde Werkstück eingeführt wird. Man dimensioniert z. B. $L_1 = 4{,}6\,\mu\mathrm{H}$ und $L_2 = 12\,\mu\mathrm{H}$.

Für den Widerstand $R$ der Arbeitsspule mit dem Werkstück erhalten wir aus der Transformationseigenschaft des Parallelresonanzkreises $R_a = L/CR$:

$$R = \frac{L}{C R_a} = \frac{16{,}6\,\mu\mathrm{H}}{1{,}5\,\mathrm{nF}\; 3{,}5\,\mathrm{k\Omega}} = 3{,}16\,\Omega$$

Der *Rückkopplungsfaktor* berechnet sich zu: $M/L_1 = \hat{u}_g/\hat{u}_a = 900/4500 = 0{,}2 \mathrel{\hat{=}} 20\,\%$ und damit $M = 0{,}2\,L_1 = 0{,}2 \cdot 4{,}6\,\mu\mathrm{H} \approx 1\,\mu\mathrm{H}$. Praktisch wird die erforderliche Rückkopplung so realisiert, daß man z. B. eine Gitterspule $L_g$ mit etwa 50 Windungen so weit in die Anodenspule $L_1$ einschiebt, bis der errechnete Gittergleichstrom $I_g$ sich einstellt.

Für eine wirkungsvolle *Amplitudenstabilisierung* darf die Zeitkonstante der *RC*-Kombination nicht zu groß sein. Damit die Gittervorspannung augenblicklich folgen kann, soll der Kondensator für kurzzeitige Stromänderungen nicht als Kurzschluß wirken. Man wählt meist $R_g C_g = 1 \ldots 2\ \mu s$. Damit ist $C_g = 1{,}5\ \mu s / 2{,}5\ k\Omega = 600$ pF.

*Beispiel 3: Eingangswiderstand eines Diodengleichrichters*

Es ist der Wechselstromeingangswiderstand eines Diodengleichrichters mit Ladekapazität bei Spitzengleichrichtung unter Annahme idealer Bedingungen zu bestimmen sowie dessen Verhalten bei relativ großen und relativ kleinen Lastwiderständen zu ermitteln.

Die Schaltung und deren Wirkungsweise bei geradlinig geknickter Strom-Spannungs-Kennlinie zeigt Bild 3.28. Die Gleichstromkomponente $I_0$ des Diodenstromes erzeugt am Lastwiderstand $R$

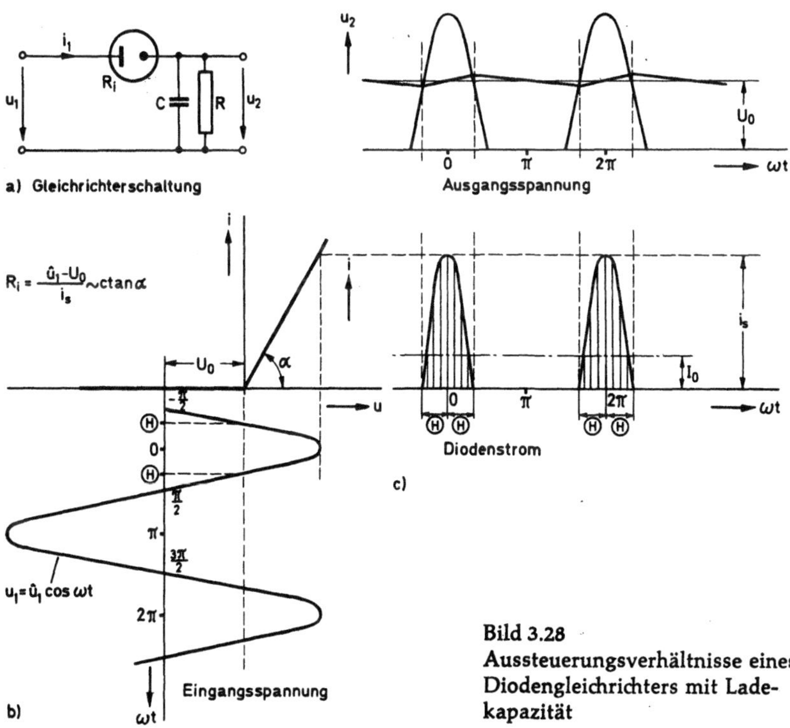


Bild 3.28
Aussteuerungsverhältnisse eines Diodengleichrichters mit Ladekapazität

einen Spannungsabfall $U_0$, welcher die Diode negativ vorspannt, so daß der Diodenstrom entsprechend der an der Diode liegenden Spannung (vgl. Bild 3.28 b)

$$u = \hat{u}_1 \cos \omega t - U_0 \tag{3.59}$$

nur zeitweise fließt. Bei relativ großer Ladekapazität $C$ ist die Welligkeit sehr gering und die Vorspannung

$$U_0 = \hat{u}_1 \cos \Theta = R I_0 \tag{3.60}$$

praktisch konstant (vgl. Bild 3.28 c). Mit dem Mittelwert und der Grundschwingung des Diodenstromes nach Gleichung (3.48)

$$I_0 = f_0(\Theta)\, i_s \quad \text{bzw.} \quad \hat{i}_1 = f_1(\Theta)\, i_s$$

erhalten wir für die Grundschwingung den Wechselstromwiderstand zu:

$$R_1 = \frac{\hat{u}_1}{\hat{i}_1} = \frac{U_0}{\hat{i}_1 \cos \Theta} = R \frac{f_0(\Theta)}{f_1(\Theta) \cos \Theta} \tag{3.61}$$

oder mit $f_0(\Theta)/f_1(\Theta)$ nach Gleichung (3.48) ist:

$$\frac{R_1}{R} = \frac{\sin \Theta - \Theta \cos \Theta}{\cos \Theta\, (\Theta - \sin \Theta \cos \Theta)} = \frac{\tan \Theta - \Theta}{\Theta - \sin \Theta \cos \Theta} \tag{3.61 a}$$

Wie dem im Bild 3.29 dargestellten Verlauf $R_1/R = f(\Theta)$ entnommen werden kann, ist für Stromflußwinkel $\Theta < 30°$: $R_1/R \approx 0{,}5$ oder $R_1 \approx R/2$, d. h. der Wechselstromeingangswiderstand ist bei Spitzengleichrichtung ($\Theta \approx 0$) halb so groß wie der Lastwiderstand.

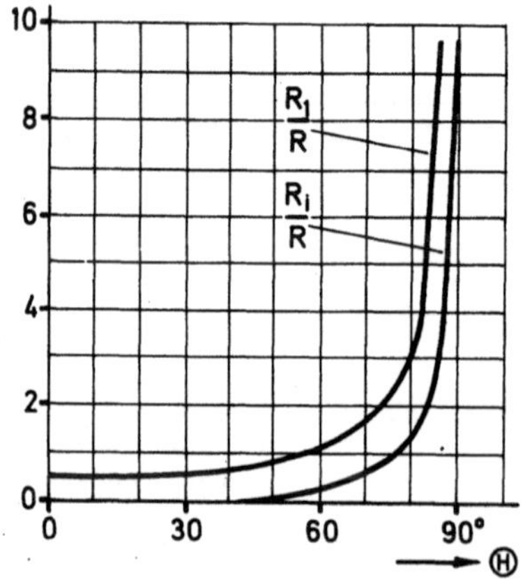


Bild 3.29
Eigenschaften des Diodengleichrichters in Abhängigkeit vom Stromflußwinkel

Der Stromflußwinkel $\Theta$ hängt vom Verhältnis des Diodeninnenwiderstandes $R_i$ zum Lastwiderstand $R$ ab. Mit

$$R_i = \frac{\hat{u}_1 - U_0}{i_s} \quad \text{und} \quad R = \frac{U_0}{I_0} \tag{3.62}$$

erhalten wir das Verhältnis zu:

$$\frac{R_i}{R} = \frac{(\hat{u}_1 - U_0)\, I_0}{U_0\, i_s} = \frac{1 - \cos\Theta}{\cos\Theta} f_0(\Theta) \tag{3.63 a}$$

wobei $U_0 = \hat{u}_1 \cos\Theta$ und $I_0/i_s = f_0(\Theta)$ gesetzt wurde. Mit $f_0(\Theta)$ nach Gleichung (3.48) gilt schließlich:

$$\frac{R_i}{R} = \frac{\sin\Theta - \Theta\cos\Theta}{\pi\cos\Theta} = \frac{\tan\Theta - \Theta}{\pi} \tag{3.63 b}$$

Kurve im Bild 3.29 stellt den Zusammenhang $R_i/R = f(\Theta)$ grafisch dar. Für $R_i \ll R$ (Leerlauf) ist $\Theta \approx 0$ bzw. $\cos\Theta \approx 1$ und $\sin\Theta \approx 0$, d. h. es liegt Spitzengleichrichtung vor, wobei nach Gleichung (3.60)

$$U_0 = \hat{u}_1 \cos\Theta \approx \hat{u}_1 \tag{3.64}$$

wird, d. h. die Diodenvorspannung ist etwa gleich der Amplitude der aufgedrückten Wechselspannung. Schwankt diese im Takte einer Modulationsfrequenz, so wird auch die Diodenvorspannung in diesem Takte schwanken und als Niederfrequenz abgenommen werden können (vgl. auch S. 153).

Wenn dagegen $R_i \gg R$ (Kurzschluß), dann ist $\Theta \approx 90°$ und $\cos\Theta \approx 0$ bzw. $\sin\Theta \approx 1$, so daß wir für den Mittelwert des Diodenstromes erhalten:

$$I_0 = f_0(\Theta)\, i_s = \frac{\sin\Theta - \Theta\cos\Theta}{\pi(1 - \cos\Theta)} i_s \tag{3.65}$$

oder mit $i_s$ nach Gleichung (3.62) gilt weiter:

$$I_0 = \frac{\hat{u}_1}{\pi R_i} (\sin\Theta - \Theta\cos\Theta) = \frac{\hat{u}_1}{\pi R_i} \tag{3.65 a}$$

d. h. der Diodengleichstrom ist proportional der angelegten Amplitude.

Definieren wir den Gleichrichterwirkungsgrad $\eta$ als das Verhältnis der gewonnenen Gleichspannung $U_0$ zur Aussteuerungsamplitude $\hat{u}_1$, so ist nach Gleichung (3.60):

$$\eta = \frac{U_0}{\hat{u}_1} = \cos\Theta \tag{3.66}$$

Bei Spitzengleichrichtung ist mit $\Theta \approx 0$ der Wirkungsgrad $\eta \approx 1$. Für $\Theta = 10^\circ \ldots 20^\circ$ gilt z. B. $\eta \geqq 0{,}9$ und $R_i/R \approx 0{,}01$ oder $R \approx 100\, R_i$.

### 3.2.5. Stromflußwinkel und Verstärkerparameter

Beim Betrieb mit verzerrten Strömen werden die Röhren derart ausgesteuert, daß die Röhrenparameter $S$ und $G_i$ zeitlich nicht mehr konstant sind (Bild 3.30). Bei einer linear geknickten Kennlinie sind die Steilheit und der Innenleitwert im Durchlaßbereich konstant und gleich $S$ bzw. $G_i$ (vgl. Bild 3.30 b). Im Sperrbereich ist stets $S = 0$ bzw. $G_i = 0$ (kein Stromfluß). Ändert sich nun die Gitterspannung sinusförmig, so ist der zeitliche Verlauf der Steilheit und des Innenleitwertes durch eine Folge von Rechteckimpulsen der Dauer $2\Theta$ und der Periode $2\pi$ gegeben, d. h. die Röhre arbeitet als gesteuerter Schalter (Bild 3.30 d).

Analog zur Ermittlung der Harmonischen des Anodenstromes (vgl. Bild 3.30 c) können auch für die Steilheit bzw. den Innenleitwert die Fourier-Koeffizienten ermittelt werden (vgl. S. 172):

$$S_n = \frac{1}{\pi} \int_{-\Theta}^{+\Theta} S \cos nx \, dx = \frac{2 \sin n\Theta}{n\pi} S \tag{3.67}$$

so daß man z. B. für die Steilheit schreiben kann:

$$S(t) = S_0 + S_1 \cos\omega t + S_2 \cos 2\omega t + S_3 \cos 3\omega t + \ldots \tag{3.68}$$

Bei *Grundwellenbetrieb* ($n = 1$) schwankt die wirksame Steilheit kosinusförmig mit der Amplitude

$$S_1 = \frac{2 \sin\Theta}{\pi} S \tag{3.69}$$

um den zeitlichen Mittelwert ($n = 0$)

$$S_0 = \frac{(S_n)_{n=0}}{2} = \frac{\Theta}{\pi} S \tag{3.70}$$

während die Wirkung der höheren Harmonischen ($n = 2{,}3$ usw.) durch den Anodenschwingungskreis unterdrückt wird.

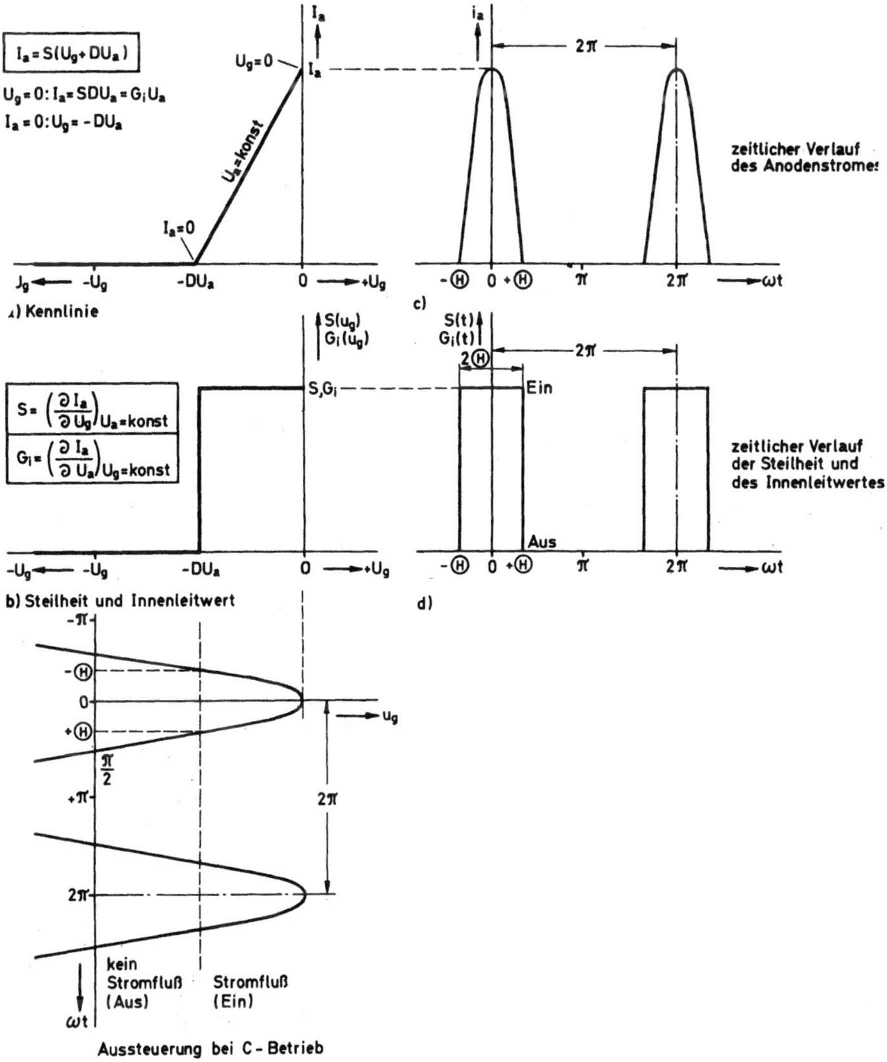


Bild 3.30 Zeitlicher Verlauf der Steilheit und des Innenleitwertes bei Aussteuerung geradlinig-geknickter Kennlinien im C-Betrieb ($\Theta < 90°$)

Die Steilheit $S_1$, welche die Grundschwingung des Anodenstromes $\hat{\imath}_{a1} = S_1\, \hat{u}_{st}$ bestimmt, hat für $\sin\Theta = 1$, d. h. bei $\Theta = \pi/2 \triangleq 90°$ (B-Betrieb) ein Maximum:

$$S_{1\max} = \frac{2}{\pi} S \tag{3.69 a}$$

Unter $S$ ist stets die Arbeitssteilheit im A-Betrieb zu verstehen, die bei belasteter Röhre u. U. wesentlich kleiner ist als die Kurzschlußsteilheit.

Entsprechend der Beziehung $G_i = S\,D$ erhalten wir für den zeitlichen Mittelwert des Innenleitwertes, weil der Durchgriff $D$ als geometrische Konstante von der Zeit unabhängig ist:

$$G_{i0} = S_0 D = \frac{\Theta}{\pi} S\,D = \frac{\Theta}{\pi} G_i \tag{3.71}$$

d. h. für $\Theta = \pi/2$ ist $G_{i0} = G_i/2$, ähnlich wie auch $S_0 = S/2$ wird. Der Koeffizient $G_{i1}$ schwankt wie $S_1$ im Takte der Steuerwechselspannung.

Da ein zeitlich veränderlicher Widerstand im Stromkreis den Strom formen, d. h. modulieren kann, verwendet man z. B. Röhren im B- oder C-Betrieb auch zur *Modulation* von Wechselströmen. Je nach dem, wo die Modulationsspannung zugeführt wird, unterscheidet man die *Gitter-* und die *Anodenspannungsmodulation* (vgl. auch S. 208).

Bei *Frequenzvervielfachung* ($n = 2, 3, 4$ usw.) ist die wirksame Steilheit durch die Fourier-Koeffizienten

$$S_2 = \frac{\sin 2\,\Theta}{\pi} S\,, \quad S_3 = \frac{2 \sin 3\,\Theta}{3\,\pi} S \quad \text{usw.} \tag{3.72}$$

gegeben, wobei man die Maximalwerte für $\sin 2\,\Theta_2 = \sin 3\,\Theta_3 = 1$ usw., d. h. für $\Theta_2 = 45°$ und $\Theta_3 = 30°$ usw. erhält. Die Maximalwerte nehmen mit steigender Ordnungszahl der höheren Harmonischen rasch ab:

$$S_{2\max} = \frac{1}{\pi} S\,, \quad S_{3\max} = \frac{2}{3\,\pi} S \quad \text{usw.} \tag{3.72 a}$$

so daß man meist über eine Verdoppelung der Frequenz je Stufe nicht hinausgeht und höhere Vervielfachungen durch Kaskadenschaltung mehrerer Verdopplerstufen vornimmt.

### 3.2.6. Gegentaktbetrieb

Die Gegentaktschaltung (Bild 3.31) bietet gegenüber der Eintaktschaltung nicht nur eine Verdoppelung der Leistung, sondern es werden durch die gegenphasige Aussteuerung auch alle geradzahligen Harmonischen eliminiert, wenn die Schaltung vollkommen symmetrisch ausgeführt ist. Die beiden Röhren müssen also genau gleiche Kennlinien besitzen.

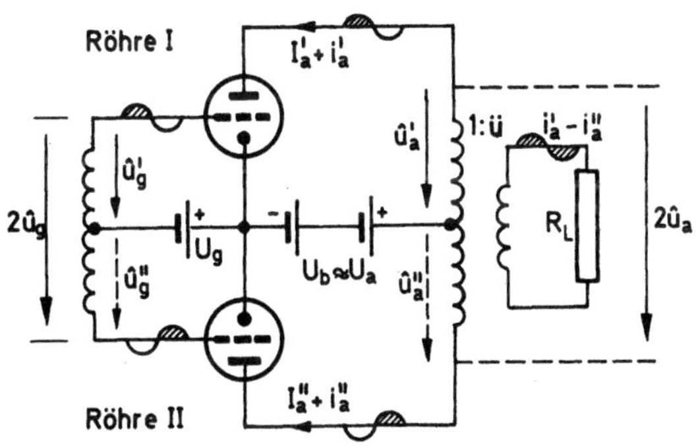


Bild 3.31
Gegentaktschaltung

Ist der verzerrte Anodenstrom der Röhre I

$$i_a' = i_1 + i_2 + i_3 + i_4 + \ldots$$

so ist wegen der gegenphasigen Aussteuerung der Röhre II deren Strom

$$i_a'' = -i_1 + i_2 - i_3 + i_4 - \ldots$$

weil die $n$-te Harmonische um $n\pi$ in der Phase gedreht wird. Auf der Sekundärseite ist aber die Differenz $i_a' - i_a''$ wirksam, da die einzelnen Ströme die Primärwicklung in entgegengesetzter Richtung durchfließen:

$$i_a' - i_a'' = 2\,i_1 + 2\,i_3 + 2\,i_5 + \ldots$$

Es fehlen also die geraden Harmonischen $i_2$, $i_4$, $i_6$ usw. die den Hauptanteil an Verzerrungen liefern.

Der Strom auf der Sekundärseite ist sinusförmig, da jede Röhre eine Halbschwingung der Gitterwechselspannung verarbeitet. Im Bild 3.31 sind die Stromflußzeiten schraffiert angedeutet. Bei entgegengesetzt gleichen Anodengleichströmen hebt sich auch die Vormagnetisierung des Übertragers auf und man kommt mit weniger Eisen aus, da keine Sättigungserscheinungen zu befürchten sind.

Je nachdem, ob die Einzelröhren im A- oder B-Betrieb arbeiten, unterscheidet man den Gegentakt-A- oder den Gegentakt-B-Betrieb. Bei *Gegentakt-A-Betrieb* treten kleinere Verzerrungen auf, da die resultierende Kennlinie gerader verläuft und die Aussteuerung dadurch linearer wird.

Der *Gegentakt-B-Betrieb* liefert bei gleicher Betriebsspannung eine höhere Leistung, hat aber bei kleiner Aussteuerung größere Verzerrungen zur Folge, da man im unteren Kennlinienbereich arbeitet (Bild 3.32). Da im B-Betrieb der Wirkungsgrad besser ist, weil praktisch kein Anodenruhestrom fließt, kombiniert man beide Betriebsarten zum AB-Gegentaktbetrieb und legt den Arbeitspunkt etwas oberhalb des reinen B-Betriebes.

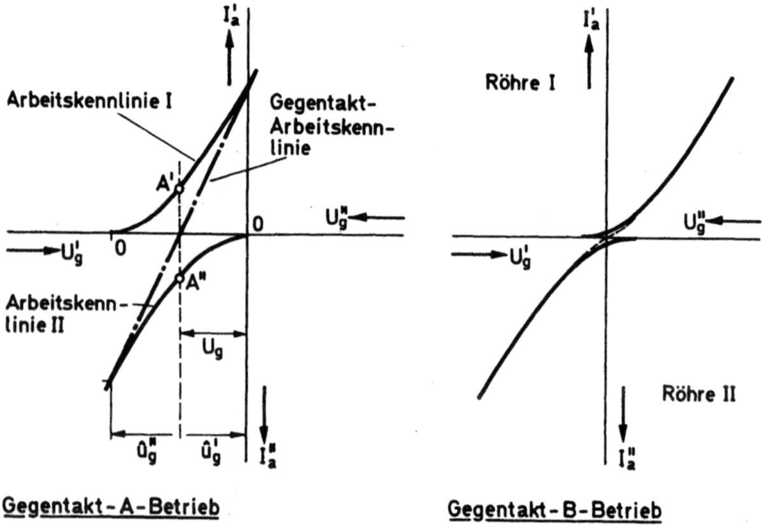


Bild 3.32 Arbeitskennlinien bei Gegentaktbetrieb

Ein weiterer wesentlicher Unterschied zwischen Gegentakt-A- und Gegentakt-B-Betrieb besteht im Außenwiderstand $R_{aa}$ von Anode zu Anode. Bei Gegentakt-A-Betrieb fließt Strom während der ganzen Schwingungsdauer ($\Theta = 180°$), so daß der Außenwiderstand infolge der doppelten Anodenwechselspannung verdoppelt wird:

$$R_{aa} = \frac{2\,\hat{u}_a}{\hat{\imath}_a} = 2\,R_a \tag{3.73}$$

Damit gilt für das Übersetzungsverhältnis des Anpassungsübertragers:

$$\frac{1}{\ddot{u}_A} = \sqrt{\frac{2\,R_a}{R_L}} \tag{3.73 a}$$

Im Gegentakt-B-Betrieb fließt der Strom nur während der halben Schwingungsdauer ($\Theta = 90°$), d. h. bei doppelter Spannung und halbem Strom erhalten wir für den Außenwiderstand von Anode zu Anode:

$$R_{aa} = \frac{2\,\hat{u}_a}{\frac{\hat{\imath}_a}{2}} = 4\,\frac{\hat{u}_a}{\hat{\imath}_a} = 4\,R_a \tag{3.74}$$

und damit

$$\frac{1}{\ddot{u}_B} = \sqrt{\frac{4\,R_a}{R_L}} \tag{3.74 a}$$

Der Arbeitswiderstand der Schaltung wird also gegenüber dem des Eintakt-A-Betriebes vervierfacht.

Dies ist auch ohne weiteres einleuchtend, wenn wir berücksichtigen, daß der Wechselstromwiderstand nur für sinusförmige Größen definiert ist. Im B-Betrieb beträgt die Grundschwingung des Stromes $i_{as}/2$, wobei der Spitzenwert $i_{as}$ hier mit der Amplitude der Halbschwingung identisch ist. Bei der Gegentaktschaltung liegen nun die beiden Außenwiderstände in Reihe, so daß sich für den Gesamtwiderstand von Anode zu Anode der oben ermittelte vierfache Wert ergibt.

Die Aussteuerungsverhältnisse einer Röhre im B-Betrieb zeigt Bild 3.33. Der innere Leistungswiderstand ist hier mit Rücksicht auf geringe Wiedergabe-Verzerrungen durch die Kennlinie für $U_g = 0$ gegeben, d. h. man wird positive Gitterspannungen meiden (Wiedergabe-Endverstärker).

Die abgegebene Wechselstromleistung einer Röhre beträgt, wenn wir berücksichtigen, daß im B-Betrieb die Amplitude der Grundschwingung den halben Spitzenwert beträgt, also $\hat{\imath}_a/2$ ist:

$$\widetilde{P}_a = \frac{1}{2}\,\frac{\hat{u}_a\,\hat{\imath}_a}{2} = \frac{1}{4}\,\hat{\imath}_a^2\,R_a \tag{3.75}$$

Mit der zugeführten Gleichstromleistung je Röhre

$$P_a = I_a\,U_a = \frac{\hat{\imath}_a}{\pi}\,U_b \tag{3.75 a}$$

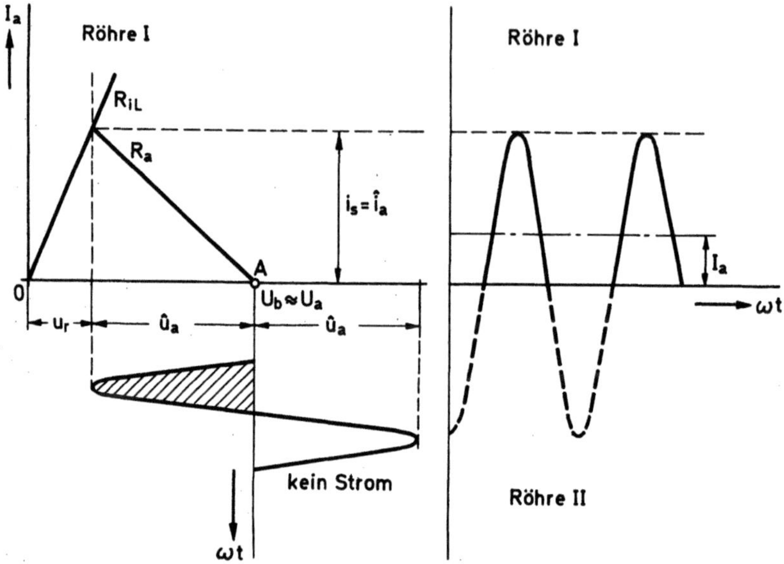


Bild 3.33 **Aussteuerungsverhältnisse beim B-Betrieb**

erhalten wir für die Anodenverlustleistung:

$$P_{av} = P_a - \widetilde{P}_a = \frac{\hat{\imath}_a U_b}{\pi} - \frac{\hat{\imath}_a^2 R_a}{4}$$

Die Verlustleistung hat ein Maximum für:

$$\frac{\mathrm{d}P_{av}}{\mathrm{d}\hat{\imath}_a} = \frac{U_b}{\pi} - \frac{\hat{\imath}_a R_a}{2} = 0 \quad \text{oder} \quad \hat{\imath}_a = \frac{2}{\pi}\frac{U_b}{R_a}$$

und damit gilt für die maximale Verlustleistung:

$$P_{av\,\max} = \frac{2}{\pi}\frac{U_b}{R_a}\frac{U_b}{\pi} - \frac{4}{\pi^2}\frac{U_b^2}{R_a^2}\frac{R_a}{4} = \frac{U_b^2}{\pi^2 R_a}$$

Für den optimalen Außenwiderstand je Röhre erhalten wir also, wenn $\pi^2 \approx 10$ gesetzt wird:

$$R_a = \frac{U_b^2}{10\,P_{av\,\max}} \tag{3.76}$$

Andererseits ist auch (vgl. Bild 3.33):

$$R_a = \frac{\hat{u}_a}{\hat{\imath}_a} = \frac{U_b}{\hat{\imath}_a}\left(1 - \frac{u_r}{U_b}\right) \tag{3.76 a}$$

Daraus erhalten wir unter Berücksichtigung von Gleichung (3.76):

$$\hat{\imath}_a = \frac{10\, P_{av\,\max}}{U_b}\left(1 - \frac{u_r}{U_b}\right) \tag{3.77}$$

Die von den beiden Röhren abgegebene Wechselstromleistung berechnet sich damit zu:

$$\tilde{P}_{aa} = 2\,\frac{\hat{u}_a\,\hat{\imath}_a}{4} = \frac{\hat{\imath}_a\,U_b}{2}\left(1 - \frac{u_r}{U_b}\right) \tag{3.78}$$

Mit der zugeführten Gleichstromleistung

$$P_{aa} = 2\,\frac{\hat{\imath}_a}{\pi}\,U_b \tag{3.79}$$

Erhalten wir für den Gesamtwirkungsgrad bei Vollaussteuerung:

$$\eta = \frac{\tilde{P}_{aa}}{P_{aa}} = \frac{\pi}{4}\left(1 - \frac{u_r}{U_b}\right) \tag{3.80}$$

Für sehr kleine Restspannung $u_r \to 0$ ist $\eta \to \pi/4 \approx 0{,}8$.

Die obigen Ausführungen gelten allgemein für alle steuerbaren Elemente und können auch auf Transistoren angewendet werden, wie es das folgende Beispiel zeigt.

*Beispiel:* *Gegentaktschaltung mit Transistoren.*
Die im Bild 3.34 dargestellte Gegentaktschaltung ist mit zwei Transistoren OC 30 für B-Betrieb zu berechnen, wenn die Betriebsspannung 9 V beträgt, das im Bild 3.35 gegebene Kennlinienfeld der Transistoren vorliegt und ein Wärmeableitwiderstand von 25 °C/W bei einer Umgebungstemperatur von 45 °C angenommen werden kann.

*Lösung:* Zunächst ermitteln wir nach Gleichung (1.30) auf Seite 42 die maximale Kollektorverlustleistung: $P_{Cv\,\max} = (75 - 45)\ \mathrm{W}/25 = 1{,}2\ \mathrm{W}$. Mit Gleichung (3.76) erhalten wir für den optimalen Außenwiderstand

$$R_a = \frac{(9\ \mathrm{V})^2}{10 \cdot 1{,}2\ \mathrm{W}} = 6{,}75\ \Omega$$

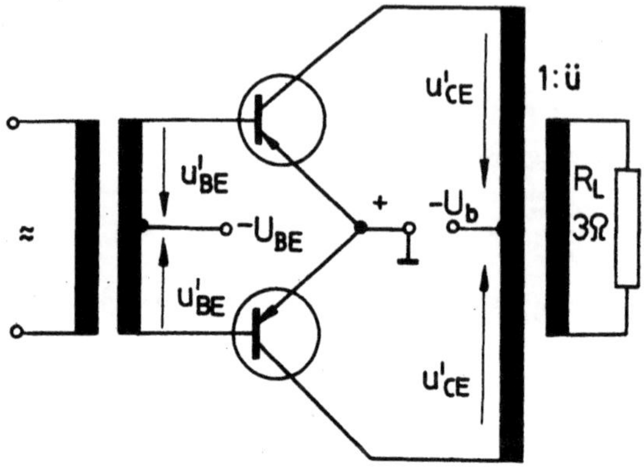


Bild 3.34
Gegentaktschaltung mit Transistoren

Die Restspannung kann dem Kennlinienfeld etwa zu $u_r = 0{,}5$ V entnommen werden. Also gilt für die Stromspitze nach Gleichung (3.77):

$$\hat{\imath}_C = \frac{10 \cdot 1{,}2\ \mathrm{W}}{9\ \mathrm{V}}\left(1 - \frac{0{,}5}{9}\right) = 1{,}26\ \mathrm{A}$$

Die von den beiden Transistoren abgegebene Wechselstromleistung beträgt (vgl. Gleichung 3.78):

$$\tilde{P}_{CC} = \frac{1{,}26\ \mathrm{A} \cdot 9\ \mathrm{V}}{2}\left(1 - \frac{0{,}5}{9}\right) = 5{,}35\ \mathrm{W}$$

während für die zugeführte Gleichstromleistung zu schreiben ist:

$$P_{CC} = 2\ \frac{1{,}26\ \mathrm{A}}{\pi}\ 9\ \mathrm{V} = 7{,}2\ \mathrm{W}$$

Damit erhalten wir für die gesamte Verlustleistung der Gegentaktschaltung:

$$P_{CCv} = (7{,}2 - 5{,}35)\ \mathrm{W} = 1{,}85\ \mathrm{W} < 2{,}4\ \mathrm{W}$$

Sie ist also kleiner als die doppelte Verlustleistung eines Transistors (1,2 W).

Den Wirkungsgrad erhalten wir zu:

$$\eta = \frac{5{,}35}{7{,}2} = 0{,}744 \mathrel{\hat{=}} 74{,}4\,\%$$

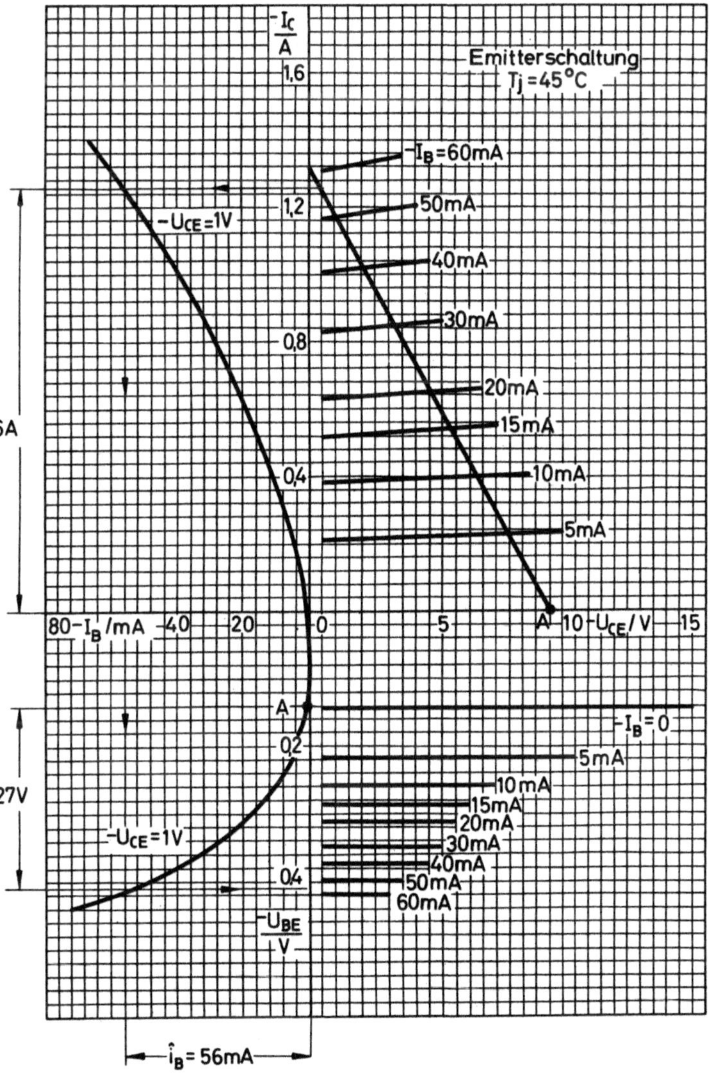


Bild 3.35 Kennlinien des Leistungstransistors OC 30 und Aussteuerung im B-Betrieb

Das Übersetzungsverhältnis des Anpassungsübertragers muß mit dem Lastwiderstand $R_L = 3\ \Omega$ zu

$$\frac{1}{\ddot{u}} = \sqrt{\frac{4 \cdot 6{,}75}{3}} = 3$$

bemessen werden (vgl. Gleichung 3.74 a).

Die Verhältnisse auf der Basisseite ergeben sich durch Übertragen der Kollektorstromspitze in die Eingangskennlinie (vgl. Bild 3.35). Die dynamische Steuer- und Eingangskennlinie sind hierzu aus den Schnittpunkten der Arbeitsgeraden mit den Kennlinien für $I_B =$ konst zu konstruieren. Meist ist jedoch diese genaue Ermittlung nicht erforderlich, da die Abweichung vom Kurzschlußfall und gegebener Kollektorspannung, wegen der weitgehend parallel verlaufenden Kollektorkennlinien, vernachlässigbar ist (vgl. Bild 3.35). Unter dieser Voraussetzung verwenden wir die gegebene Steuer- bzw. Eingangskennlinie für $-U_{CE} = 1$ V, obwohl in unserem Falle $-U_{CE} = 9$ V ist.

Die Basisstromspitze ergibt sich damit zu: $\hat{\imath}_B = 56$ mA. Die Basiswechselspannung ist die zu $\hat{\imath}_B$ gehörende, um die Vorspannung $-U_{BE} = 0{,}14$ V verringerte Spannung. Also $\hat{u}_{BE} = (0{,}41 - 0{,}14)$ V $= 0{,}27$ V. Die Steuerleistung der Gegentaktstufe beträgt:

$$\tilde{P}_{BB} = \frac{1}{2}\,\hat{u}_{BE}\,\hat{\imath}_B = \frac{0{,}27\text{ V} \cdot 56\text{ mA}}{2} = 7{,}56\text{ mW}$$

Damit erhalten wir für die Leistungsverstärkung:

$$v_p = \frac{5{,}35\text{ W}}{7{,}56\text{ mW}} \approx 700$$

Der Eingangswiderstand der Gegentaktschaltung ergibt sich, ähnlich wie der Ausgangswiderstand bei B-Betrieb, mit den Amplitudenwerten zu:

$$R_{BB} = 4\,R_B = 4\,\frac{\hat{u}_{BE}}{\hat{\imath}_B} = 4\,\frac{0{,}27\text{ V}}{56\text{ mA}} = 19{,}3\,\Omega \approx 20\,\Omega$$

Durch diesen Widerstandswert wird die Vorstufe (Treiberstufe) belastet.

### 3.2.7. Impulsbetrieb

Soll eine Röhre im Impulsbetrieb verwendet werden, so kann sie mit den Höchstwerten (Grenzwerten) arbeiten. Es muß aber darauf geachtet werden, daß die Impulsdauer so kurz bemessen ist, daß keine unzulässige Erwärmung auftreten kann und die maximal zulässige Anodenverlustleistung bei Integration über die gesamte Periode nicht überschritten wird. Den Impulsbetrieb bei ohmischem Arbeitswiderstand im Anodenkreis zeigt Bild 3.36.

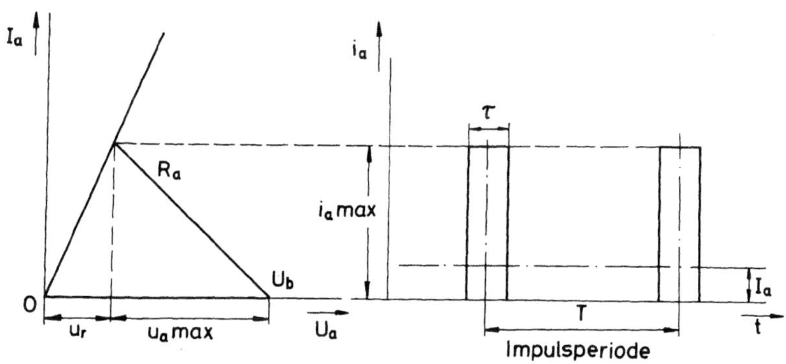


Bild 3.36 Impulsbetrieb mit Rechteckimpulsen

Das Verhältnis Impulsdauer ($\tau$) zur Impulsperiode ($T$), bezeichnet man als *Tastverhältnis* ($v$):

$$v = \frac{\tau}{T} \tag{3.81}$$

Mit der Impulsamplitude $i_{a\,\max}$ erhalten wir bei Rechteckimpulsen für den Impulsmittelwert $I_a$:

$$I_a T = i_{a\,\max} \tau$$

oder

$$\frac{I_a}{i_{a\,\max}} = \frac{\tau}{T} = v \tag{3.82}$$

Ähnlich gilt für den quadratischen Mittelwert (Effektivwert)

$$I_{a\,\mathrm{eff}}^2 T = i_{a\,\max}^2 \tau$$

oder

$$\frac{I_{a\,\mathrm{eff}}^2}{i_{a\,\max}^2} = \frac{\tau}{T} = v \tag{3.82 a}$$

Mit der Restspannung $u_r = R_{iL}\, i_{a\,\max} = U_b - R_a\, i_{a\,\max}$ erhalten wir weiter für den Strom- und den Spannungsimpuls:

$$i_{a\,\max} = \frac{U_b}{R_{iL} + R_a}$$

und (3.83)

$$u_{a\,\max} = U_b\,\frac{R_a}{R_{iL} + R_a}$$

Der Impulsmittelwert berechnet sich mit Gleichung (3.82) zu:

$$I_a = v\,\frac{U_b}{R_{iL} + R_a} \tag{3.84}$$

Die gesamte zugeführte *Gleichstromleistung* beträgt damit:

$$P_b = U_b\, I_a = v\,\frac{U_b^2}{R_{iL} + R_a} \tag{3.85}$$

Die abgegebene *Durchschnittsleistung* (Strichleistung) des Impulses ergibt sich mit Gleichung (3.82 a) zu:

$$P_a = I_{a\,\mathrm{eff}}^2\, R_a = v\, i_{a\,\max}^2\, R_a = v\,\frac{U_b^2\, R_a}{(R_{iL} + R_a)^2} \tag{3.85 a}$$

Sie hat für $\mathrm{d}P_a/\mathrm{d}R_a = 0$ ein Maximum:

$$\frac{\mathrm{d}P_a}{\mathrm{d}R_a} = v\, U_b^2\,\frac{(R_{iL} + R_a)^2 - 2\,R_a\,(R_{iL} + R_a)}{(R_{iL} + R_a)^4} = 0$$

oder, da es ausreichend ist, wenn der Zähler verschwindet:

$$(R_{iL} + R_a)^2 - 2\,R_a\,(R_{iL} + R_a) = 0$$

und damit

$$R_{iL} + R_a - 2\,R_a = 0 \quad \text{bzw.} \quad R_a = R_{iL}$$

d. h. die Strichleistung ist für $R_a = R_{iL}$ ein Maximum.

Für die *Anodenverlustleistung* erhalten wir mit Gleichung (3.85) und Gleichung (3.85 a):

$$P_{av} = P_b - P_a = v\, U_b^2 \left[\frac{1}{R_{iL} + R_a} - \frac{R_a}{(R_{iL} + R_a)^2}\right] \tag{3.86}$$

oder

$$P_{av} = v\,U_b^2 \,\frac{R_{iL}}{(R_{iL} + R_a)^2} \tag{3.86 a}$$

Die *Impulsspitzenleistung* (Oberstrichleistung) berechnet sich mit Gleichung (3.82 a) zu:

$$P_{a\,\max} = i_{a\,\max}^2\, R_a = \frac{I_{a\,\mathrm{eff}}^2}{v}\, R_a = \frac{P_a}{v}$$

oder

$$\frac{P_a}{P_{a\,\max}} = v \tag{3.87}$$

Es ist also der Quotient Durchschnittsleistung zu Spitzenleistung gleich dem Tastverhältnis.

Für das *Stromverhältnis* Mittelwert zu Effektivwert ergibt sich ebenfalls:

$$\frac{I_a^2}{I_{a\,\mathrm{eff}}^2} = \frac{v^2\, i_{a\,\max}^2}{v\, i_{a\,\max}^2} = v \tag{3.88}$$

Hieraus kann das Tastverhältnis durch Messung einfach ermittelt werden.

Die obigen Zusammenhänge gelten nur für Rechteckimpulse. Alle anderen Impulsformen müssen auf die Rechteckform umgerechnet werden. Man definiert als Höhe des flächengleichen Rechteckes das Produkt $k\, i_{a\,\max}$ derart, daß für den quadratischen Mittelwert geschrieben werden kann:

$$I_{a\,\mathrm{eff}}^2\, T = \int_0^T i_a^2\, \mathrm{d}t = k^2\, i_{a\,\max}^2\, \tau$$

und daraus

$$k^2 = \frac{I_{a\,\mathrm{eff}}^2}{v\, i_{a\,\max}^2} \tag{3.89}$$

Der Faktor $k$ ist von der Impulsform abhängig und bei Rechteckimpulsen gilt definitionsgemäß $k = 1$.

Das Leistungsverhältnis nach Gleichung (3.87) kann also ganz allgemein auch geschrieben werden:

$$\frac{P_a}{P_{a\,\max}} = \frac{v}{k^2} \tag{3.90}$$

Für eine gute leistungsmäßige Nutzung der Impulsdauer soll $k \approx 1$ sein, d. h. es ist möglichst Rechteckform zu verwenden.

Die Verlustleistung ergibt sich mit $I_{a\,\mathrm{eff}}^2 = v\,k^2\,i_{a\,\max}^2$ nach Gleichung (3.85 a) und Gleichung (3.86) allgemein für jede Impulsform zu:

$$P_{av} = v\,U_b^2\left[\frac{1}{R_{iL}+R_a} - k^2\,\frac{R_a}{(R_{iL}+R_a)^2}\right] \tag{3.91}$$

Je kleiner der Faktor $k$ ist, d. h. je spitzer der Impuls verläuft, um so größer ist die auftretende Verlustleistung.

*Beispiel:* Ermittle die auftretende Kollektorverlustleistung beim Transistor OC 30 für reinen B-Betrieb und Aussteuerung nach Bild 3.35.

*Lösung:* Der innere Leistungswiderstand ergibt sich mit der Restspannung von 0,5 V und dem Spitzenstrom von 1,26 A zu:

$$R_{iL} = \frac{\hat{\imath}_C}{u_r} = \frac{1{,}26\ \mathrm{A}}{0{,}5\ \mathrm{V}} \approx 2{,}5\ \Omega$$

Für den Faktor $k$ erhalten wir nach Gleichung (3.89) mit dem Tastverhältnis $v = 1:2$ (B-Betrieb):

$$k^2 = \frac{\dfrac{\hat{\imath}_C^2}{2}}{\dfrac{1}{2}\,\hat{\imath}_C^2} = 1$$

Damit ergibt sich bei einem Außenwiderstand von 6,75 Ω nach Gleichung (3.91) mit $U_b = 9$ V:

$$P_{Cv} = \frac{1}{2}(9\ \mathrm{V})^2\left[\frac{1}{2{,}5+6{,}75} - 1\,\frac{6{,}75}{(2{,}5+6{,}75)^2}\right]\frac{1}{\Omega}$$

oder

$$P_{Cv} = \frac{81}{2}\left[\frac{1}{9{,}25} - \frac{6{,}75}{(9{,}25)^2}\right]\mathrm{W} = 1{,}175\ \mathrm{W} \approx 1{,}2\ \mathrm{W}$$

also der gleiche Wert wie im Beispiel auf Seite 199 vorausgesetzt.

Zur Erzielung hoher Impulsspitzenleistungen, wie sie z. B. für Ortungszwecke benötigt werden, müssen Röhren und Transistoren kurzzeitig hohe Ströme bei hohen Spannungen verarbeiten können. Man hat daher besondere Röhren- und Transistortypen für den Impulsbetrieb entwickelt, die mit einer etwa 10fachen kurzzeitigen Überlastung gegenüber dem kontinuierlichen Betrieb arbeiten.

### 3.2.8. Betrieb mit amplitudenmodulierten Schwingungen

Für die Röhrenwahl beim Betrieb mit amplitudenmodulierten Schwingungen ist die maximale Hochfrequenzleistung während der positiven Modulationsspitzen (Oberstrichleistung) maßgebend.

Nach Bild 3.12b (S. 151) kann für den zeitlichen Verlauf der HF-Leistung modulierter Schwingungen geschrieben werden, da Strom und Spannung einander proportional sind (Wirkleistung):

$$P_{\mathrm{HF}}' = \frac{\hat{u}_h' \, \hat{\imath}_h'}{2} = \frac{\hat{u}_h \, \hat{\imath}_h}{2} (1 + m \cos \omega_m t)^2 = P_{\mathrm{HF}} \, (1 + m \cos \omega_m t)^2 \tag{3.92}$$

wobei $P_{\mathrm{HF}} = \hat{u}_h \hat{\imath}_h / 2$ die unmodulierte HF-Leistung ($m = 0$) bedeutet. Die *Oberstrichleistung* $P_{\mathrm{HF\,max}}'$ erhält man im Augenblick der größten HF-Amplitude, d. h. für $\cos \omega_m t = 1$:

$$P_{\mathrm{HF\,max}}' = P_{\mathrm{HF}} \, (1 + m)^2 \tag{3.93}$$

Im Augenblick der kleinsten Amplitude, d. h. für $\cos \omega_m t = -1$, ist:

$$P_{\mathrm{HF\,min}}' = P_{\mathrm{HF}} \, (1 - m)^2 \tag{3.93 a}$$

Die mittlere Gesamtleistung ergibt sich zu:

$$P_{\mathrm{HF}}' = P_{\mathrm{HF}} \, (1 + 2\, m \cos \omega_m t + m^2 \cos^2 \omega_m t)$$

oder

$$P_{\mathrm{HF}}' = P_{\mathrm{HF}} \, (1 + 2\, m \cos \omega_m t + m^2/2 - m^2/2 \cdot \cos 2\, \omega_m t)$$

und weil die Glieder mit $\cos \omega_m t$ und $\cos 2\, \omega_m t$ über die ganze Periode gesehen im Mittel verschwinden gilt schließlich:

$$P_{\mathrm{HF}\,m}' = P_{\mathrm{HF}} \left( 1 + \frac{m^2}{2} \right) \tag{3.94}$$

Bei 100%iger Modulation ($m = 1$) ist die maximale Leistung gleich der vierfachen unmodulierten HF-Leistung: $P_{\mathrm{HF\,max}}' = 4\, P_{\mathrm{HF}}$ und die kleinste Leistung ist gleich Null, während die mittlere Gesamtleistung $P_{\mathrm{HF}\,m} = 1{,}5\, P_{\mathrm{HF}}$ beträgt und damit um 50% gegenüber $P_{\mathrm{HF}}$ ansteigt. Unter der HF-Leistung einer Röhre versteht man im allgemeinen die unmodulierte Leistung $P_{\mathrm{HF}}$. Sie muß jedoch bei positiven *Modulationsspitzen* kurzzeitig eine um den Faktor $(1 + m)^2$ größere Leistung abgeben können. Die Röhren sind daher so zu wählen, daß sie bei der gewünschten HF-Leistung auch die positiven Modulationsspitzen (Oberstrichleistung) verarbeiten können.

*Beispiel: Anodenspannungsmodulator*

Mit der Sendetriode ATL 2-1 ist ein anodenmodulierter Senderverstärker für einen Modulationsgrad von 100 % zu berechnen (Bild 3.37). Die HF-Steuerspannung liefert ein Oszillator dem Gitter des im C-Betrieb arbeitenden Senderverstärkers. Die NF-Modulationsspannung wird einem Gegentakt-B-Verstärker entnommen und der Anode zugeführt. Bei $m = 100\,\%$ schwankt die NF-Wechselspannung zwischen etwa Null und dem doppelten Wert der Anodengleichspannung, was eine entsprechende Schwankung der Amplitude des HF-Anodenstromes zur Folge hat (Bild 3.38).

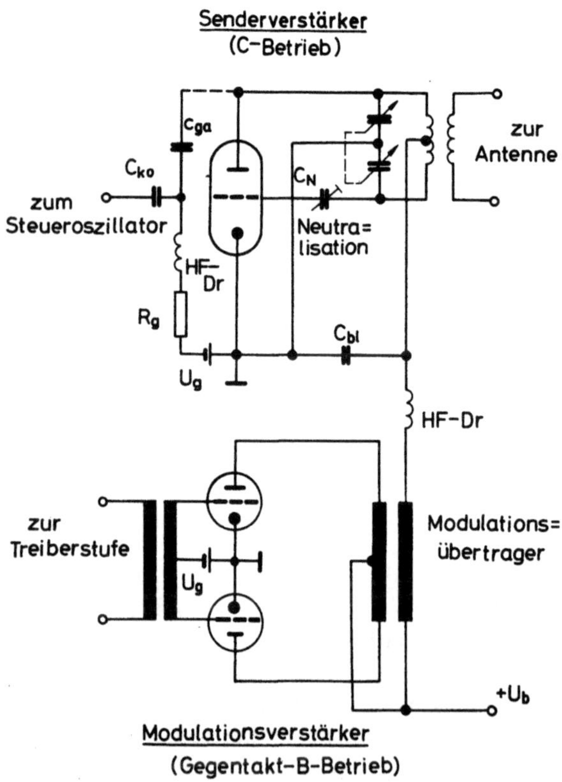


Bild 3.37 Grundschaltung zur Anoden-B-Modulation

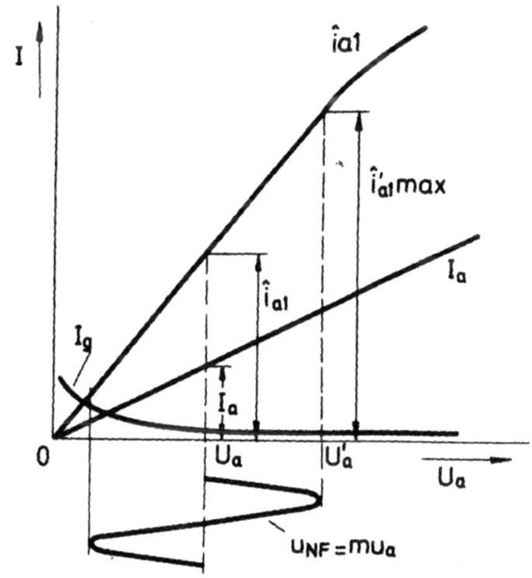


Bild 3.38
Aussteuerungsverhältnisse bei Anodenspannungsmodulation

*Lösung:* Einer Senderöhrentabelle entnehmen wir für die gegebene Röhre folgende Höchstwerte:

| | |
|---|---|
| Anodengleichspannung | $U_a = 5$ kV |
| Anodengleichstrom | $I_a = 1$ A |
| Anodenverlustleistung | $P_{av} = 2$ kW |
| Gitterverlustleistung | $P_{gv} = 100$ W |
| Kurzschlußsteilheit | $S = 7{,}5$ mA/V |
| Durchgriff | $D = 4{,}5\,\%$ |

Für die Ausgangsleistung erhalten wir $\widetilde{P}_a = P_a - P_{av} = 5\text{ kV} \cdot 1\text{ A} - 2\text{ kW} = 3\text{ kW}$. Setzen wir wegen der schwankenden Anodengleichspannung (vgl. Bild 3.38) eine kurzzeitige Überlastbarkeit der Senderöhre um 100 % voraus, so erhalten wir: $\widetilde{P}_a{}' = 2\,\widetilde{P}_a = 6$ kW. Für diese Leistung berechnet man den Oberstrichbetrieb des Senders. Es muß jedoch darauf geachtet werden, daß dabei der maximal zulässige Anodengleichstrom $I_a$ und die Anodenverlustleistung $P_{av}$ nicht überschritten werden.

Zunächst berechnen wir daher mit Hilfe des Anodengleichstromes $I_a = 1$ A die Anodengrundschwingung $\hat{\imath}_{a1}{}'$. Für den Stromflußwinkel $\Theta_a = 70°$ (C-Betrieb) entnehmen wir den Stromflußfunktionen aus Bild 3.21: $\hat{\imath}_{a1}{}' = f_1\,(70°) \cdot I_a{}'/f_0\,(70°) = 1{,}72 \cdot 1\text{ A} = 1{,}72\text{ A}$ und $i_s = \hat{\imath}_{a1}{}'/f_1\,(70°) = 1{,}72\text{ A}/0{,}43 = 4\text{ A}$.

Mit Hilfe der Ausgangsleistung $\tilde{P}_a$ berechnen wir weiter die Anodenwechselspannung $\hat{u}_a'$ : $\hat{u}_a' = 2\,\tilde{P}_a'/\hat{\imath}_{a1}' = 2 \cdot 6$ kW/1,72 A = 7 kV. Für den Anodenkreiswiderstand erhalten wir also: $R_a = \hat{u}_a'/\hat{\imath}_{a1}' = 7$ kV/1,72 A $\approx 4$ kΩ. Da bei 100%iger Modulation zur Vermeidung des überspannten Zustandes $\hat{u}_a' \leqq U_a'$ zu machen ist, setzen wir für die Anodengleichspannung $U_a' =$ 7,5 kV. Im voll modulierten Zustand ist die Röhre also spannungsmäßig kurzzeitig um 50% überlastet. Für die zugeführte Anodengleichstromleistung erhalten wir also $P_a' = U_a' I_a' = 7{,}5$ kV · 1 A = 7,5 kW, und die Anodenverlustleistung beträgt: $P_{av}' = P_a' - \tilde{P}_a' = 1{,}5$ kW. Der maximal zulässige Wert von 2 kW wird also nicht überschritten. Der Wirkungsgrad berechnet sich zu: $\eta' = \tilde{P}_a'/\overline{P}_a' = 6/7{,}5 = 0{,}8 \triangleq 80\,\%$. Für die Gitterwechselspannung erhalten wir nach Gleichung (3.40 a) und (3.44 a): $\hat{u}_g = D\,\hat{u}_a + \hat{\imath}_a/S = 1125$ V und für die Gittervorspannung gilt nach Gleichung (3.39): $U_g = -615$ V.

Da $U_a - \hat{u}_a < \hat{u}_g + U_g$ ist, arbeitet der Verstärker im leichtüberspannten Zustand.

Der Gitterstrom sei nach Gleichung (3.55) mit $I_g \approx 0{,}15\,I_a = 0{,}15$ A angenommen. Bildet man den Teil $U_g^* = -400$ V der Gittervorspannung fest und den Rest automatisch aus, so gilt für den Gitterableitwiderstand (vgl. Bild 3.37): $R_g = (U_g - U_g^*)/I_g \approx 1450$ Ω.

Die Steuerleistung ergibt sich unter Berücksichtigung der Gleichung (3.56) zu: $\tilde{P}_g \approx \hat{u}_g\,I_g \approx 170$ W und für die Gitterverlustleistung erhalten wir unter Berücksichtigung der Gleichung (3.57): $P_{gv} \approx (\hat{u}_g - U_g)\,I_g = 510$ V · 0,15 A = 75 W. Der maximal zulässige Wert von 100 W wird also nicht überschritten.

Im unmodulierten Zustand, d. h. bei Ausstrahlung der HF-Schwingung verkleinern sich die Anodenspannungen und Anodenströme um den Faktor $1/(1+m)$:

$$\hat{\imath}_{a1} = \frac{\hat{\imath}_{a1}'}{1+m} = \frac{1{,}72}{2}\,\text{A} = 0{,}86\ \text{A}$$

$$I_a = \frac{I_a'}{1+m} = \frac{1}{2}\,\text{A} = 0{,}5\ \text{A}$$

$$\hat{u}_a = \frac{\hat{u}_a'}{1+m} = \frac{7}{2}\,\text{kV} = 3{,}5\ \text{kV}$$

$$U_a = \frac{U_a'}{1+m} = \frac{7{,}5}{2}\,\text{kV} = 3{,}75\ \text{kV}$$

Die Gitterspannungen und Gitterströme bleiben hierbei unverändert (Anodenmodulation). Die Anodenleistungen werden um den Faktor $1/(1 + m)^2$ verkleinert. Dies gilt auch für die zugeführte Gleichstromleistung $P_a'$, da bei Anodenspannungsmodulation sowohl der Strom $I_a'$ als auch die Spannung $U_a'$ um den Faktor $1/(1 + m)$ kleiner werden. Für die Leistungen im nicht modulierten Zustand gilt also:

$$\widetilde{P}_a = \widetilde{P}_a'/(1 + m)^2 = 6\ \text{kW}/4 = 1{,}5\ \text{kW}$$

$$P_a = P_a'/(1 + m)^2 = 7{,}5\ \text{kW}/4 \approx 1{,}9\ \text{kW}$$

$$P_{av} = P_{av}'/(1 + m)^2 = 2\ \text{kW}/4 = 0{,}5\ \text{kW}$$

Der Wirkungsgrad bleibt bei der Anodenspannungsmodulation für den modulierten und unmodulierten Zustand der gleiche:

$$\eta = \widetilde{P}_a/P_a = \widetilde{P}_a'/P_a' = \eta' = 0{,}8 \triangleq 80\,\%$$

d. h. bei dieser Modulationsart arbeiten die Senderöhren ständig mit dem vollen Wirkungsgrad.

Für die Berechnung des Modulationsverstärkers erhalten wir die folgenden Ausgangswerte: Modulationsspannung $\hat{u}_{NF} = m\,\hat{u}_a = 3{,}5$ kV, Arbeitswiderstand $R_{amod} = U_a/I_a = 3{,}75\ \text{kV}/0{,}5\ \text{A} = 7{,}5\ \text{k}\Omega$ und die Modulationsleistung $\widetilde{P}_{NF} = \hat{u}_{NF}^2\,R_{amod} = m^2\,\widetilde{P}_a/2 = 1{,}5\ \text{kW}/2 = 0{,}75\ \text{kW} = 750\ \text{W}$. Auch die Bemessung des Modulationsübertragers erfolgt unter Berücksichtigung dieser Daten.

## 3.3. Ersatzkennlinien

### 3.3.1. Richtkennlinien

Wie bereits auf Seite 153 festgestellt wurde, ist ein Hochfrequenzgleichrichter mit Ladekondensator (Spitzengleichrichtung) durch die aufgedrückte HF-Spannung vorgespannt, d. h. die Diodenkennlinie wird praktisch etwa um den Wert der HF-Amplitude zu negativen Spannungen hin verschoben. Der Zusammenhang zwischen der aufgedrückten HF-Spannung, dem Richtstrom und der Richtspannung kann in einem sogenannten Richtkennlinienfeld dargestellt werden, welches die Eigenschaften des HF-Gleichrichters einfach abzulesen gestattet. Es hat für den Demodulator die gleiche Bedeutung wie das $I_a$-$U_a$-Kennlinienfeld für den Verstärker.

Die Richtkennlinien werden in der Regel durch Messung ermittelt. Dazu schaltet man in Reihe mit der Diode eine einstellbare Gleichstrom- und Wechselstromquelle (Bild 3.39 a). Nun nimmt man für jeweils eine Wechselspannung als Parameter $\hat{u}_{HF}$ = konst die Diodenkennlinie $I = f(U)$ auf, indem man den Gleichstrom in Abhängigkeit von der Gleichspannung mißt (Bild 3.39 b).

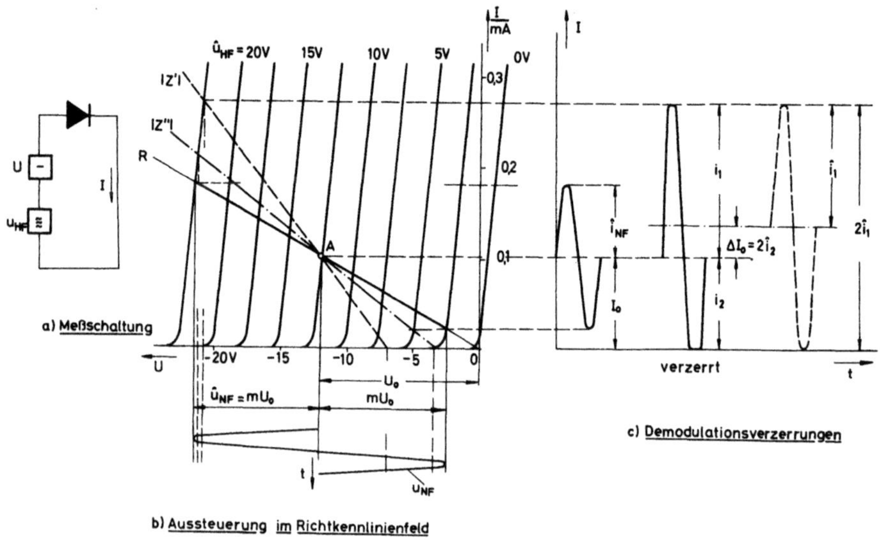


Bild 3.39 Auswertung des Richtkennlinienfeldes

Der Arbeitspunkt A ist als Schnittpunkt der Widerstandsgeraden mit der Richtkennlinie für die betreffende HF-Spannung $\hat{u}_{HF}$ gegeben. Die modulierte Hochfrequenzspannung $\hat{u}_{HF}'$ steuert im Takt der Modulation auf der Widerstandsgeraden die Kennlinienschar entsprechend dem Modulationsgrad $m$ aus. Dadurch entsteht am Belastungswiderstand $R$ die Niederfrequenzspannung $\hat{u}_{NF}$ (demodulierte HF-Spannung). Die Demodulation ist nur dann verzerrungsfrei, wenn die Widerstandsgerade symmetrisch in bezug auf den Arbeitspunkt durchgesteuert wird. Praktisch ist das normalerweise nicht der Fall, weil der wirksame Belastungswiderstand durch Parallelschalten der Ladekapazität $C$ für die Niederfrequenz kleiner ist als für Gleichstrom (vgl. Bild 3.12 a). Die Widerstandsgerade für Wechselstrom $|Z'|$ verläuft also steiler als die Lastgerade für den Gleichstromwiderstand $R$ (vgl. Bild 3.39 b).

Zur verzerrungsfreien Demodulation muß jetzt der Modulationsgrad kleiner sein, da sonst die negative Spitze der NF-Spannung zu stark abgeschnitten wird, was Verzerrungen zur Folge hat (Bild 3.39 c).

Ein Maß für die Verzerrungen sind die Größen $i_1$ und $i_2$ (vgl. Bild 3.39 c). Schreiben wir für die Amplitude der Grundschwingung

$$\hat{i}_1 = \frac{i_1 + i_2}{2} \tag{3.95}$$

so gilt nach Bild 3.39 c und Gleichung (3.23) für die Amplitude der zweiten Harmonischen des verzerrten Richtstromes

$$2\,\hat{i}_2 = \Delta I_0 = i_1 - \hat{i}_1 = i_1 - \frac{i_1 + i_2}{2}$$

oder

$$\hat{i}_2 = \frac{i_1 - i_2}{4} \tag{3.96}$$

weil die Erhöhung des Ruhestromes mit dem Auftreten der zweiten Harmonischen zusammenhängt.

Den Klirrfaktor erhalten wir definitionsgemäß mit Gleichung (3.20) und Gleichung (3.96) zu:

$$k = \frac{\hat{i}_2}{\hat{i}_1} = \frac{(i_1 - i_2)/4}{(i_1 + i_2)/2} = \frac{i_1 - i_2}{2\,(i_1 + i_2)} \tag{3.97}$$

Ist $i_1 \approx i_2$, so ist $k \approx 0$ und die Demodulation erfolgt praktisch verzerrungsfrei. Man wird daher den Demodulator bei einem bestimmten Modulationsgrad $m$ so bemessen, daß der Wechselstromwiderstand für die Modulationsfrequenzen nicht wesentlich vom Gleichstromwiderstand abweicht. Man wird also $|Z| \approx R$ machen (Widerstandsgerade $|Z''|$ im Bild 3.39 b). Für die Stromaussteuerung bedeutet dies nach Bild 3.39 c, daß die NF-Stromamplitude $\hat{i}_{\mathrm{NF}}$ nicht größer als der Richtgleichstrom $I_0$ sein darf.

Für die richtige Dimensionierung der RC-Kombination erhalten wir somit nach Bild 3.39 die folgende Bedingung:

$$\frac{\hat{i}_{\mathrm{NF}}}{I_0} = \frac{\hat{u}_{\mathrm{NF}}}{U_0}\,\frac{R}{|Z|} \leqq 1 \tag{3.98}$$

Berücksichtigen wir, daß $\hat{u}_{\mathrm{NF}}/U_0 = m$ ist, und berechnen wir den Leitwert $1/|Z|$ der RC-Parallelschaltung, so gilt:

$$m R \sqrt{\frac{1}{R^2} + (\omega C)^2} \leqq 1 \tag{3.98 a}$$

Hieraus folgt:

$$m^2\,[1 + (\omega C R)^2] \leqq 1 \quad \text{oder} \quad \frac{1}{\omega C R} \geqq \frac{m}{\sqrt{1-m^2}} \tag{3.98 b}$$

Für die Frequenz $\omega$ ist jeweils die höchste zu übertragende Frequenz einzusetzen.

Ist z. B. $m = 90\,\%$ und das zu übertragende Band liegt zwischen 30 Hz und 5 kHz, so erhalten wir mit $R = 200\,\text{k}\Omega$:

$$C = \frac{\sqrt{1-m^2}}{\omega m R} = \frac{\sqrt{1-(0{,}9)^2}}{2\pi\,5000\,\text{Hz}\cdot 0{,}9\cdot 200\,\text{k}\Omega} = 77\,\text{pF} \approx 80\,\text{pF}$$

### 3.3.2. Rückkopplungskennlinien

Unter Rückkopplung versteht man das Rückführen eines Teiles der Ausgangsleistung eines Verstärkers in den Eingangskreis (vgl. Bild 3.27). Die dem Eingang zugeführte Spannung (Rückkopplungsspannung) kann der Ausgangsspannung (spannungsgesteuerte Rückkopplung, Spannungsrückkopplung) oder aber dem Ausgangsstrom (stromgesteuerte Rückkopplung, Stromrückkopplung) proportional sein. Je nach der Phasenlage der Ausgangs- und Rückkopplungsspannung zueinander unterscheidet man die *Mitkopplung*, wenn zwischen den beiden Spannungen eine Phasenverschiebung von 180° besteht und die *Gegenkopplung*, wenn dieser Phasenunterschied Null ist.

Die Rückkopplung kann ohmisch, induktiv oder kapazitiv erfolgen. Für ohmische, d. h. *phasenreine Rückkopplung*, kann ein Ersatzkennlinienfeld der rückgekoppelten Röhre angegeben werden, aus dem in der bekannten Weise alle Rückkopplungseigenschaften der Schaltung abzulesen sind. Bei diesem Verfahren wird die Rückkopplung als Bestandteil der Röhre aufgefaßt. Die Arbeitsweise dieser *Ersatzröhre* ohne Rückkopplung ist identisch mit der Wirkungsweise der ursprünglichen Röhre in der Rückkopplungsschaltung.

Bei der *Konstruktion des Ersatzkennlinienfeldes* gehen wir vom $I_a$-$U_a$-Kennlinienfeld der betreffenden Röhre aus und berechnen für jede Anodenspannung (Spannungsrückkopplung) oder jeden Anodenstrom (Stromrückkopplung) die durch die Rückkopplungsspannung veränderte Steuergitterspannung. Die Punkte gleicher scheinbarer Steuergitterspannung ergeben die neuen Kennlinien des Ersatzkennlinienfeldes.

Aus dem Kennlinienfeld der rückgekoppelten Röhre lassen sich sämtliche Verstärkungs- und Verzerrungseigenschaften bei Aussteuerung mit der scheinbaren Steuergitterspannung in der gleichen Weise ermitteln wie bei einer Röhre ohne Rückkopplung im ursprünglichen Kennlinienfeld. Im Bild 3.40 ist das Ersatzkennlinienfeld einer Triode bei phasenreiner *Spannungsrückkopplung* dargestellt. Die Rückkopplung erfolgt über einen hochohmigen

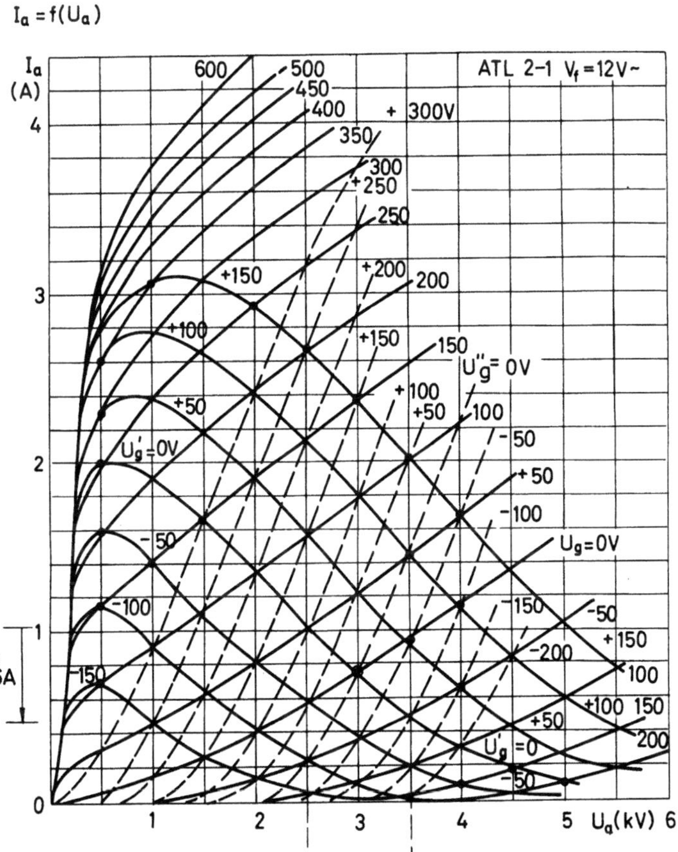


Bild 3.40 Ersatzkennlinienfeld für phasenreine Spannungsrückkopplung
Mitkopplung: fallende voll ausgezogene Kurven
Gegenkopplung: steile gestrichelt ausgezogene Kurven

Spannungsteiler oder über einen Übertrager im Anodenkreis der Röhre (vgl. Bild 3.27). Die in den Gitterkreis rückgekoppelte Spannung ist daher proportional der Anodenwechselspannung. Für die durch die Rückkopplung verursachte Gitterspannungsänderung $\Delta U_g$, d. h. für die Rückkopplungsspannung, gilt:

$$\Delta U_g = k_u \Delta U_a \tag{3.99}$$

Dabei ist $k_u$ der *Spannungsrückkopplungsfaktor*, der durch das Spannungsteiler- oder durch das Übersetzungsverhältnis gegeben ist, $\Delta U_a$ stellt die absolute Anodenspannungsänderung (Wechselspannungsamplitude) dar.

Bei Mitkopplung ist $k_u$ positiv (positive Rückkopplung) und bei Gegenkopplung negativ (negative Rückkopplung).

Bei $\Delta U_a = 0$ ist auch $\Delta U_g = 0$. Für diesen Fall, d. h. für die Anodenruhespannung $U_a$ (vgl. Bild 3.40), stimmen das ursprüngliche und das Kennlinienfeld für die rückgekoppelte Röhre überein. Wird nun $\pm\, k_u \Delta U_a$ gerade so groß gewählt, daß $\Delta U_g = \pm\, 100$ V wird, so müssen nach Gleichung (3.99) die Ersatzkennlinien bei den Anodenspannungen $U_a \pm \Delta U_a$, $U_a \pm 2\,\Delta U_a$, $U_a \pm 3\,\Delta U_a$ usw., die um $\pm\,100$ V, $\pm\,200$ V, $\pm\,300$ V usw. veränderten Kennlinien des ursprünglichen Kennlinienfeldes schneiden. Verbindet man die so erhaltenen Punkte gleicher Gitterspannungen $U_g'$, so stellen die Verbindungslinien das Kennlinienfeld der rückgekoppelten Röhre dar.

Bei Mitkopplung gehört z. B. der Schnittpunkt der Anodenspannung $U_a + \Delta U_a$ mit der ursprünglichen Gitterspannungskennlinie $U_g = -\,50$ V nach dem Gesagten der Ersatzkennlinie $U_g' = +\,50$ V an, da bei Mitkopplung die Rückkopplungsspannung positiv ist und damit der negativen Gitterspannung entgegenwirkt (vgl. Bild 3.40). Bei Gegenkopplung ist die Rückkopplungsspannung negativ, so daß der erwähnte Schnittpunkt jetzt der Ersatzkennlinie $U_g'' = -\,150$ V angehört.

Dem Kennlinienfeld der rückgekoppelten Röhre im Bild 3.40 entspricht nach Gleichung (3.99), da $\Delta U_a = 1000$ V und $\Delta U_g = 100$ V ist, ein Rückkopplungsfaktor von $k_u = \Delta U_g / \Delta U_a = 100/1000 = 0{,}1 \mathrel{\hat{=}} 10\,\%$. Bei Änderung des Rückkopplungsfaktors erhält man auch ein anderes Ersatzkennlinienfeld.

Im Falle einer *Stromrückkopplung* ist die Gitterspannungsänderung $\Delta U_g$, also die Rückkopplungsspannung, proportional der Anodenstromänderung $\Delta I_a$ (Wechselstromamplitude) und es gilt:

$$\Delta U_g = k_i \Delta I_a \tag{3.100}$$

Der *Stromrückkopplungsfaktor* $k_i$ ist, im Gegensatz zu $k_u$ nach Gleichung (3.99), nicht dimensionslos (Dimension 1), sondern hat die Dimension eines Widerstandes. Bei der Konstruktion des rückgekoppelten Kennlinienfeldes gehen wir vom Anodenruhestrom $I_a$ aus. Sie erfolgt sonst in ähnlicher Weise wie bei der Spannungsrückkopplung. Nach Bild 3.41 ist z. B. $\Delta U_g = \pm$ 50 V und $\Delta I_a \approx$ 0,4 A. Somit berechnet sich der Stromrückkopplungsfaktor nach Gleichung (3.100) zu: $k_i = \Delta U_g / \Delta I_a = 50\ \mathrm{V}/0{,}4\ \mathrm{A} = 125\ \Omega$. Liegt dieser Widerstandswert als kapazitiv nicht überbrückter Kathodenwiderstand vor, so entsteht eine Stromgegenkopplung, die das Kennlinienfeld weitgehend linearisiert (vgl. Bild 3.41).

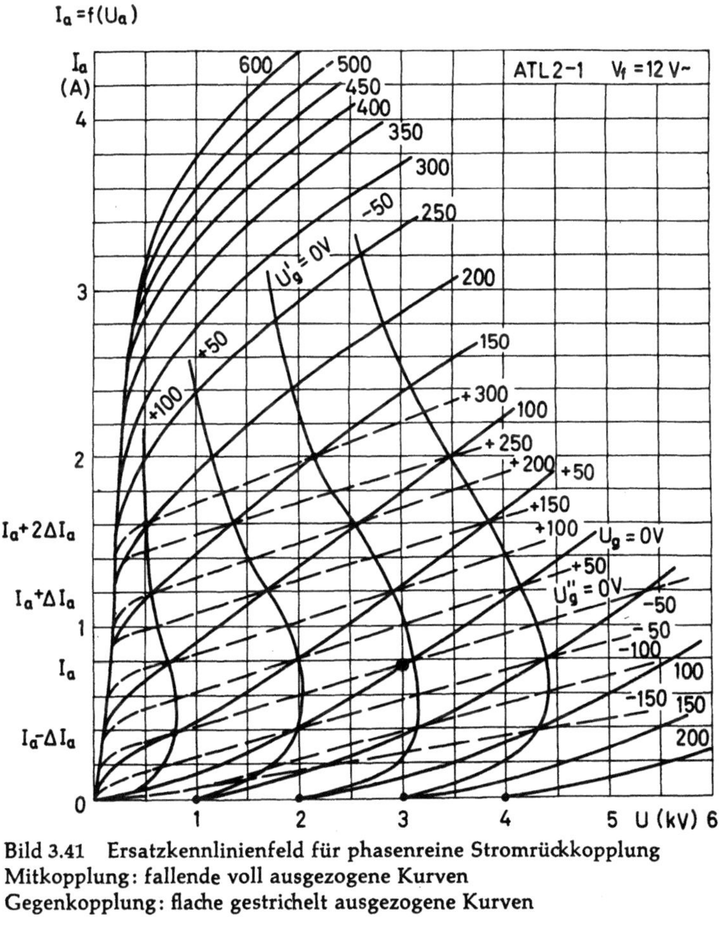


Bild 3.41 Ersatzkennlinienfeld für phasenreine Stromrückkopplung
Mitkopplung: fallende voll ausgezogene Kurven
Gegenkopplung: flache gestrichelt ausgezogene Kurven

Den Bildern 3.40 und 3.41 kann entnommen werden, daß durch Rückkopplung die Röhrenparameter entscheidend verändert werden. So zeigt Bild 3.40, daß der Röhreninnenwiderstand durch Spannungsmitkopplung bei kleinen Anodenspannungen sehr groß ist, den Wert $R_i \to \infty$ durchläuft und sogar negativ wird, d. h. eine *fallende Kennlinie* (Dynatron) verursacht. Man kann daher eine spannungsmitgekoppelte Röhre zur Entdämpfung eines Parallelschwingungskreises verwenden, weil sein Resonanzwiderstand gegen unendlich strebt. Bei Spannungsgegenkopplung wird der Röhreninnenwiderstand wegen des steileren Verlaufes der Ersatzkennlinien kleiner. Der innere Leistungswiderstand $R_{iL}$ der Röhre wird durch die Rückkopplung nicht beeinflußt.

Der Durchgriff wird bei Spannungsgegenkopplung größer (dichteres Ersatzkennlinienfeld) und bei Spannungsmitkopplung wird er kleiner. Die Steilheit bleibt bei Spannungsrückkopplung unverändert, da die Rückkopplung unabhängig vom Anodenstrom ist.

Nach Bild 3.41 bleibt der Durchgriff bei Stromrückkopplung konstant, während Innenwiderstand und Steilheit verändert werden. Der Innenwiderstand durchläuft bei Strommitkopplung den Wert $R_i = 0$ und wird dann negativ, was ebenfalls eine fallende Kennlinie (Lichtbogen) zur Folge hat. Man kann daher eine strommitgekoppelte Röhre zur Entdämpfung eines Reihenschwingungskreises verwenden, weil dessen Resonanzwiderstand Null ist. Bei Stromgegenkopplung wird der Röhreninnenwiderstand größer (flacher Verlauf der Ersatzkennlinien).

Die Steilheit ist im Falle der Strommitkopplung größer und bei Stromgegenkopplung kleiner als ohne Rückkopplung.

Die *Auswertung der Ersatzkennlinien* erfolgt in ähnlicher Weise wie die Auswertung des ursprünglichen Kennlinienfeldes. So gilt z. B. für den Innenwiderstand der spannungsmitgekoppelten Röhre nach Bild 3.40. im Arbeitspunkt $U_a = 3$ kV, $I_a \approx 0{,}8$ A und $U_g' = 0$:

$$R_i' = \frac{\Delta U_a}{\Delta I_a} = \frac{1\ \text{kV}}{-0{,}56\ \text{A}} \approx -1{,}8\ \text{k}\Omega$$

Ähnlich erhalten wir z. B. bei Stromgegenkopplung nach Bild 3.41 für die Steilheit:

$$S'' = \frac{\Delta I_a}{\Delta U_g''} = \frac{0{,}4\ \text{A}}{100\ \text{V}} = 4\ \text{mA/V}$$

Das Rückkopplungsprinzip ist von großer praktischer Bedeutung für die NF- und HF-Verstärkertechnik. Die entdämpfenden Eigenschaften der Mitkopplung werden zur Schwingungserzeugung und die linearisierenden Eigenschaften der Gegenkopplung zur Minderung der linearen und nichtlinearen Verzerrungen ausgenutzt.

### 3.3.3. Schwingkennlinien

Die Berechnung der selbstschwingenden Röhre (Oszillator) erfolgt zweckmäßig mit Hilfe der sogenannten Schwingkennlinien, welche die Abhängigkeit der Grundschwingung des Anodenstromes $\hat{\imath}_{a1}$ von der sinusförmigen Steuerwechselspannung $\hat{u}_{st}$ darstellen. Sie berücksichtigen die Nichtlinearität der Röhre und dienen zur grafischen Ermittlung der Schwingungsamplitude.

Schwingkennlinien werden meist durch Messung bestimmt. Man schaltet die betreffende Röhre als Verstärker und nimmt für verschiedene Gittervorspannungen $U_g =$ konst als Parameter den Anodenwechselstrom $\hat{\imath}_{a1}$ als

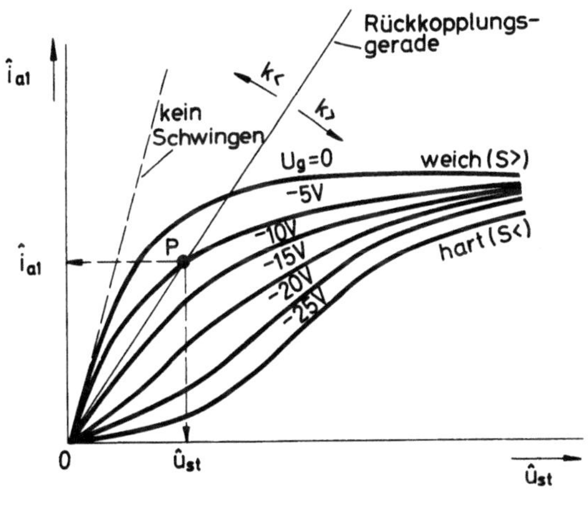


**Bild 3.42**
Schwingkennlinienfeld mit Rückkopplungsgerade

Funktion der Steuerspannung $\hat{u}_{st}$ auf (Bild 3.42). Bei kleinen Gittervorspannungen (A-Betrieb) erfolgt der *Schwingungseinsatz* „weich", d. h. bei kleinsten Steuerspannungen entsteht bereits ein Anodenstrom. Mit großer Gittervorspannung (C-Betrieb) erfolgt der Schwingungseinsatz „hart", weil für kleine Steuerspannungen die Röhre gesperrt ist und daher kein Anodenstrom fließt.

Schreiben wir für die Steuerwechselspannung (vgl. S. 103 und S. 170)

$$\hat{u}_{st} = \hat{u}_g - D\,\hat{u}_a = k\,\hat{u}_a - D\,\hat{u}_a = \hat{\imath}_{a1} R_a\,(k - D)$$

wobei $\hat{u}_g = k\,\hat{u}_a$ bzw. $\hat{u}_a = \hat{\imath}_{a1} R_a$ gesetzt wurde, und $R_a$ den reellen Resonanzwiderstand des Parallelschwingungskreises (vgl. Bild 3.27) darstellt bzw. $k$ den phasenreinen Spannungsmitkopplungsfaktor bei Selbsterregung bedeutet. Damit erhalten wir für den *Kopplungswiderstand* (Rückkopplungsgerade):

$$\frac{\hat{u}_{st}}{\hat{\imath}_{a1}} = R_a\,(k - D) \tag{3.101}$$

Man erkennt aus der obigen Gleichung, daß der Durchgriff $D$ eine innere Gegenkopplung der Röhre darstellt, weil er dem positiven Mitkopplungsfaktor $k$ entgegenwirkt.

Die *Rückkopplungsgerade,* welche die Eigenschaften der Rückkopplungsschaltung charakterisiert, wird in das Schwingkennlinienfeld der Röhre eingetragen. Der Schnittpunkt $P$ der Rückkopplungsgeraden mit der Schwingkennlinie für $U_g$ = konst, liefert die sich bei der selbstschwingenden Röhre einstellende Steuerwechselspannung $\hat{u}_{st}$ und den auftretenden Anodenwechselstrom $\hat{\imath}_{a1}$. Ist die Mitkopplung zu klein (lose), so schneidet die Rückkopplungsgerade die Schwingkennlinie nicht und die Röhre kann nicht schwingen, d. h. die Schwingbedingung ist nicht erfüllt (vgl. Bild 3.42).

Die Verhältnisse einer selbstschwingenden Röhre im Schwingkennlinienfeld zeigt Bild 3.43. Für den Schnittpunkt $P$ ist die *Energiebilanz,* d. h. phasenreine Mitkopplung (Phasenbedingung) und $k\,v = 1$ (Amplitudenbedingung), erfüllt. Addiert man zur Steuerwechselspannung $\hat{u}_{st}$ die Anodenrückwirkung $D\,\hat{u}_a$, so kann der *Gitterwechselspannungsbedarf* $\hat{u}_g = \hat{u}_{st} + D\,u_a$ ermittelt werden. Das schraffierte Dreieck ist ein Maß für die gelieferte *Oszillatorleistung:*

$$\frac{1}{2} D\,\hat{u}_a\,\hat{\imath}_{a1} = D\,\widetilde{P}_a \tag{3.102}$$

Soll die Anodenwechselspannung $\hat{u}_a$ vergrößert werden (größere Leistung), so muß die Mitkopplung fester, d. h. $k$ größer, gemacht werden oder der Resonanzwiderstand $R_a = Q\,\sqrt{L/C}$ höher gewählt werden.

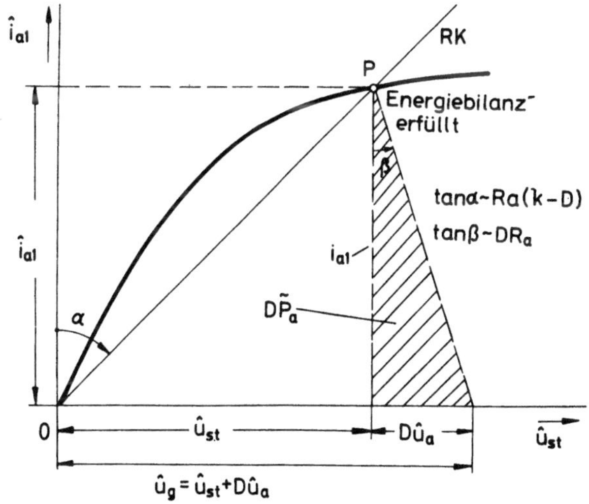


Bild 3.43 Auswertung der Schwingkennlinie

Für die Aussteuerungs- und Leistungsverhältnisse im B- und C-Betrieb gelten grundsätzlich die für Leistungsverstärker (Senderverstärker) gemachten Ausführungen (vgl. S. 170 bis 188). Die Mitkopplung wird dann so eingestellt, daß sich die berechneten Gitterwerte ergeben. Um die durch Übersteuerung entstandenen Oberschwingungen kurzzuschließen, darf die Kreiskapazität nicht zu klein gewählt werden.

Mit Hilfe der Schwingkennlinien kann man auch die *Stabilität der Schwingungen* beurteilen. Die Erfüllung der Amplituden- und Phasenbedingung (Energiebilanz) ist für das Bestehen der Schwingungen zwar notwendig aber nicht ausreichend. Es muß vielmehr der Schnittpunkt $P$ ein *amplitudenstabiler Betriebspunkt* sein (Bild 3.44).

Arbeitet die selbstschwingende Röhre im C-Betrieb, so ist wegen des harten Schwingungseinsatzes zum *Anschwingen* eine höhere Mitkopplung erforderlich als im schwingenden Zustand (Anschwingtangente flach). Im schwingenden Zustand stellen sich drei mögliche Schnittpunkte ein, von denen allerdings der mittlere instabil ist und der Nullpunkt als Betriebspunkt nicht in Frage kommt, da die Röhre jetzt schwingt. Beim Anschwingen ist dieser Punkt instabil, so daß sich die Schwingung aufschaukeln kann. Im amplitudenstabilen Betriebspunkt $P$ erzeugt die Schwingschaltung bei einer plötzlichen Änderung der Steuerspannung $\Delta\hat{u}_{st}$ die ursprüngliche Steuerspannung

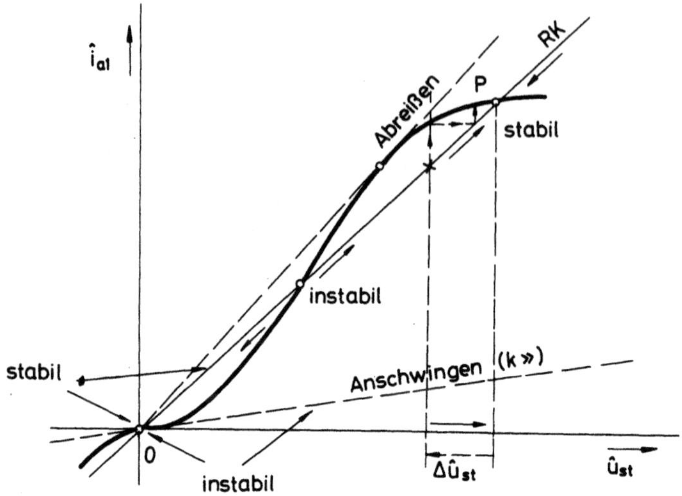


**Bild 3.44 Stabilitätsuntersuchungen mit Hilfe der Schwingkennlinie**

selbst (vgl. Bild 3.44). Es sind also nur jene Punkte stabil, in denen die Rückkopplungsgerade (Widerstandsgerade) steiler als die Schwingkennlinie ist.

Wird der Mitkopplungsfaktor weiter verkleinert, reißen die Schwingungen schließlich ab. Die kleinste Mitkopplung bei der gerade noch Schwingungen auftreten ist durch die *Abreißtangente* gegeben.

# Literatur

*Barkhausen, H.*: Lehrbuch der Elektronenröhren (4 Bände). S. Hirzel-Verlag, Leipzig 1964

*Bartels, H.*: Grundlagen der Verstärkertechnik. S. Hirzel-Verlag, Leipzig 1948

*Cubasch, F.*: Spezialröhren. Verlag für Radio-Foto-Kinotechnik GmbH., Berlin 1959

*Dosse, J.*: Der Transistor. Verlag R. Oldenbourg, München 1962

*Fritzsche, C.*: Herstellung von Halbleitern. VEB Verlag Technik, Berlin 1962

*Fontaine, G.*: Dioden und Transistoren. Philips' Technische Bibliothek, Eindhoven 1963

*Kaden, H. E.*: Das Transistorlehrbuch. Philips' Technische Bibliothek, Eindhoven 1963

*Kammerloher, J.*: Elektronenröhren und Verstärker. C. F. Winter'sche Verlagshandlung, Leipzig 1941

*Kammerloher, J.*: Gleichrichter. C. F. Winter'sche Verlagshandlung, Leipzig 1942

*Kammerloher, J.*: Transistoren. C. F. Winter'sche Verlagshandlung, Prien 1963 (3 Bände)

*Moerder, C.*: Transistortechnik. B. G. Teubner Verlagsgesellschaft, Stuttgart 1960

*Otto, K. / Müller, H.*: Flächentransistoren. VEB Verlag Technik, Berlin 1962

*Pfeifer, H.*: Elektronisches Rauschen. Verlag J. A. Mayer, Aachen 1962

*Rose, G.*: Fundamente der Elektronik. Verlag für Radio-Foto-Kinotechnik GmbH., Berlin 1959

*Rost, R.*: Kristalloden-Technik. Verlag von Wilhelm Ernst & Sohn, Berlin 1956

*Rothe, H. / Kleen, W.*: Hochvakuum-Elektronenröhren (3 Bände). Akademische Verlagsgesellschaft Becker & Erler, Leipzig 1945

*Rumpf. K. H.*: Bauelemente der Elektronik. VEB Verlag Technik, Berlin 1959

*Sobotka/Hinkel:* Senderöhren. Philips' Technische Bibliothek, Eindhoven 1965

*Telefunken-Fachbuch:* Der Transistor (2 Bände). Franzis-Verlag, München 1962

*Telefunken-Fachbuch:* Röhre und Transistor als Vierpol. Franzis-Verlag, München 1967

*Telefunken-Fachbuch:* Der Halbleiter (Fachausdrücke). Franzis-Verlag, München 1965

*Valvo:* Transistor-Kompendium (4 Teile). Valvo GmbH., Hamburg 1965

*Valvo:* Integrierte Halbleiterschaltungen. Valvo GmbH., Hamburg 1966

# Sachwortverzeichnis

GPSR Compliance

*The European Union's (EU) General Product Safety Regulation (GPSR) is a set of rules that requires consumer products to be safe and our obligations to ensure this.*

*If you have any concerns about our products, you can contact us on ProductSafety@springernature.com*

In case Publisher is established outside the EU, the EU authorized representative is:

Springer Nature Customer Service Center GmbH
Europaplatz 3
69115 Heidelberg, Germany

**Batch number: 10577919**

Printed by Printforce, the Netherlands